全国高职高专"十二五"规划教材

计算机应用基础

（Windows 7+Office 2010）

主　审　唐天国

U0248361

主　编　张晓琪　唐天国

副主编　林　荫　余桥伟　杨　华　曾庆勇　王洪平

参　编　张海波　王怀禹　彭多多　王　丽　杨怀义

　　　　何文静　杨　嘉　钟文建　赖乔乔　张佳丽

　　　　胡　振　谭鹤毅　安　密　杜　睿　汤永斌

　　　　庞　周　周　建

中国水利水电出版社
www.waterpub.com.cn

内 容 提 要

本书是根据《全国计算机等级考试一级 MS Office 考试大纲（2013 年版）》编写的。全书共分 7 章，介绍了各专业学生必须掌握的计算机知识，包括计算机基础知识，Windows 7 的操作，Word 2010、Excel 2010、PowerPoint 2010 等字、表、演示软件的应用，计算机网络基础和信息安全技术等内容。

本书层次分明，讲解清晰，图文并茂，内容实用，容易上手。采用理论与实践相结合的方法，每章后面均给出了相应的习题，并配有配套的实训与习题指导教材，便于学生掌握各知识点，突出应用技能的训练。

本书可作为各类高职高专院校学生的计算机公共教材，也可作为中专学校及各种培训班、自学者的计算机文化基础教材。

图书在版编目（CIP）数据

计算机应用基础 : Windows 7+Office 2010 / 张晓琪, 唐天国主编. -- 北京 : 中国水利水电出版社, 2014.6（2017.6 重印）
全国高职高专"十二五"规划教材
ISBN 978-7-5170-1926-8

Ⅰ. ①计… Ⅱ. ①张… ②唐… Ⅲ. ①Windows操作系统－高等职业教育－教材②办公自动化－应用软件－高等职业教育－教材 Ⅳ. ①TP316.7②TP317.1

中国版本图书馆CIP数据核字(2014)第079420号

策划编辑：寇文杰　　责任编辑：张玉玲　　加工编辑：鲁林林　　封面设计：李　佳

书　　名	全国高职高专"十二五"规划教材 **计算机应用基础（Windows 7+Office 2010）** 主　审　唐天国
作　　者	主　编　张晓琪　唐天国 副主编　林　荫　余桥伟　杨　华　曾庆勇　王洪平
出版发行	中国水利水电出版社 （北京市海淀区玉渊潭南路 1 号 D 座　100038） 网址：www.waterpub.com.cn E-mail: mchannel@263.net（万水） 　　　　sales@waterpub.com.cn 电话：(010) 68367658（发行部）、82562819（万水）
经　　售	北京科水图书销售中心（零售） 电话：(010) 88383994、63202643、68545874 全国各地新华书店和相关出版物销售网点
排　　版	北京万水电子信息有限公司
印　　刷	三河市铭浩彩色印装有限公司
规　　格	184mm×260mm　16 开本　19.75 印张　494 千字
版　　次	2014 年 6 月第 1 版　2017 年 6 月第 4 次印刷
印　　数	11501—15500 册
定　　价	38.00 元

前　　言

随着计算机技术的飞速发展，计算机的应用和普及日益广泛，掌握计算机应用基础知识，提高使用计算机技术的基本能力，是高端技能型应用人才的必备素质。为了满足读者对计算机知识的需求，本书定位于计算机起步教材，根据《全国计算机等级考试一级 MS Office 考试大纲（2013 年版）》并结合高等职业院校计算机基础教育的基本要求编写而成。

本书共分 7 章，第 1 章为计算机基础知识，第 2 章为中文 Windows 7 操作系统，第 3 章为 Word 2010 的应用，第 4 章为 Excel 2010 的应用，第 5 章为 PowerPoint 2010 的应用，第 6 章为计算机网络基础与应用，第 7 章为信息安全技术。

本书作者长期从事计算机教学，有一线教师丰富的教学经验，对各类求学者有深入的了解，编写的内容学习轻松、实用性强、指导性强、可操作性强，因此本书可以说是学习者的良师益友，是教学者的好帮手。

本书内容全面、图文并茂、实例丰富，并配有配套的实训与习题指导，可作为各类高职高专院校及中等专业学校的教材，也可作为各类培训班的教学用书和计算机爱好者较实用的自学参考书。

本书在编写过程中，得到了很多同行的大力支持，在此编者向他们一并表示感谢！

广大师生、读者在使用本书时如有发现书中的疏漏和不足之处，敬请提出宝贵意见和建议。

编　者
2014 年 5 月

目　　录

第1章 计算机基础知识

1.1 计算机概述

计算机是人类历史上最伟大的发明之一，它的出现与普及在全世界掀起了一场具有深远意义的数字化革命浪潮，有力地推动着人类社会经济、文化、教育、科技的发展，并使得人们的生产、生活方式发生了十分深刻的变革，它被认为是 21 世纪信息社会的基本应用工具。今天，计算机的应用水平已成为各行各业步入现代化的重要标志之一，计算机的应用能力也成为现代人才的基本素质之一，掌握和使用计算机已成为人们必不可少的技能。

1.1.1 计算机的发展

1. 计算机的产生

计算机是一种能够在其内部存储的指令控制下运行的电子设备。它可以接收数据（称为输入），依据指定的规则处理数据（简称处理），生成结果（称为输出），并将结果存储起来以备后用（称为存储）。所以也可以说，计算机是一种可以接受输入、处理数据、生成输出并能够存储数据的电子装置。

世界上公认的第一台电子计算机于 1946 年 2 月诞生于美国宾夕法尼亚大学，取名为 ENIAC（Electronic Numerical Integrator And Calculator），即电子数字积分计算机，如图 1-1 所示。两位主要研制人为莫契利（J.Mauchly）和埃克特（J.Eckert）。在 ENIAC 的实际制造过程中，莫契利是总设计师，埃克特则承担总工程师的角色。ENIAC 大约由 18000 个电子管、1500 个继电器组成，每小时耗电 150kW，占地 170 平方米，重 30 吨，平均每秒运算 5000 次浮点加法，比当时最快的计算工具快 300 倍，耗资 40 万美元。在当时用它来处理弹道问题，将人工计算使用 20 小时缩短到 30 秒。这台计算机的功能虽然无法与今天的计算机相比，但它的诞生标志着人类计算工具的历史性变革，是科学技术发展史上的一次意义重大的事件。但是 ENIAC 却有一个严重的问题，即它不能存储程序。

图 1-1 世界上第一台计算机 ENIAC

几乎在同一时期，著名美籍匈牙利数学家冯·诺依曼提出了"存储程序"和"程序控制"的概念。其主要思想为：

（1）采用二进制形式表示数据和指令。

（2）计算机应包括运算器、控制器、存储器、输入设备和输出设备五大基本部件。

（3）采用存储程序和程序控制的工作方式。

所谓存储程序，就是把程序和处理问题所需的数据均以二进制编码的形式预先按一定顺序存放到计算机的存储器里。计算机运行时，中央处理器依次从内存储器中逐条取出指令，按指令规定执行一系列的基本操作，最后完成一个复杂的工作。这一切工作都是由一个担任指挥工作的控制器和一个执行运算工作的运算器共同完成的，这就是存储程序控制的工作原理。

冯·诺依曼的上述思想奠定了现代计算机设计的基础，所以后来人们将采用这种设计思想的计算机称为冯·诺依曼型计算机。从 1946 年第一台计算机诞生至今，虽然计算机的设计和制造技术都有了极大的发展，但今天使用的绝大多数计算机，其工作原理和基本结构仍然遵循着冯·诺依曼的思想。

2．计算机的发展阶段

根据计算机所采用的物理器件，一般将计算机的发展分成四个阶段，也称为四代。

第一代（1946～1957 年）：称为电子管计算机时代。

采用电子管作为主要物理器件，编程语言采用机器语言或汇编语言，主要用于科学计算，其特点是运算速度慢，存储空间有限，维护困难，体积庞大和耗电量高，而且机器的稳定性、可靠性差。

第二代（1958～1964 年）：称为晶体管计算机时代。

采用晶体管作为主要物理器件，体积大大缩小，可靠性增强，运算速度加快，存储容量大大提高，稳定性较好。提出了操作系统的概念，开始出现汇编语言，产生了如 FORTRAN 和 COBOL 等高级编程语言。主要应用于科学计算、数据处理和实时过程控制。

第三代（1965～1970 年）：称为集成电路计算机时代。

采用中小规模的集成电路作为主要物理器件，其主要特征是计算机体积更小，寿命更长，耗电更省，功能更强，可靠性更高，计算速度加快，存储容量进一步提高。出现了操作系统和诊断程序，高级编程语言进一步发展，提出了结构化程序的设计思想，如 Basic、Pascal 等。计算机应用范围扩大到企业管理和辅助设计等领域。

第四代（1971 年以来）：称为大规模和超大规模集成电路计算机时代。

随着 20 世纪 70 年代初集成电路制造技术的飞速发展，产生了大规模集成电路元件，使计算机进入一个新时代，即大规模和超大规模集成电路计算机时代。

具有如下主要特征：

（1）采用大规模和超大规模集成电路作为主要物理器件，体积与第三代相比进一步缩小，可靠性更高，寿命更长。

（2）计算速度加快，每秒几千万次到几十亿次运算。

（3）系统软件和应用软件获得了巨大的发展，软件配置丰富，程序设计部分自动化。

（4）计算机网络技术、多媒体技术、分布式处理技术有了很大的发展，微型计算机大量进入家庭，产品更新速度加快。

（5）计算机在办公自动化、数据库管理、图像处理、语言识别和专家系统等各个领域得到应用，电子商务已开始进入家庭，计算机的发展进入一个新的历史时期。

3．计算机的发展趋势

六十多年来，随着技术的更新和应用的推动，计算机有了飞速的发展。今天，集处理文字、图形、图像、声音为一体的多媒体计算机方兴未艾，计算机也进入了以计算机网络为特征的时代。

未来计算机的发展趋势，可以概括为"巨"、"微"、"网"、"智"四个字。

"巨"，指速度快、容量大、计算处理功能强的巨型计算机系统。主要用于像宇宙飞行、卫星图像及军事项目等有特殊需要的领域。

"微"，指价格低、体积小、可靠性高、使用灵活方便、用途广泛的微型计算机系统。计算机的微型化是当前研究计算机最明显、最广泛的发展趋向，目前便携式计算机、笔记本电脑都已逐步普及。

"网"，指把多个分布在不同地点的计算机通过通信线路连接起来，使用户共享硬件、软件和数据等资源的计算机网络。目前全球范围的电子邮件传递和电子数据交换系统都已形成。

"智"，指具有"听觉"、"视觉"、"嗅觉"和"触觉"，甚至具有"情感"等感知能力和推理、联想、学习、认识等思维功能的计算机系统。

目前，正处于超大规模集成电路全面发展和计算机广泛应用的阶段。据专家预计，新一代的计算机应是"智能"计算机，它的体系结构将改变传统的冯·诺依曼结构，具有像人一样能看、能听、能思考的能力。通常把新一代计算机称为第五代（即智能型计算机）。

1.1.2　计算机的分类

按工作原理可将计算机分为：模拟计算机、数字计算机、模数混合计算机。在模拟计算机中，要处理的数据都是以电压或电流量等的大小来表示；在数字计算机中，所处理的数据都是以"0"与"1"数字代码的数据形式表示；在混合计算机中，要处理的数据用数字与模拟两种数据形式混合表示。目前的计算机绝大多数都是数字计算机。

按用途可将计算机分为：通用计算机和专用计算机。通用计算机的用途广泛，可以完成不同的应用任务；专用计算机是为完成某些特定的任务而专门设计研制的计算机，用途单纯，结构较简单，工作效率较高。我们现在使用的大多是通用计算机。

按规模可将计算机分为：巨型计算机、大/中型计算机、小型计算机、微型计算机和工作站。

- 巨型计算机：体积庞大，运算速度高达每秒万亿次，其精度高、容量大，常用于军事、气象预报、科学研究等尖端领域，如图 1-2 所示。
- 大/中型计算机：这类计算机通用性好、综合负载处理能力和外部负载能力较强，价格昂贵，支持几十个大型数据库，常用于规模较大的科学计算。在国家政府、银行等机构得到广泛应用，如图 1-3 所示。

图 1-2　巨型机　　　　　　　　　　　图 1-3　大型机

- 小型计算机：小型计算机是 20 世纪 60 年代中后期发展起来的产物，它结构简单、易于维护、操作方便，常用于自动控制和企业管理等领域，如图 1-4 所示。

图 1-4 小型机

- 微型计算机：微型计算机也称为个人计算机，即 PC 机，俗称"电脑"。它是目前最为普及的一类计算机，具有价格低、体积小、结构紧凑、重量轻、发展迅速、功能强大等特点。已成为现代社会必不可缺的基本工具，其应用领域已延伸到社会生活的各个方面，如图 1-5 和图 1-6 所示。

图 1-5 台式机

图 1-6 便携机

- 工作站：是一种高档的微型机，介于小型机和微型机之间。与普通 PC 机的区别是：配有高分辨率大屏幕、容量很大的内存储器和外存储器、有较强的信息处理和高性能的图形图像以及联网功能，如图 1-7 所示。

图 1-7 工作站

1.1.3　计算机的特点

第一台计算机诞生至今仅有六十多年时间，其发展之迅速、应用之广泛，是与计算机本身所具有的特点密不可分的。计算机主要有以下几个显著特点：

1. 运算速度快

计算机的运算速度通常是指每秒钟所执行的指令条数。一般计算机的运算速度可以达到每秒几百万次，目前世界上最快的计算机每秒可运算千万亿次至亿亿次（2013 年世界超级计算机 500 强排名于 2013 年 6 月 17 日发布：我国的天河二号位列第一，以持续计算速度每秒 3.39 亿亿次的优越性能位居榜首）。计算机的高速运算能力，使大量复杂的科学计算问题得以解决。例如：卫星轨道的计算、大型水坝的计算、24 小时天气预报的计算等，过去人工计算需要几年、几十年，而现在用计算机只需几天甚至几分钟就可完成。

2. 计算精度高

科学技术的发展，特别是尖端科学技术的发展，需要高度精确的计算。计算机控制的导弹之所以能准确地击中预定的目标，是与计算机的精确计算分不开的。一般计算机可达到十几位甚至几十位（二进制）有效数字，计算精度可由千分之几到百万分之几，是任何计算工具所望尘莫及的。

3. 存储容量大

计算机不仅能进行快速的运算，而且还能够存储大量数据和资料，能根据需要随时存取、删除和修改其中的数据。计算机的存储器可以存储大量数据，这使计算机具有了"记忆"功能。目前计算机的存储容量越来越大，已高达千兆数量级的容量。计算机具有"记忆"功能，是与传统计算工具的一个重要区别。

4. 具有逻辑判断能力

计算机的运算器除了能够完成基本的算术运算外，还具有对各种信息进行比较、判断等逻辑运算的能力。具有可靠逻辑判断能力是计算机能实现信息处理自动化的重要原因。高级计算机还具有推理、诊断、联想等模拟人类思维的能力。

5. 自动化程度高

由于计算机具有内部存储能力，计算机的工作方式是将程序和数据先存放在机内，工作时计算机十分严格地按程序规定的步骤操作，一步一步地自动完成，整个过程不需人工干预，因而自动化程度高。这一特点是一般计算工具所不具备的。

6. 通用性强

一般来说，凡是能将信息用数字化形式表示的，就能归结为算术运算或逻辑运算，它们都可由计算机来处理，因此计算机具有极强的通用性，能应用于科学技术的各个领域，并渗透到社会生活的各个方面。

1.1.4　计算机的应用

计算机的应用十分广泛，目前已渗透到人类活动的各个领域，国防、科技、工业、农业、商业、交通运输、文化教育、政府部门、服务行业等各行各业都在广泛地应用计算机解决各种实际问题。归纳起来，目前计算机主要应用在以下几个方面：

1. 科学计算

科学计算也称数值计算。计算机最开始是为解决科学研究和工程设计中遇到的大量数学问题的数值计算而研制的计算工具。随着现代科学技术的进一步发展，数值计算在现代科学研究中的地位不断提高，计算机凭借其运算速度快、精度高、容量大等优点，可以完成人工无法完成的各种数值计算工作。如数学、天文、地质、生物等基础科学的研究以及水利发电、天气预报、空间技术、新材料研制、原子能研究等方面的大量计算都可以使用计算机来完成。在尖端科学领域中，数值计算显得尤为重要。

2．数据处理

数据处理又称信息处理，是指利用计算机对各种数据进行收集、存储、分类、检索、排序、统计和传输等一系列过程的总称。当今计算机的数据处理应用已非常普遍，如人事管理、工资管理、库存管理、财务管理、图书资料管理、商业数据交流、情报检索、经济管理等。数据处理已成为当代计算机的主要任务，是现代化管理的基础。

3．过程控制

过程控制又称实时控制，是指用计算机实时采集检测数据，按最佳值迅速地对控制对象进行自动控制或自动调节。使用计算机进行自动控制可大大提高控制的实时性和准确性，提高劳动效率、产品质量，降低成本，缩短生产周期。目前计算机主要应用于飞行控制、加工控制、生产线控制、交通指示灯控制及其他国民经济部门中生产过程的控制等。

4．计算机辅助工程

计算机辅助工程是指利用计算机帮助人们进行各种设计、处理等过程，以减少劳动强度，提高劳动效率。主要包括以下几个方面。

计算机辅助设计（Computer Aided Design，CAD）：就是用计算机帮助设计人员进行设计工作。利用计算机辅助设计，可缩短设计时间，提高工作效率，节省人力、物力和财力，更重要的是提高了设计质量。目前 CAD 技术已应用于飞机设计、船舶设计、建筑设计、机械设计、规划设计、工程设计、大规模集成电路设计等领域。

计算机辅助制造（Computer Aided Manufacturing，CAM）：就是用计算机进行生产设备的管理、控制和操作的过程。使用 CAM 技术可以提高产品的质量，降低成本，缩短生产周期。CAM 技术广泛应用于船舶、飞机和各种机械制造、加工业中。

计算机辅助教学（Computer Aided Instruction，CAI）：就是利用计算机辅助完成教与学的系统。CAI 为师生提供一个良好的个人化学习环境，综合应用了计算机的多媒体、超文本、人工智能及知识库等技术，不仅能激发学生的学习兴趣，有效地缩短学习时间，还能减轻教师的负担，提高教学质量和教学效率。

计算机辅助测试（Computer Aided Test，CAT）：就是利用计算机来进行复杂、大量的测试工作。它是随着计算机技术与其应用水平的不断提高，以及为满足日益复杂的、大规模的、高速度和高精度的测试要求而逐渐兴起的一门新型综合性学科。

5．人工智能

人工智能（Artificial Intelligence，简称 AI）。人工智能是指计算机模拟人类某些智力行为的理论、技术和应用。人工智能是计算机应用的一个新领域，这方面的研究和应用正处于发展阶段，在医疗诊断、定理证明、语言翻译、机器人、专家系统、模式识别、智能检索等方面，已有了显著的成效。

6．其他应用

随着计算机技术的发展，计算机的应用已进一步深入到社会的各行各业及各个领域，如办公自动化、多媒体技术、电子商务、物联网和家庭生活等。

1.1.5　计算机的主要技术指标

1．字长

计算机中所使用的数据都是二进制数。二进制数 0、1 称为位（Bit），以 8 位二进制数组合作为信息计量单位，称为一个字节（Byte），用 B 表示。计算机一次能够直接处理的二进制数据称为字（Word），字中二进制数的位数叫字长，字由若干个字节组成，因此字长是字节的整数倍，如 8 位、16 位、32 位、64 位、128 位等。字是计算机进行数据处理、数据存储、数据传送的单位，字长越大，计算机的运算速度越快，其运算精度就越高，支持的内存就越大，性能就越强，所以字长是计算机的一个重要性能指标。

2．运算速度

计算机的运算速度是指每秒钟所能执行的指令条数，一般用 MIPS（Million Instructions Per Second）即每秒 10^6 条指令和 BIPS（Billion Instructions Per Second）即每秒 10^9 条指令作单位。这个指标能直观地反映计算机的运算速度。

3．主频

主频又称时钟频率，是指 CPU 在单位时间（秒）内产生的时钟脉冲数，其单位有：Hz（赫）、kHz（千赫）、MHz（兆赫）、GHz（吉赫）。其中 1GHz=1000MHz，1MHz=1000kHz，1kHz=1000Hz。计算机 CPU 的时钟频率越高，运算速度越快。

4．存储容量

计算机的存储容量包括内存容量和外存容量，是指能够存储信息的总字节数。一般以 B（字节）、KB（千字节）、MB（兆字节）、GB（吉字节）、TB（太字节）为单位，它们之间的关系为：

$$1\ KB=2^{10}\ B=1024\ B$$
$$1\ MB=2^{10}\ KB=2^{20}\ B$$
$$1\ GB=2^{10}\ MB=2^{30}\ B$$
$$1\ TB=2^{10}\ GB=2^{40}\ B$$

内存容量对计算机的运算速度、处理能力影响较大。目前微机的内存容量一般为 2～8GB，硬盘容量一般为 200～1000GB。

5．存取周期

指存储器连续两次读取（或写入）所需的最短时间。简单讲，存取周期就是 CPU 从内存储器存取数据所需的时间。目前，内存的存取周期一般为 60～120ns。

6．外设配置

外设配置是指计算机的输入/输出设备、多媒体部件以及外存储器等的配置情况。

7．软件配置

软件配置包括操作系统、计算机语言、数据库管理系统、网络通信软件、汉字软件及其他各种应用软件等。由于目前微型机的种类很多，特别是各类兼容机种类繁多，因此，在选购微型机时，应以软件兼容较好为主。

对于计算机的优劣不能根据一两项指标来评定，而是需要综合考虑经济合理、使用效率及性能价格比等多方面因素，以满足应用需求为目的。

1.2 计算机基本操作

1.2.1 计算机的打开与关闭

启动计算机的方式有两种：冷启动与热启动。冷启动是通过接通计算机电源来启动计算机，即通过按机箱面板上的 Power（电源）按钮来实现；而热启动是在计算机通电状态下，再次启动计算机，其具体操作方法有三种：一是执行"开始"→"关机"→"重新启动"命令；二是按机箱面板上的 Reset 按钮；三是先按 Ctrl+Alt+Del 组合键，再执行屏幕右下角关闭选项菜单中的"重新启动"命令。

冷启动与热启动的区别是：冷启动后首先进行硬件自检，以确定各个部件是否工作正常，若自检顺利通过，则引导启动操作系统。热启动则没有硬件自检这一过程，因此热启动的速度显然要比冷启动快。由于热启动没有切断计算机各部件的电源，因此能有效地延长硬件的寿命，在没有特殊情况（如电脑受到病毒侵袭、某些软件在运行过程中死机并封锁键盘等）时，应尽量使用热启动。如果使用关闭电源的方法进行冷启动，一定要关闭后至少间隔 8~10s 后再开机，以免由于间隔时间过短损坏部件。

为了使计算机系统安全可靠地工作，开机和关机要按照一定的顺序进行，开机顺序是：先开外设电源，再开主机电源；关机顺序是：先关主机（即执行"开始"→"关机"命令），再关外设电源。

1.2.2 鼠标的使用

1. 认识鼠标

鼠标名称来源于它的外观，像一只小老鼠。它是电脑中常用的输入设备之一，体积小、操作方便、控制灵活，利用它可以给计算机下达命令，完成各种各样的工作任务。目前，十分流行的是一种在左右两键中间有一个滚轮的三键鼠标，其外形如图 1-8 所示。

2. 鼠标的握法

右手大拇指、无名指和小拇指握在鼠标侧面中间的位置，鼠标尾部同手掌下部相接触，食中二指自然弯曲放在鼠标左右键上。食中二指可对鼠标左右键进行快速的单击，左右移动时以小臂为支点左右摆动，上下移动时，小臂随鼠标在鼠标垫上同时做垂直运动，具体姿势如图 1-9 所示。

图 1-8 鼠标外形

图 1-9 手握鼠标的姿势

3. 鼠标的运用

Windows 的大部分操作是通过鼠标来完成的，在 Windows 操作系统中鼠标的操作主要有：
（1）指向：将鼠标指针移至对象上或某一处。

（2）单击：将鼠标指针对准要选取的对象，用右手食指快速按下鼠标左键并快速松开。此操作用于选定对象。

（3）双击：将鼠标指针对准要选取的对象，快速单击两次。该操作常用于启动应用程序、打开窗口等。

（4）拖动：首先选定一个（组）对象，然后用右手食指按住鼠标左键不放，将鼠标指针移动到指定位置后放开。拖动操作常用于对象的移动、复制等。

（5）右击：将鼠标指针对准对象，用右手中指按下鼠标右键并快速松开。此操作一般用于打开当前对象的快捷菜单，便于快速选择相关命令。

（6）滚动：滚动鼠标中间滚轮。此操作主要是在窗口中浏览网页、文档时使用。

1.2.3　键盘的使用

1. 键盘的布局

标准键盘主要包括五个区域：主键盘区、功能键区、编辑键区、副键盘区、状态显示区，如图 1-10 所示。

图 1-10　键盘分区

（1）主键盘区。

字母键：共 26 个（A～Z），主要用于输入英文字母、汉语拼音或汉字编码。

数字键：共 10 个（0～9），主要用于输入阿拉伯数字。

符号键：共 32 个，用于输入常用符号，如+、-、*、/、?、!、<、>等。

Space 键：空格键，即键盘下方的长条键，用于输入空格。

Shift 键：上档键，左右各一个。主要有两个用途：一是当按下该键的同时，再按下有两个符号的符号键，则输入的是该键位上面的符号，如按下 shift + > 组合键，则输入的是">"；二是当按下该键的同时，再按一下字母键，则输入的是该字母的反状态字母（即原来键盘是大写状态时则输入的是小写字母，原来键盘是小写状态时则输入的是大写字母）。

Ctrl 键：组合键，左右各一个。该键一般不单独使用，与其他键合用起控制作用。

Alt 键：组合键，左右各一个，用于切换应用程序等的组合转换。该键一般不单用，和其他键合用起控制作用。

Backspace 键：退格键。用于删除光标左边的一个字符或选取的对象。

　　Caps Lock 键：大写字母锁定键。计算机启动后，系统默认为小写字母输入状态，按一下该键，系统即转换为大写字母输入状态，同时键盘右上方的 Caps Lock 指示灯点亮，表示为大写字母输入状态，若再按一下该键，系统将又回到小写字母输入状态，同时 Caps Lock 指示灯熄灭。

　　Tab 键：制表定位符键。每按一次该键，则跳过 4～12 个字符位或表格一栏。

　　Enter 键：回车键。按一下该键表示输入结束，光标将移至下一行的起始位置。如果输入的是一条命令，系统将执行该命令。

　　（2）功能键区。

　　功能键区位于键盘上方区域，有键位 16 个，各键功能如下。

　　F1～F12 键：这 12 个功能键的作用一般由具体的软件定义。

　　Esc 键：取消键。按一下该键，取消当前输入的命令，或退出正在进行的操作。

　　Print Screen 键：屏幕打印键。打印屏幕内容，或者将屏幕显示的界面复制到剪贴板中。

　　Scroll Lock 键：为显示内容滚动锁定键。在进入 Windows 时代后，Scroll Lock 键的作用越来越小。不过在 Excel 中它还是有些用处：当按下此键（灯亮）后，按上、下键（或 Page Up 和 Page Down 键）滚动时，会锁定光标而滚动页面；当再按下此键（灯熄）后，按上、下键（或 Page Up 和 Page Down 键）滚动时，会滚动光标而锁定页面。

　　Pause 键：暂停键，用于使正在屏幕上显示的信息暂停，按任一键后继续显示。

　　（3）编辑键区。

　　编辑键区位于键盘右侧中部，有键位 10 个，各键功能如下。

　　↑、↓、←、→键：光标移动键。用于将光标分别向上、下、左、右移动，不影响输入的字符。

　　Page Up 键：上翻页键。用于使屏幕向前翻动一屏内容。

　　Page Down 键：下翻页键。用于使屏幕向后翻动一屏内容。

　　Home 键：行首键。用于将光标移动到该行第一个字符处。

　　End 键：行尾键。用于将光标移动到该行最后一个字符处。

　　Insert 键：插入/改写键。用于"插入"和"改写"状态的转换，是一个开关键。当系统处于插入状态时，输入的字符将插入在光标当前位置，后面的字符依次后移；当系统处于改写状态时，输入的字符将替换光标当前位置后面的字符。

　　Delete 键：删除键。用于删除光标右边的一个字符或选取的对象。

　　（4）副键盘区。

　　副键盘区，又称数字键区（或小键盘）。位于键盘右侧，主要用于算术表达式的输入。共有键位 17 个，其中有 10 个键具有双重功能（即数字功能和编辑功能），其功能由该区的 Num Lock 键控制。当按下该键时，Num Lock 指示灯亮，此时按下数字键则输入的是数字；当再次按下该键时，Num Lock 指示灯熄灭，此时 10 个编辑键将起作用。Enter 键的功能与主键盘区的 Enter 键功能相同。

　　（5）状态显示区。

　　位于键盘的右上方，有三个指示灯。Num Lock 为数字锁定指示灯，Caps Lock 为大字锁定指示灯，Scroll Lock 为滚动指示灯。

　　2. 打字指法

　　键盘字符的录入是所有录入的基础。在进行字符录入时，应注意录入姿势和指法的规范性。在 Windows 7 中，各种标点符号及特殊符号在不同输入法中有不同的定义，具体可以查阅相关帮助主题。

（1）打字姿势。

标准正确的打字姿势对身体各部位的健康有着重要的保护作用，而一些不良的姿势会给身体带来极大的伤害，并且不能做到准确、快速地输入，操作时也容易疲劳。正确的打字姿势如图 1-11 所示。

图 1-11 打字姿势示范图

①屏幕及键盘应该在正前方，屏幕的中心应比眼睛的水平低，屏幕离眼睛最少要有一个手臂的距离。

②身体保持端正，双脚轻松平稳地放在地板或脚垫上，大腿应尽量保持与前手臂平行的姿势。

③椅座高度应调到使手肘有近 90 度弯曲，使手指能够自然地架在键盘的正上方。

④两臂自然下垂，两肘贴近身体，手、手腕及手肘应保持在一条直线上。手指略弯曲，指尖轻放在基准键位上，左右手的大拇指轻轻放在空格键上。

⑤录入文稿放在键盘左边，或用专用夹夹在显示器旁边。打字时眼观文稿，身体不要倾斜，一定不要养成看键盘输入的习惯，视线应专注于文稿和屏幕。

（2）基本指法。

指法是指击键的手指分工。键盘的排列是根据字母在英文打字中出现的频率而精心设计的，正确的指法可以提高手指击键的速度，同时也可以提高文字的输入速度。掌握正确的指法，关键在于开始就要养成良好的习惯，这样才会有事半功倍的效果。准备打字时，双手拇指放在空格键，其余 8 个手指垂放在各自的基准键上，如图 1-12 所示。

①手型：手指要保持弯曲，手要形成勺状，两食指总保持在左手 F 键处、右手 J 键处的位置，大多数键盘的 F 和 J 键上都有凸起记号。

②分工：两个拇指轻放在空格键上，其余八个手指放在八个基准键上，各个手指分工明确，各守岗位，决不能越到别的区域去敲键。

图 1-12   正确指法示意图

③击键：不要用手触摸按键，击键时以手指尖垂直向键位使用冲击力，力量要在瞬间爆发出来，并立即反弹回去。

击键的要领：轻、快、准。

轻：向下击键，感觉"咔嚓"一下，便迅速弹起。用力过度手指容易疲劳，也容易损坏键盘。

快：击键时要瞬间发力，立即反弹，像手指被针刺一样。

准：想好键的位置，果断出击，不要先去摸，摸到再打。击键时，要击在按键的中部。

④节奏：敲击键盘要有节奏，击上排键时手指伸出，击下排键时手指缩回，击完后手指立即回到原始标准位置。

⑤力度：击键的力度要适中，过轻则无法保证速度，过重则容易疲劳。

（3）手指分工。

在主键盘区中间有【A】、【S】、【D】、【F】、【J】、【K】、【L】和【;】8 个字符键，这 8 个键是双手食指、中指、无名指和小指的初始位置，因此称为基准键，如图 1-13 所示。击键操作结束后，手指应马上回到基准键上。

图 1-13   手指与基准键对应关系

每个手指除了负责击打与之对应的基准键外，还必须负责上下方相应键的击打，具体分工如图 1-14 所示。

（4）指法练习步骤。

第一步：将手指放在键盘上（如图 1-12 所示，小指、无名指、中指、食指放在八个基准键上，两个母指轻放在空格键上）。

第二步：练习击键。例如要打 D 键，方法是：先提起左手约离键盘 2 厘米；再向下击键时中指向下弹击 D 键，其他手指同时稍向上弹开，击键要能听见响声。击其他键类似，要多体会。形成正确的习惯很重要，而错误的习惯则很难改。

第三步：练习并熟悉八个基准键的位置（要保持第二步正确的击键方法）。

第四步：练习非基准键的打法。例如要打 E 键，方法是：先提起左手约离键盘 2 厘米；再整个左手稍向前移，同时用中指向下弹击 E 键，同一时间其他手指稍向上弹开，击键后四个手指迅速回位。注意右手不要动，其他键打法类似，注意体会。

图 1-14　手指分工示意图

第五步：继续练习，达到即见即打水平（前提是动作要正确）。

当然也可借助专门的打字软件如金山打字通等进行指法训练。指法训练是很枯燥且很辛苦的，但只有通过一定时间的正确训练，才能有效地提高我们的录入速度。

打字口诀

姿势端正且自然，双手轻放在键盘。

拇指轻触空格键，其余轻放基准键。

手指个个有任务，分工击键要记住。

轻准快，有节奏，按照指法来击键。

记键位，凭感觉，不看键盘看稿件。

树信心，加恒心，熟练来自勤苦练。

1.2.4　中文输入法

安装 Windows 7 时，除了支持英文输入以外，系统将自动安装一些基本的中文输入法，如微软拼音 ABC、全拼等。另外，用户也可以在任务栏右边的语言栏快捷菜单中选择设置命令来添加或删除相应的输入法。当前许多国内用户会安装一些较新的中文输入法，如搜狗拼音输入法、紫光拼音输入法、QQ 输入法等。相比之下，这些输入法更人性化、功能更多、上手更快。

1. 输入法的选择

（1）使用键盘。

按 Ctrl+Space 组合键，可以启动或关闭中文输入法。

按 Ctrl+Shift 组合键，可以在英文及各种中文输入法之间进行切换。

（2）使用鼠标。

在任务栏的右边，单击"语言栏"按钮，将弹出当前已安装的输入法选择菜单，单击选择需要的输入法即可（所选的输入法图标左边有√），如图 1-15 所示。

图 1-15 输入法选择菜单

2. 输入法操作界面

当切换到中文输入法后，在屏幕任务栏的右边将出现一个"输入法状态栏"，用以标明和管理当前输入法的状态，如图 1-16 所示。不同的中文输入法其上的按钮不尽相同，其中常用的主要包括"中文/英语选择"按钮、"输入法选择"按钮、"中/英文切换"按钮、"全角/半角切换"按钮、"中/英文标点切换"按钮等。此时可按照所选定输入法的编码规则输入编码，实现中文及各种字符的录入。另外，启动任何一种中文输入法后，在"输入法状态"栏上右击，打开输入法快捷菜单，选择"设置（E）…"命令，在打开的对话框中可以对当前的中文输入法进行设置。

图 1-16 微软拼音 ABC 输入法操作界面

● "中文/英语选择"按钮

单击该按钮，将弹出如图 1-17 所示的菜单。选择"CH 中文（简体，中国）"（默认方式）可录入中文；选择"EN 英语（美国）"，可录入英文；单击"显示语言栏"，可使输入法状态栏悬浮于桌面上。

● "输入法选择"按钮

单击此按钮，将打开输入法选择菜单，如图 1-15 所示，单击选择即可。

● "中/英文切换"按钮

单击该按钮，可以实现中文输入状态与英文输入状态的切换，即输入的字母是汉字编码字符或是英文字符。

图 1-17 "中文/英语选择"菜单

● "全/半角切换"按钮

通常英文符号输入都是半角状态。由于汉字系统的需要，在制作汉字文本时往往需要将有关中文标点符号和所有的英文字母制作成与汉字一样大小的字符，这种状态称为全角状态。

单击输入法状态栏上的"全/半角切换"按钮，可以实现半角与全角之间的切换。

● "中/英文标点切换"按钮

当启动中文输入法后，标点状态自动转换为中文标点符号输入状态。此时，输入法状态栏上的"中/英文标点切换"按钮为中文标点的标识图标。单击"中/英文标点切换"按钮，可以切换到英文标点符号输入状态。

在英文标点符号输入状态下，输入的所有标点符号均与键盘上的标点符号一一对应。在中文标点符号输入状态下，中文标点符号与键盘上的标点符号有些不同。例如键盘上的"."为句号"。"、"＾"为省略号"……"、"-"为破折号"——"、"@"为间隔符"·"、"\"为顿号"、"、"&"为连接符"——"、"<"为书名号"《"、">"为书名号"》"、"$"为人民币符号"￥"等。

3. 常用中文输入法

输入法是指为了将各种符号输入计算机或其他设备（如手机）而采用的编码方法。英文字母只有 26 个，它们对应着键盘上的 26 个字母，所以，对于英文而言是不存在什么输入法的。汉字的字数有几万个，它们和键盘是没有任何对应关系的，但为了向计算机中输入汉字，我们必须将汉字拆成更小的部件，并将这些部件与键盘上的键产生某种联系，才能通过键盘按照某种规律输入汉字，这就是汉字编码。汉字编码方案已经有数百种，其中在电脑上已经运行的就有几十种。作为一种图形文字，汉字是由字的音、形、义来共同表达的，汉字输入的编码方法，基本上都是采用将音、形、义与特定的键相联系，再根据不同汉字进行组合来完成汉字的输入的。

目前常用的中文输入法中，全拼输入法、微软拼音 ABC 输入法、搜狗拼音输入法、QQ拼音输入法等是一般用户普遍使用的汉字输入方法，五笔字型输入法是专门从事汉字录入人员常用的输入法。此外，还有区位输入法、郑码输入法、表形码输入法等。

（1）全拼输入法。

全拼输入法是一种简单易学的中文输入法，只要会汉语拼音，就可以轻松地掌握这种输入法。其缺点是重码较多，影响汉字录入速度。切换到全拼输入法后，就可以进行汉字输入了。例如：输入汉语拼音 meng 后，屏幕上立即出现汉字选择窗口，窗口内显示出 10 个同音字，如图 1-18 所示，输入所选汉字或词组前的数字（若选择的是窗口中的第一个汉字或词组，可直接按空格键），这个汉字或词组便出现在当前插入点。在汉字选择窗口中，可借助右边的垂直滚动条查找所需的汉字或词组。全拼输入法可以直接输入词组，例如要输入词组"中国"，可输入拼音 zhongguo，如图 1-19 所示，此时按空格键，则词组"中国"便出现在插入点。

图 1-18　汉字选择窗口　　　　　　　图 1-19　输入词组"中国"窗口

（2）微软拼音 ABC 输入法。

微软拼音 ABC 输入法（以前称为智能 ABC）是 Windows 系列系统自带的一种汉字输入方法。其主要特点包括简拼与全拼相结合、自动分词和构词、自动记忆、强制记忆以及频度调整等，可以连续输入整条语句的拼音，系统会自动选出拼音所对应的最可能的汉字或词组，免去了逐字逐词进行同音字选择的麻烦。

微软拼音 ABC 输入法主要有全拼、简拼、混拼、音形等多种输入方式，编码输完后按空格键则出现汉字选择窗口。

例如：

全拼输入："我"——输入 wo。

简拼输入："中国"——输入 zhg 或 zg。

混拼输入："长城"——输入 changc 或 chcheng。

音形输入：拼音+第一笔笔形码。笔形码为：横（一(丨)）1；竖（丨）2；撇（丿）3；点（·(丶)）4；折（乛(乛)）5；弯（乚）6；叉（十,(乂)）7；方（囗）8。

如："软件"——输入"r1j"或"r1j3"；"计算机"——输入"js3j"或"j4sj"等。

（3）搜狗拼音输入法。

搜狗拼音输入法是搜狐（SOHU）公司推出的一款 Windows 平台下的汉字拼音输入法，号称是当前网上最流行、用户好评率最高、功能最强大的拼音输入法。由于采用了搜索引擎技术，输入速度有了质的飞跃，在词库的广度、词语的准确度上，搜狗输入法都远远领先于其他输入法，它是目前国内主流拼音输入法之一，其状态栏如图 1-20 所示。

搜狗拼音输入的编码方法与其他拼音输入法大同小异。如"计算机"，可输入 jsj 并按空格键即可，如图 1-21 所示；"中国梦"，可输入 zgmeng 并按空格键，或输入 zhgmeng 并按空格键，或输入 zgm 并按 4 键等都可，如图 1-22 所示。

图 1-20　搜狗拼音输入法状态栏

图 1-21　"计算机"的输入

z'g'meng
1.中国梦　2.做个梦　3.这个梦想　4.做过梦　5.这个 ◀▶

zh'g'meng
1.中国梦　2.这个梦　3.这个梦想　4.这个　5.中国 ◀▶

z'g'm
1.在干吗　2.这哥们　3.重感冒　4.中国梦　5.做个梦 ◀▶

图 1-22　"中国梦"的多种输入

搜狗拼音输入法的特点主要有：

超强的网络词库：通过采用搜索引擎的热词、新词发现程序，源源不断地发现几乎所有类别的常用词，并且及时更新到词库中。

最佳的网络词频：通过分析包含了新闻、论坛网文、各类专题文章的超过 1000 亿字的文字资料（去重之后的正文资料），搜狗输入法的词频能够保证最佳，即使是鲜活生动的口头语，搜狗输入法也能保证词序最佳。

智能组词技术：保证首选词准确率优于其他输入法，对于很多较长的词，或者常用语、口头语，即使词库里没有这些词，搜狗输入法也可以自动拼出来。

便利的全拼简拼混合输入：搜狗拼音输入法是基于声母和声母首字母的混合式简拼，更加高效且不易出错。

兼容多种输入法的习惯：以开放的态度吸取用户的所有来信、建议、评论，兼容多种输入法的键盘设置、细节习惯、双拼方案等，用户可以通过设置属性菜单来修改。

人性化的细节设置：追求易用性上的突破，在很多细微的地方为用户提供了便利。例如，对于有歧义的音节，输入 fangan 时有两种可能：方案、反感。搜狗输入法都能够显示，用户输入时不用加分隔符即可输入。

自动升级功能：可以自动升级。升级程序使用户不用下载即可用到最新版，同时升级最新的词库，网络的新词热词及时反映到你的输入法里。

网游特色词库：制作了各种网游的特色词库，用户可以根据自己的需要和喜好进行添加，添加后就可以打出该网游中常用的词汇，为许多玩家提供了便利。

另外，搜狗拼音输入法中的 U 模式是专门为输入不会读的字所设计的。笔画代码为：h—横、s—竖、p—撇、n—捺（点）、z—折，其中点也可以用 d 来输入，同时副键盘上的 1、2、3、4、5 也分别代表 h、s、p、n、z。编码时先输入 u，然后按字的书写顺序输入笔画代码，就可以得到该字。例如输入"你"字，如图 1-23 所示。

图 1-23　U 模式输入

值得一提的是，竖心的笔顺是点点竖（nns），而不是竖点点或点竖点。

（4）QQ 拼音输入法。

QQ 拼音输入法（简称 QQ 拼音）是腾讯公司推出的一款汉字拼音输入法软件，也是目前国内主流的拼音输入法之一。由于采用了先进的算法，并且借助 QQ 了解用户们聊天时最常用的词汇，使 QQ 拼音在输入速度、智能度和词库丰富度上都有明显的提高。QQ 拼音输入法支持全拼、简拼、双拼三种基本的拼音输入模式。在输入方式上，QQ 拼音输入法支持单字、词组、整句的输入方式，在基本字句的输入操作方面，QQ 拼音输入法与常用的拼音输入法无太大的差别，如图 1-24 所示。

图 1-24　QQ 拼音输入

（5）五笔字型输入法。

五笔字型输入法（简称五笔）是王永民在 1983 年发明的一种汉字输入法，完全依据笔画和字形等特征对汉字进行编码，是典型的形码输入法。它以重码率低、输入速度快等特点，深受用户的青睐，是专门从事汉字录入人员常用的输入法。五笔字型输入法不是 Windows 系统自带的输入方法，需要时可在网上下载并安装后就能使用。

1）笔画、字根、字型。

笔画：书写汉字过程中一笔连续不断的线段叫做汉字的笔画。在五笔中，只考虑笔画的运笔方向，而不计其轻重长短，把汉字的笔画归结为：横、竖、撇、捺、折 5 种。根据其使用概率的高低，依次用 1、2、3、4、5 作为它们的代码，如表 1-1 所示。

表 1-1   汉字的五种笔画

笔画代码	笔画名称	笔画走向	同类笔画
1	横（一）	左→右	提
2	竖（丨）	上→下	竖左勾
3	撇（丿）	右上→左下	
4	捺（乀）	左上→右下	点
5	折（乙）	带转折	横勾、竖提、横折勾、竖弯勾等

　　字根：由若干笔画交叉连接而成的相对不变的结构称为字根，字根是构成汉字最重要、最基本的单位。在五笔字型编码输入方案中，优选了大约 130 个字根作为组字的基本字根，选取的原则是组字能力强、出现频率高。

　　基本字根在组成汉字时，根据它们之间的不同位置，可分为四种结构：

　　单：基本字根本身单独成为一个汉字。如：王、上、人、白、马等。

　　散：构成汉字的基本字根之间保持一定的距离。如：种、例、语、字、学、品等。

　　连：指两种情况。一是单笔画与某基本字根相连。如：自——"丿"连"目"、且——"月"连"一"；二是一个字根之前或之后的独立点均视为与基本字根相连。如：勺、术、太、主、义等。

　　交：指几个字根交叉套迭构成汉字。如：里——"日"交"土"，必——"心"交"丿"、本——"木"交"一"，团——由"囗"、"十"、"丿"套迭而成，周——由"门"、"土"、"口"套迭而成。

　　字型：根据构成汉字的各字根排列位置，可以把成千上万的方块汉字分为三种类型：左右型、上下型、杂合型，分别用代码 1、2、3 表示，如表 1-2所示。

表 1-2   汉字的三种字型

字型代码	字型	含义	与字根结构间联系	举例
1	左右	构成汉字的各部分按左右或左中右等位置排列，其间有一定的距离	具有散结构的汉字	机、彻、结、别、赣、喉
2	上下	构成汉字的各部分按上下或上中下等位置排列，其间有一定的距离	具有散结构的汉字	字、意、华、花、照、器
3	杂合	构成汉字的各部分之间没有明确的左右或上下型关系	具有连、交结构的汉字	困、周、匠、凶、母、逢、天、乘

　　2）字根键盘布局。

　　五笔字型中，字根多数是传统的汉字偏旁部首，同时还把一些少量的笔画结构作为字根，也有硬造出的一些"字根"。基本字根有大约 130 个，加上一些基本字根的变型，共有 200 个左右，这些字根分布在除 Z 之外的 25 个键上，每个键位都对应着几个甚至是十几个字根。

　　为了方便记忆，根据每个字根的起笔笔画，把字根分为五个"区"，用 1~5 编号，称为区号。以横起笔的字根在键盘的 G、F、D、S、A 键上，称为 1 区；以竖起笔的字根在键盘的

H、J、K、L、M 键上，称为 2 区；以撇起笔的字根在键盘的 T、R、E、W、Q 键上，称为 3 区；以捺（点）起笔的字根在键盘的 Y、U、I、O、P 键上，称为 4 区；以折起笔的字根在键盘的 N、B、V、C、X 键上，称为 5 区。每个区正好有五个字母键，每个键称为一个"位"，从内往外用 1～5 编号，称为位号。根据各键所在的区和位，从键盘中间开始，向外扩展进行编号，称为区位号。比如 1 区顺序是从 G 到 A，G 为 1 区第 1 位，它的区位号就是 11，F 为 1 区第 2 位，区位号就是 12，如此类推，如图 1-25 所示。

图 1-25　5 区 5 位键盘布局

要想学好五笔，必须先记住每个字根所在的键位。字根键盘分布及助记词如图 1-26 所示。

图 1-26　字根键盘布局及助记词

大部分字根是按下面规律分配在键位上的：

- 每个键上有一个代表性的字根，即键上的第一个字根，称为键名，也是"助记词"中打头的那个字。
- 部分键上的字根与键名字根形态相近。例如：F（12）的键名是"土"字，字根"士、二、干、十"等与"土"形态相近，它们安排在同一个键位 F（12）上。
- 字根第一笔代码与其所在区号一致，如"禾、白、月、人、金"首笔为撇，撇的笔画代码为 3，故它们都在 3 区。
- 相当一部分字根的第二笔代码与其所在位号一致，如"土、白、门"的第二笔为竖，竖的代码为 2，故它们位号都为 2。

- 单笔画"一、丨、丿、丶、乙"都在第 1 位，两个单笔画复合起来的字根"二、刂、厂、冫、巜"都在第 2 位，三个单笔画复合起来的字根"三、川、彡、氵、巛"，其位号都是 3。
- 各区的位号，都是从键盘的中部向两端排列，这样就使得双手放到键盘上时，位号的顺序与食指到小指的顺序相一致。

注意：助记词中括号内的字表示前一个字根的读音。五笔编码中没有给 Z 键安排字根，Z 键作为万能学习键，它不但可以代替"识别码"帮你把字找出来，告诉你"识别码"，而且还可以代替一时记不清或分解不准的任何字根，并通过提示行，使你知道 Z 键对应的键位或字根。

3）汉字的拆分原则。

五笔中，要输入一个汉字，首先就要能拆分汉字，即把汉字拆分成几个单独的基本字根。对于单结构的汉字，本身是字根，无需拆分，如：王、日、八等；对于散结构的汉字，顺序拆分，比较容易，如：时、侧、字、意、语、新、努、最等；对于连、交及混合结构的汉字，在拆分字根时，应遵循下面的拆分原则。

- 书写顺序原则：按汉字书写顺序从左到右、从上到下、从外到内进行拆分。如："中"只能拆成"口、丨"，不能拆成"丨、口"；"夷"只能拆成"一、弓、人"，不能拆成"大、弓"。
- 取大优先原则：按书写顺序拆分成尽可能大的基本字根，所谓尽可能大字根是指如果增加一个笔画，便不能成为基本字根，亦即尽可能拆出笔画多的字根。如："果"可拆分为"日、木"、"日、一、小"和"日、十、八"，根据取大优先的原则，正确的拆分为"日、木"。
- 兼顾直观原则：在拆分汉字时，为了照顾汉字字根的完整性，有时不得不暂且牺牲一下"书写顺序"和"取大优先"的原则，形成个别例外的情况。如："国"，按"书写顺序"应拆成"冂、王、丶、一"，但这样便破坏了汉字构造的直观性，故应拆分为"囗、王、丶"。
- 能散不连原则：组成汉字的多个字根结构关系，能按散结构处理的，就不能按连结构处理。如："非"字的三个字根"三、刂、三"应视为散结构（左右型），"严"字的三个字根"一、业、厂"，"占"字的两个字根"卜、口"都按散结构（上下型）处理。
- 能连不交原则：汉字拆分时能按连的关系拆分，就不要按相交的关系拆分，因为一般来说，"连"比"交"更为"直观"。如："于"字应拆分为"一、十"（两字根相连），而不能拆分为"二、丨"（两字根相交），"天"字应拆成"一、大"（两字根相连），而不能拆成"二、人"（两字根相交），又如"丑"字应拆成"乙、土"（二者是相连的）、而不能拆成"刀、二"（二者是相交的）。

4）汉字的编码规则。

精心选择基本字根，然后有效地、科学地、严格地从键盘上输入编码而实现汉字录入，这是五笔输入法的基本思想。五笔字型输入法是由四位编码组成一个汉字（一个汉字对应四位编码），单个汉字五笔字型编码歌诀如下：

五笔字型均直观，依照笔顺把码编；

键名汉字打四下，基本字根请照搬；

一二三末取四码，顺序拆分大优先；

不足四码要注意，交叉识别补后边。

歌诀概括了五笔字型拆字取码的几条原则：

- 按书写顺序，从左到右，从上到下，从外到内取字根编码。
- 以基本的字根为单位取码。
- 字根数为四个时，取其第一、二、三、四字根编码。
- 字根数多于四个时，按一、二、三、末取字根编码，最多取四个字根编码。
- 字根数不足四个时，要加末笔字型交叉识别码。
- 单体结构拆分取大优先。

五笔字型输入法把单个汉字分成三类：键名字、成字字根字、键外字。

键名字的编码：键名字是指各键位左上角的首字根，共有 25 个：

王土大木工，

目日口田山，

禾白月人金，

言立水火之，

已子女又纟。

它们是组字频度较高，而形体上又有一定代表性的字根，它们中绝大多数本身就是汉字。

键名字的输入方法：连击四下键名所在的键，如：

王：GGGG　　口：KKKK　　金：QQQQ　　立：UUUU　　女：VVVV

成字字根字的编码：在 130 个基本字根中，除键名字根外，本身就是汉字的字根，称为成字字根。成字字根汉字的输入规则为：

键名代码+首笔代码+次笔代码+末笔代码

当要输入一个成字字根时，首先把它所在的那个键打一下（俗称"报户口"），然后再依次输入它的首笔代码、次笔代码、末笔代码。注意：各个笔画代码一定是指单笔画，而不是字根，只能在"G（横）、H（竖）、T（撇）、Y（捺）、N（折）"范围内取码；如果成字字根只有两个笔画，即只能取出三个编码，则第四码以空格键结束。如：

五：GGHG　　由：MHNG　　斤：RTTH　　米：OYTY　　马：CNNG　　十：FGH

在五笔字型汉字编码中，横、竖、撇、捺、折五个单笔划作为成字字根的特例，增加了两个"后缀"L 码，其编码如下：

一：GGLL　　丨：HHLL　　丿：TTLL　　丶：YYLL　　乙：NNLL

键外字的编码：键名字和成字字根字合称键面字，其他所有汉字都称为键外字。

含有四个及四个以上字根的汉字，其五笔编码规则为：

第一字根码+第二字根码+第三字根码+末字根码

如：输：LWGJ（车、人、一、刂），缩：XPWJ（纟、宀、亻、日），型：GAJF（一、廿、刂、土），围：LFNH（囗、二、乙、丨），避 NKUP（尸、口、辛、辶）。

当构成汉字的字根中只有两个字根或三个字根时，应再加上一个补充代码，即末笔字型交叉识别码（简称**识别码**）。识别码=末笔代码+字型代码，可以看成是一个键的区位码。末笔有五种，字型有三类，因此末笔字型交叉识别码有 15 种，如表 1-3 所示。

三个字根的汉字编码规则为：

第一字根码+第二字根码+第三字根码+末笔字型交叉识别码

如：根：SVEY　　格：STKG　　告：TFKF　　是：JGHU　　再：GMFD　　国：LGYI

两个字根的汉字编码规则为：

第一字根码+第二字根码+末笔字型交叉识别码+空格

如：汉：ICY   则：MJH   员：KMU   卡：HHU   乡：XTE   飞：NUI

表1-3   末笔字型交叉识别码表

末笔	字型		
	左右型 1	上下型 2	杂合型 3
横 1	11G	12F	13D
竖 2	21H	22J	23K
撇 3	31T	32R	33E
捺 4	41Y	42U	43I
折 5	51N	52B	53V

在判断汉字的末笔时，要注意以下几点：

● 末字根为"力、刀、九、匕、乃、万、方、兆"等时，以右下角最远的笔画"折"为末笔。如："男"字（拆成：田、力）末笔为"乙（5）"，字型为上下型（2），故识别码为52（B），所以"男"字的五笔编码为"LLB"。

● 在所有包围型和半包围型汉字中，规定取被包围部分的末笔作为整个字的末笔。如："团"字（拆成：囗、十、丿）末笔为"丿（3）"，字型为杂合型（3），故识别码为33（E），其五笔编码为：LFTE；"连"字（拆成：车、辶）末笔为"丨（2）"，字型为杂合型（3），故识别码为23（K），其五笔编码为"LPK"；"哉"字（拆成：十、戈、口）末笔为"一（1）"，字型为杂合型（3），故识别码为13（D），其五笔编码为"FAKD"。

● "我、戋、成、戈、戊"等字的末笔，遵循从"从上到下"的原则，一律规定撇"丿"为其末笔。"我"字的编码为：TRNT（丿、扌、乙、丿），"戋"字（为成字字根）的编码为：GGGT（键名、一、一、丿），"成"字的编码为：DNNT（厂、乙、乙、丿），等等。

简码：为了减少击键次数，提高输入速度，一些常用的字，除了可以按全码（四码）输入外，还可以取其前边的一、二或三个字根编码，再加击一个空格键，构成简码，简码分为三级。

一级简码：将每个键按一下，再击一下空格键，即可输入最常用的25个汉字，如下：

一 11（G）	地 12（F）	在 13（D）	要 14（S）	工 15（A）
上 21（H）	是 22（J）	中 23（K）	国 24（L）	同 25（M）
和 31（T）	的 32（R）	有 33（E）	人 34（W）	我 35（Q）
主 41（Y）	产 42（V）	不 43（I）	为 44（O）	这 45（P）
民 51（N）	了 52（B）	发 53（V）	以 54（C）	经 55（X）

二级简码：是输入全码的前两个字根编码，再击一下空格键即可，二级简码有625个。

如："经"的全码为XCAG，简码为XC；"最"的全码为JBCU，简码为JB；"可"的全码为SKD，简码为SK。

三级简码：是输入全码的前三个字根编码，再击一下空格键即可，三级简码有4400个。

例如："储"的全码为WYFJ，简码为WYF；"华"的全码为WXFJ，简码为WXF；"截"的全码为FAWY，简码为FAW。

词组的编码：五笔字型输入法中，除了输入单个汉字外，还可以按词组进行输入，无论多长的词组，编码一律为四码。

　　两字词组：每字各取其全码中的前两码构成四码。如：

　　"开会"：一、廾、人、二（编码为 GAWF），"汉字"：氵、又、宀、子（编码为 ICPB），"和谐"：禾、口、讠、匕（编码为 TKYX）。

　　三字词组：前两个字各取其全码中第一码，第三字取全码中的第一、第二码构成四码。如：

　　"操作员"：扌、亻、口、贝（编码为 RWKM），"计算机"：讠、⺮、木、几（编码为 YTSM）。

　　四字词组：每字各取其全码中的第一码构成四码。如：

　　"马到成功"：马、一、厂、工（编码为 CGDA），"人民日报"：人、尸、日、扌（编码为 WNJR）。

　　多字词组：分别取第一、二、三及最后一个汉字的第一码构成四码。如：

　　"中华人民共和国"："口、亻、人、口"（编码为 KWWL），"香港特别行政区"：丿、氵、丿、匸（编码为 TITA）。

　　要熟练掌握五笔字型输入法，关键是：一要熟悉汉字的拆分原则，能够正确地把汉字拆分成基本字根；二要熟记字根所在的键位，能正确地输入该汉字的编码，这些只有通过反复练习才能掌握。另外，五笔中仍有少量的重码，需要用数字键来进行选择。Z 键称为万能键，用于辅助学习，当对汉字的拆分编码难以确定用哪一个代码键时，可以用 Z 键来代替。

1.3　计算机中的数制

　　计算机中的数据有两大类：一类是数值型数据，另一类是非数值型数据，如文字、符号、图像、声音、影视等。无论是数值型数据还是非数值型数据，在计算机内部的存放、传输、处理等均采用二进制数的形式来进行，这是因为二进制数具有在电路上容易实现，可靠性高，运算规则简单，可直接进行逻辑运算等优点。但人们习惯的毕竟是十进制数，此外，为了简化二进制数的表示，在计算机中又引入了八进制和十六进制数。

1.3.1　数制概述

1. 数制的概念

　　所谓**数制**（也称进位计数制）是指用一组固定的数字符号、统一的运算规则来表示数的一种计数方法。数制的种类很多，但在日常生活中，人们习惯使用十进制，所谓十进制，就是逢十进一。除十进制外，还会经常用到七进制（如一周为七天）、十二进制（如一年等于十二个月）、二十四进制（如一天有 24 小时）、六十进制（如一小时等于六十分，一分钟等于六十秒）等。

2. 数制的三要素

　　数码：是指某数制中表示数值大小的一组固定的数字符号，也称数符。R 进制的数码共有 R 个：0、1、2、…、R-1。

　　基数：是指数制中所使用的数码个数。如十进制数的基数为 10，二进制数的基数为 2。

　　位权：是指一个数中某位上 1 单位所代表的实际值，简称**权**，用基数的指数次幂表示。如十进制数：353，个位的权为 10^0，十位的权为 10^1，百位的权为 10^2，于是该数个位的值为 $3\times10^0=3$，十位的值为 $5\times10^1=50$，百位的值为 $3\times10^2=300$。

3. 进位制数的书写与表示

　　通常数的书写方式有两种：一种是数后缀一字母表示，如十进制数（Decimal）后缀 D，二进制数（Binary）后缀 B，八进制数（Octal）后缀 O，十六进制数（Hexadecimal）后缀 H；另一种是圆括号加基数下标表示，形如 $(X)_R$，其中 R 为 R 进制数的基数。

如：13D、$(13)_{10}$，1011001B、$(1011001)_2$，42.67O、$(42.67)_8$，3A5H、$(3A5)_{16}$。

注意：在十进制的书写中，通常将后缀 D 或下标 10 省略，为了区分八进制数后缀 O 与数 0，把其后缀 O 用 Q 来代替。

任意一个 R 进制数 X（设有 n 位整数，m 位小数）都可以用如下两种方法表示：

（1）位置计数法：

$$(X)_R = a_{n-1}a_{n-2}\cdots a_2a_1a_0.a_{-1}a_{-2}\cdots a_{-m}$$

如：十进制数 353、34.507，八进制数 23、204.63 等。

（2）按权展开法：

$$(X)_R = a_{n-1}\times R^{n-1} + \cdots + a_1\times R^1 + a_0\times R^0 + a_{-1}\times R^{-1} + \cdots + a_{-m}\times R^{-m}$$

其中 a_{n-1}，a_{n-2}，…，a_{-m} 分别表示数 X 的第位 n-1，n-2，…，-m 位上的数码。

如：十进制数 $353 = 3\times 10^2 + 5\times 10^1 + 3\times 10^0$，八进制数 $204.63 = 2\times 8^2 + 0\times 8^1 + 4\times 8^0 + 6\times 8^{-1} + 3\times 8^{-2}$。

1.3.2　常用的进位计数制

1. 常用数制的特点

计算机中用到的数制主要有：十进制、二进制、八进制和十六进制，它们的特点如表 1-4 所示。

表 1-4　常用数制的特点比较

数制	十进制	二进制	八进制	十六进制
数码	0、1、2、3、4、5、6、7、8、9	0、1	0、1、2、3、4、5、6、7	0、1、2、3、4、5、6、7、8、9、A、B、C、D、E、F
基数	10	2	8	16
位权	10^i	2^i	8^i	16^i
规则	逢十进一（借一当十）	逢二进一（借一当二）	逢八进一（借一当八）	逢十六进一（借一当十六）
共同点	数码个数与其基数相同；最大数码为：基数-1			
应用	在计算机中常作为数据的输入和输出	在计算机中用于数据的存储和运算	在计算机中简化二进制的书写	在计算机中简化二进制的书写

2. 常用数制间关系

计算机中四种常用进制数之间关系如表 1-5 所示。从表中可看出十六进制的数码 A、B、C、D、E、F 相当于十进制数的 10、11、12、13、14、15。

表 1-5　常用数制间对应关系

十进制	二进制	八进制	十六进制
0	0	0	0
1	1	1	1
2	10	2	2

续表

十进制	二进制	八进制	十六进制
3	11	3	3
4	100	4	4
5	101	5	5
6	110	6	6
7	111	7	7
8	1000	10	8
9	1001	11	9
10	1010	12	A
11	1011	13	B
12	1100	14	C
13	1101	15	D
14	1110	16	E
15	1111	17	F

1.3.3　不同进制数之间的转换

虽然在计算机内部都使用二进制进行存储、运算等工作，但对于用户来说，最熟悉的还是十进制数。另外由于二进制位数过长，读写困难，使用不方便，因此通常将二进制数转换成十进制数输出，用八进制和十六进制作为二进制的缩写方式。

1. 任意进制转换为十进制

按权展开求和法：即将任意 R 进制数的各位数码乘以相应的权 R^i，然后把积相加就得到十进制数。

【例 1】$(101.11)_2=1\times2^2+0\times2^1+1\times2^0+1\times2^{-1}+1\times2^{-2}=4+0+1+0.5+0.25=5.75$

【例 2】$(272)_8=2\times8^2+7\times8^1+2\times8^0=128+56+2=186$

【例 3】$(5AE9)_{16}=5\times16^3+10\times16^2+14\times16^1+9\times16^0=20480+2560+224+9=23273$

2. 十进制转换为任意进制

将十进制数转换为其他任意进制数时，整数部分和小数部分要分别转换，总的原则是：整数部分，除基取余，余数倒排；小数部分，乘基取整，整数顺排。

整数部分的转换——除基取余法。具体步骤是：把十进制整数除以基数 R（可以是 2、8、16 等）得商数和余数，再将所得的商除以基数 R，又得到一个新的商数和余数……这样不断地用基数 R 去除所得的商数，直到商等于 0 为止。每次相除所得的余数便是对应的 R 进制整数的各位数码，第一次除法得到的余数为最低位数码，最后一次除法得到的余数为最高位数码。可简单概括为：除基取余，余数倒排。

【例 4】将十进制整数 53 转换成二进制整数。

解：按下列方式连续除以基数 2

所以，53=(110101)$_2$。

【例5】将十进制整数723转换成八进制整数。

解：按下列方式连续除以基数8

所以，723=(1323)$_8$。

小数部分的转换——乘基取整法。 具体步骤是：把十进制小数乘以基数R得一乘积，再把积的小数部分又乘以基数R，又得一乘积……这样不断地用基数R去乘所得积的小数部分，直到所得积的小数部分为0或达到要求的精度为止。每次相乘后所得乘积的整数部分就是相应R进制小数的各位数码，第一次乘积所得的整数部分为R进制小数最高位数码，最后一次乘积所得的整数部分为R进制小数最低位数码。可简单概括为：乘基取整，整数顺排。

说明：每次乘法后，积的整数部分若是0也应取。另外，不是任意一个十进制小数都能完全精确地转换成R进制小数的，一般应根据精度要求截取到某一位小数即可。

【例6】将十进制小数0.625转换为二进制小数。

解：按下列方式连续乘以基数2

$$
\begin{array}{r}
0.625 \\
\times \quad 2 \\
\hline
1.250 \\
\times \quad 2 \\
\hline
0.500 \\
\times \quad 2 \\
\hline
1.000
\end{array}
$$

（积整数部分）
…………1（高位）
…………0
…………1（低位）

所以，0.625=(0.101)$_2$。

【例7】将十进制小数0.562转换为保留六位小数的二进制小数。

解：按下列方式连续乘以基数2

$$0.562$$
$$\underline{\times\qquad 2}\qquad\text{（积整数部分）}$$
$$1.124\ \cdots\cdots\cdots\cdots\cdots1\text{（高位）}$$
$$\underline{\times\qquad 2}$$
$$0.248\ \cdots\cdots\cdots\cdots\cdots0$$
$$\underline{\times\qquad 2}$$
$$0.496\ \cdots\cdots\cdots\cdots\cdots0$$
$$\underline{\times\qquad 2}$$
$$0.992\ \cdots\cdots\cdots\cdots\cdots0$$
$$\underline{\times\qquad 2}$$
$$1.984\ \cdots\cdots\cdots\cdots\cdots1$$
$$\underline{\times\qquad 2}$$
$$1.968\ \cdots\cdots\cdots\cdots\cdots1\text{（低位）}$$

所以，$0.562\approx(0.100011)_2$。

任何一个十进制数都可以将其整数部分和小数部分分开，分别用"除基取余法"和"乘基取整法"转换为 R 进制数形式，然后将 R 进制形式的整数和小数合并就可得到该十进制数所对应的 R 进制数。

【例 8】将十进制数 53.625 转换为二进制数。

解：先由"除 2 取余法"将整数部分化成二进制数整数：$53=(110101)_2$

再由"乘 2 取整法"将小数部分化成二进制数小数：$0.625=(0.101)_2$

最后将所得整数部分与小数部分合并即可得到相应的二进制数为，即：

$$53.625=(110101.101)_2$$

3. 任意两进制数的转换

任意两个进制数之间可通过我们熟悉的十进制来进行转换，如图 1-27 所示。

图 1-27　R 进制数转换为 S 进制数过程

【例 9】将四进制数 1032 转换为八进制数。

解：按权展开得到十进制数

$$(1032)_4=1\times4^3+0\times4^2+3\times4^1+2\times4^0=64+0+12+2=78$$

再将结果 78 除 8 取余得

$$78=(116)_8$$

所以，$(1032)_4=(116)_8$。

4. 二进制与八进制、十六进制的相互转换

由于二、八、十六进制之间存在这样一种关系：$2^3=8$，$2^4=16$，所以，每位八进制数相当于 3 位二进制数，如表 1-6 所示；每位十六进制数相当于 4 位二进制数，如表 1-7 所示。因此将一个二进制数转换为八（十六）进制数时，只需先将整数部分从右向左、小数部分从左向右每三（四）位分为一组（若最后一组不足三（四）位时，整数部分在最高位前面添 0 补足三（四）位，小数部分在最低位之后添 0 补足三（四）位）；再一组一组地转换成一位对应的八（十六）进制数；最后按原来的顺序排列即可得到八（十六）进制数。

表 1-6　八进制与二进制对照表

八进制	0	1	2	3	4	5	6	7
二进制	000	001	010	011	100	101	110	111

表 1-7　十六进制与二进制对照表

十六进制	0	1	2	3	4	5	6	7
二进制	0000	0001	0010	0011	0100	0101	0110	0111
十六进制	8	9	A	B	C	D	E	F
二进制	1000	1001	1010	1011	1100	1101	1110	1111

【例 10】将二进制数 1111010010.01101 转换为八进制数和十六进制数。

解：因为

$$\underbrace{001}_{1}\ \underbrace{111}_{7}\ \underbrace{010}_{2}\ \underbrace{010}_{2}\ .\ \underbrace{011}_{3}\ \underbrace{010}_{2}$$

所以，$(1111010010.01101)_2=(1722.32)_8$；

又因为

$$\underbrace{0011}_{3}\ \underbrace{1101}_{D}\ \underbrace{0010}_{2}\ .\ \underbrace{0110}_{6}\ \underbrace{1000}_{8}$$

所以，$(1111010010.01101)_2=(3D2.68)_{16}$。

反过来，将八（十六）进制数转换为二进制数时，只需先将每位八（十六）进制数写成对应的三（四）位二进制数，再按原来的顺序排列起来即可。

【例 11】将十六进制数 2A9.0B 转换为二进制数。

解：因为

$$(2A9.0B)_{16}=(0010)(1010)(1001).(0000)(1011)$$

所以，$(2A9.0B)_{16}=(1010101001.00001011)_2$。

1.4　计算机系统的组成

一个完整的计算机系统由硬件系统（简称硬件）和软件系统（简称软件）两大部分组成，其结构如图 1-28 所示。硬件是指组成计算机的所有物理设备，简单地说就是看得见摸得着的东西，它是计算机的"躯干"，是基础；软件是指在硬件设备上运行的程序、数据及相关文档的总称，它是建立在"躯干"上的"灵魂"。

在计算机系统中，硬件和软件相互支持、协同工作。没有软件的计算机硬件系统根本无法工作，同样没有完整的硬件系统或硬件的性能不够，软件也发挥不了良好的作用。所以软件与硬件都是计算机工作必不可少的组成部分，而计算机是由用户来使用的，用户与计算机硬件系统和软件系统的层次关系如图 1-29 所示。

图 1-28　计算机系统结构

图 1-29　用户、软件和硬件的关系

1.4.1　计算机的硬件系统

从计算机诞生初期直到现在，通常使用的计算机属于冯·诺依曼体系结构，虽然目前计算机的种类很多，但是从功能上仍可以将计算机硬件划分为五大基本组成部分：运算器、控制器、存储器、输入设备和输出设备。通常将运算器和控制器合称为计算机的中央处理器（Central Processing Unit，简称 CPU，也称微处理器），而把中央处理器与内存储器合称为计算机的主机，其他外存储器、输入设备、输出设备等统称外部设备。

1. 输入设备

输入设备负责把用户命令，包括程序和数据等输入到计算机中，将人类习惯的数据形式如数字、文字、图形、声音、影像等转换成计算机能直接处理的二进制代码存放在内存，是人与计算机之间对话的重要工具。常见的输入设备有键盘、鼠标、扫描仪、数码相机、摄像头等。

2. 存储器

存储器是计算机存储数据的部件，它像人脑一样具有"记忆"功能，主要用于存放程序、数据和运算结果。能在计算机运行中高速自动完成指令和数据的存取，其中，将信息存入存储器中称为"写"存储器；从存储器中取出信息称为"读"存储器，读写操作统称为访问。存储器是由许多存储单元组成的，为使计算机能识别这些单元，给每个单元一个编号，称为"地址"，计算机就是根据地址来访问存储器的，它又分为内存储器和外存储器两大类。

（1）内存储器。

中央处理器能直接访问的存储器称为内存储器（简称内存，通常也泛称为主存储器），由半导体材料制成。内存储器包括寄存器、高速缓冲存储器（Cache）和主存储器。寄存器在 CPU 芯片的内部，高速缓冲存储器也制作在 CPU 芯片内，而主存储器由插在主板内存插槽中的若干内存条组成。内存的质量好坏与容量大小会影响计算机的运行速度，其特点是存取速度快，但容量较小，价格较高。缓存 Cache 是为了解决 CPU 和内存之间速度匹配问题而设置的，如图 1-30 所示，它是介于 CPU 与内存之间的小容量临时存储器，但存取速度比内存快得多。有了缓存，就能高速地向 CPU 提供指令和数据，从而加快了程序执行的速度。

图 1-30　CPU 与存储器的关系

通常用户通过输入设备将程序和数据送入内存；控制器执行的指令和运算器处理的数据取自内存，运算的中间结果和最终结果保存于内存；输出设备输出的信息来源于内存；内存中的信息如要长久保存应送到外存储器中。总之，内存要与计算机的各个部件打交道，进行数据传送。因此，内存的存储速度直接影响着计算机的运算速度。

内存可分为两类：只读存储器 ROM（Read Only Memory）和随机存储器 RAM（Random Access Memory）。ROM 的特点是：用户只能进行读操作，不能进行写操作（存储单元中的数据由 ROM 制造厂在生产时或用户根据需要一次性写入），其上的数据在断电后不会消失。RAM 的特点是：其上的数据能读能写，但断电后其上的数据将消失，RAM 又可称为读写存储器。

（2）外存储器。

中央处理器不能直接访问的存储器称为外存储器，简称外存，又称辅助存储器（简称辅存），外存的数据必须先调入内存后再由中央处理器进行处理。外存的特点是存储容量大，价格低，但存取速度较慢，主要用于长时间存储数据。常用的外存储器包括硬盘、光盘、软盘、U 盘和各种移动存储设备等。

3．运算器

运算器又称算术逻辑单元（Arithmetic Logic Unit，ALU），是计算机对数据进行加工处理的功能部件，也就是对二进制数码进行"加、减、乘、除"等算术运算和"与、或、非"等逻辑运算。运算器是在控制器的控制下实现算术逻辑运算功能，运算结果由控制器控制送到内存中。

4．控制器

控制器是整个计算机系统的指挥和控制中心。它负责从内存中取出指令，确定指令类型，并对指令进行译码，按时间的先后顺序，向计算机的各个部件发出控制信号，保证计算机按照预先规定的目标和步骤有条不紊地进行操作及处理，使整个计算机系统的各个部件协调一致地工作，从而一步一步地完成各种操作。

5．输出设备

输出设备是将计算机运算或处理的结果转换成人类习惯的文字、图形和声音等形式输出。常见的输出设备有显示器、打印机、绘图仪、音响等。

1.4.2　计算机的软件系统

计算机软件系统是实现计算机具体功能的重要工具，它包括系统软件和应用软件两大类。

1．系统软件

系统软件是指管理、控制、监视、维护计算机系统正常运行的各类程序的总称，它能使计算机系统所有资源最大限度地发挥作用，是用户与计算机间联系的桥梁，一般是由计算机厂家或专业软件公司研制。系统软件包括：操作系统、程序设计语言、服务程序和数据库系统等。

（1）操作系统。

操作系统（简称 OS）是控制和管理计算机系统所有硬件和软件资源的程序集合，是系统软件的核心。操作系统能使计算机系统高效、协调地工作，为用户提供一个良好的工作环境和友好的工作界面。它是计算机系统的指挥调度中心，是开机后运行的第一个软件，对计算机的所有操作都要在操作系统的支持下才能进行。操作系统具有中央处理器（CPU）管理、存储器管理、设备管理、文件管理和作业管理等五大管理功能。常见的操作系统有 Windows、UNIX 和 Linux 等。

（2）程序设计语言。

程序设计语言就是人们设计出来的能让计算机读懂并且能完成某特定任务的语言。按照语言对机器的依赖程度，程序设计语言从低级到高级依次可分为机器语言、汇编语言、高级语言三类，其中机器语言和汇编语言统称为低级语言。

①机器语言（Machine Language）是以二进制代码形式表示的机器基本指令的集合，是计算机唯一可以直接识别和执行的语言。它的特点是运算速度快，每条指令都是 0 和 1 的组合，但不同计算机其机器语言不同，难阅读，难修改，难移植。

②汇编语言（Assemble Language）是为了解决机器语言难于理解和记忆的缺陷，用易于理解和记忆的名称和符号（称为指令助记符）表示机器指令。例如，加法指令 ADD，传送指令 MOV 等，这种用指令助记符组成的语言叫做汇编语言。汇编语言虽比机器语言直观，但基本上还是一条指令对应一种基本操作，仍然是依赖于机器的，这种语言不能被计算机直接接受，需要翻译（称为汇编）成机器语言。

③高级语言（High Level Language）是人们为了解决低级语言的不足而设计的程序设计语言。它是由一些接近于自然语言和数学语言的语句组成。易学、易用、易维护。但是由于机器硬件不能直接识别高级语言中的语句，因此必须经过"翻译程序"，将用高级语言编写的程序翻译成机器语言的程序才能执行。一般来说，用高级语言编程的效率高，但执行速度没有低级语言快。

高级语言的种类很多，但目前最常用的高级语言有：面向过程的语言如 Fortran、Basic、Cobol、Pascal、C 语言等；面向对象的语言如 C++、Java、Visual Basic、Visual C++、Delphi 等。

　　除机器语言外，采用其他程序设计语言编写的程序（称为源程序），计算机都不能直接识别其指令，必须把源程序"翻译"成等价的机器语言程序（称为目标程序），即计算机能识别的 0 与 1 的组合，承担翻译工作的即为语言处理程序，语言处理程序的工作方式有编译方式和解释方式两种。

　　编译方式是用编译程序把用户高级语言源程序整体"翻译"成机器语言表示的目标程序，然后再执行这个目标程序，最后得到执行结果，如图 1-31 所示。编译方式"翻译"的总体效果比较好。

图 1-31　高级语言的编译方式

　　解释方式是用解释程序把用户高级语言源程序逐句"翻译"，译出一句立即执行一句，边解释边执行，如图 1-32 所示。这种方式较浪费机器时间，但可少占计算机内存，而且使用比较灵活。

图 1-32　高级语言的解释方式

　　（3）服务程序。

　　服务程序是专门为系统维护及使用进行服务的一些专用程序。常用的服务程序有：系统设置程序、诊断程序、纠错程序、编辑程序、文件压缩程序、防病毒程序等。

　　（4）数据库系统。

　　在当今社会，数据信息纷繁复杂且量大类多，对信息的搜集、存储、分类、统计、使用和管理等一系列工作，就要依赖于数据库技术了。数据库（Data Base，简称 DB）是以一定的组织方式存储在一起的相关数据的集合，它的数据具有冗余度小，而且独立于任何应用程序而存在，可以为多种不同的应用程序共享。数据库管理系统（Data Base Management System，简称 DBMS）是对数据库中的资源进行统一管理和控制的软件，是数据库系统的核心，是进行数据处理的有利工具。目前常用的数据库管理系统有 Access、Visual FoxPro、SQL Server、Oracle、Sybase 等。利用数据库管理系统的功能，设计、开发符合自己需求的数据库应用软件，是计算机应用最为广泛并且发展最快的领域之一。

　　2. 应用软件

　　应用软件是指利用计算机的软、硬件资源针对某一应用领域而开发和编制的软件，它必须与系统软件相互协作才能工作，具有较强的实用性和专业性。应用软件可分为专用应用软件和通用应用软件两种。随着计算机应用领域的扩大，应用程序越来越多，通用软件和专用软件之间一般没有严格的界限。

（1）通用应用软件。

它是为解决某一类问题而设计的多用途软件，如文字处理软件（微软 Word、金山 WPS）、电子表格软件（Excel）、图形图像处理软件（Photoshop、AutoCAD）等。

（2）专用应用软件。

它是为解决某一具体问题而设计的软件，如某单位的工资管理软件、人事管理软件、学校的学籍管理软件等。

组成计算机系统的硬件和软件是相辅相成的两个部分。硬件是组成计算机系统的基础，而软件是硬件功能的扩充与完善。离开硬件，软件无处栖身，也无法工作。没有软件的支持，硬件仅是一堆废铁（把不包括软件的计算机称为"裸机"）。如果把硬件比做是计算机系统的躯体，那么软件就是计算机系统的灵魂，有躯体而无灵魂是僵尸，有灵魂而无躯体则是幽灵。

1.4.3　计算机工作过程

当计算机接受指令后，由控制器指挥，将数据从输入设备传送到内存储器存放，再由控制器将需要参加运算的数据传送到运算器，由运算器进行运算处理，运算处理后的结果送回内存储器存放，最后由输出设备将运算结果输出，如图 1-33 所示。其中细线箭头表示由控制器发出的控制信息流向，粗线箭头为数据信息流向。

图 1-33　计算机工作过程

1.4.4　微型计算机与多媒体计算机简介

1. 微型计算机简介

（1）概述。

微型计算机，是指由微处理器作为 CPU 的计算机。自 1981 年美国 IBM 公司推出第一代微型计算机 IBM-PC 以来，微型机以其执行结果精确、处理速度快捷、性价比高、轻便小巧等特点迅速进入社会各个领域，且技术不断更新、产品快速换代，从单纯的计算工具发展成为能够处理数字、符号、文字、语言、图形、图像、音频、视频等多种信息的强大多媒体工具。如今的微型机产品无论从运算速度、多媒体功能、软硬件支持还是易用性等方面都比早期产品有了很大发展。便携机更是以使用便捷、无线联网等优势越来越多地受到移动办公人士的喜爱，一直保持着高速发展的态势。

微型计算机简称微机，俗称电脑，其准确的称谓应该是微型计算机系统，特点是体积小、灵活性大、价格便宜、使用方便，占用很小的物理空间。微机使用的设备大多数都紧密地安装在一个单独的机箱中，也有一些设备可能短距离地连接在机箱外，例如显示器、键盘、鼠标等等。一般而言，一台微型计算机的尺寸可以使之很容易摆放在大多数桌面上，如图 1-34 所示，各部件名称和作用如表 1-8 所示。

图 1-34　微型计算机的组成

表 1-8　组成微型计算机系统的部件名称和作用

序号	名称	作用	序号	名称	作用
（1）	主机箱	主机外壳，用于固定主机的各个部件，并对其保护	①	音频 I/O	这个部位的一个插孔输出声音，另一个插孔输入声音
（2）	显示器	通过文字或图形方式输出计算机处理的结果	②	USB 插孔	该插孔既可以输出数据，又可以输入数据
（3）	音响（音频设备）	通过声音输出计算机处理的结果	③	复位键	按该按钮可以重新启动计算机
（4）	打印机	向纸上输出计算机处理的结果	④	电源开关	按该按钮可以启动计算机
（5）	鼠标	用以进行光标定位和某些特定输入	⑤	光驱	打开该处托盘放入光盘
（6）	键盘	向计算机输入信息，用于人机对话			

（2）分类。

微型计算机可以分为：网络计算机、工业控制计算机、个人计算机和嵌入式计算机等。其中个人计算机主要有：

1）台式机（Desktop）。

也叫桌面机，主机、显示器等设备通常都是相对独立的，一般需要放置在电脑桌或者专门的工作台上，因此命名为台式机，如图 1-35 所示。它是非常流行的微型计算机，多数人家里和公司用的机器都是台式机。台式机的性能相较笔记本电脑要强。

2）一体机。

一体机是由一台显示器、一个电脑键盘和一个鼠标组成的电脑。它的芯片、主板与显示器集成在一起，显示器就是一台电脑，因此只要将键盘和鼠标连接到显示器上，机器就能使用。随着无线技术的发展，一体机的键盘、鼠标与显示器可实现无线连接，机器只有一根电源线，这就解决了一直为人诟病的台式机线缆多而杂的问题，如图 1-36 所示。

图 1-35　台式机

图 1-36　一体机

3）笔记本电脑。

也称手提电脑或膝上型电脑，是一种小型、可携带的个人电脑，通常重 1～3 公斤。它和一体机架构类似，但是提供了更好的便携性：包括液晶显示器、较小的体积、较轻的重量。笔记本电脑除了键盘外，还提供了触控板或触控点，提供了更好的定位和输入功能，如图 1-37 所示。

4）掌上电脑。

掌上电脑是一种运行在嵌入式操作系统和内嵌式应用软件之上的，小巧、轻便、易带、实用、价廉的手持式计算设备，如图 1-38 所示。它无论在体积、功能和硬件配备方面都比笔记本电脑简单轻便，但在功能、容量、扩展性、处理速度、操作系统和显示性能方面又远远优于电子记事簿。掌上电脑除了用来管理个人信息（如通讯录、计划等），上网浏览页面，收发 Email，甚至还可以当作手机来用外，还具有录音机功能、英汉汉英词典功能、全球时钟对照功能、提醒功能、休闲娱乐功能、传真管理功能等。

图 1-37　笔记本

图 1-38　掌上电脑

5）平板电脑。

平板电脑是一款无需翻盖、没有键盘、大小不等、形状各异，却功能完整的电脑，如图 1-39 所示。其构成组件与笔记本电脑基本相同，但它是利用触笔在屏幕上书写，而不是使用键盘和鼠标输入，并且打破了笔记本电脑键盘与屏幕垂直的 J 型设计模式。它除了拥有笔记本电脑的所有功能外，还支持手写输入或语音输入，移动性和便携性更胜一筹。

图 1-39　平板电脑

（3）基本组成。

从外观上看，微型计算机的基本配置是主机箱、键盘、鼠标和显示器 4 个部分，另外，微型计算机还常常配置打印机和音箱。一台完整的微型计算机系统由硬件系统和软件系统两部分组成。

下面介绍一下微型计算机的各个部件：

- 电源：电源是电脑中不可缺少的供电设备，它的作用是将 220V 交流电转换为电脑中使用的 5V、12V、3.3V直流电，其性能的好坏直接影响到其他设备工作的稳定性，进而会影响整机的稳定性。
- 主板：又称主机板、系统板、母板。主板是电脑中各个部件工作的一个平台，它把电脑的各个部件紧密连接在一起，各个部件通过主板进行数据传输。主板一般为矩形电路板，上面安装了组成计算机的主要电路系统，一般有BIOS 芯片、I/O 控制芯片、CPU 插槽、内存插槽、扩充插槽（可以插显卡、声卡、网卡等）以及硬盘、光盘驱动器、软盘驱动器、键盘、鼠标、打印机、游戏手柄等的接口。
- CPU：CPU（Central Processing Unit）即中央处理器，是一台计算机的运算核心和控制核心。其功能主要是解释计算机指令以及处理计算机软件中的数据。作为整个系统的核心，CPU 也是整个系统最高的执行单元，因此 CPU 已成为决定电脑性能的核心部件，很多用户都以它为标准来判断电脑的档次。
- 内存：内存又叫内部存储器，属于电子式存储设备，由电路板和芯片组成，特点是体积小、速度快。现在内存都是做成条状的电路板，称为内存条，它可以直接插在主板上。内存有 SDR、DDR、DDR2、DDR3 四大类，容量为 128MB～8GB。
- 硬盘：硬盘属于外部存储器，由金属磁片制成，而磁片有记忆功能，所以存储到磁片上的数据，不论在开机状态，还是关机后，都不会丢失。硬盘容量很大，已达 TB 级，尺寸有 3.5 英寸、2.5 英寸、1.8 英寸、1.0 英寸等，接口有 IDE、SATA、SCSI 等，SATA 最普遍。

　　移动硬盘是以硬盘为存储介质，强调便携性的存储产品。市场上绝大多数的移动硬盘都是以标准硬盘为基础的。因为采用硬盘为存储介质，因此移动硬盘在数据的读写模式与标准 IDE 硬盘是相同的。移动硬盘多采用 USB、IEEE1394 等传输速度较快的接口，可以较高的速度与系统进行数据传输。

- 软驱：用来读取软盘中的数据。软盘为可读写外部存储设备，现已淘汰。

- 光驱：用来读写光碟（或称光盘）内容的机器，是台式机和笔记本便携式电脑里比较常见的一个部件。随着多媒体的应用越来越广泛，使得光驱在计算机诸多配件中已经成为标准配置。光驱可分为 CD-ROM 驱动器、DVD 光驱（DVD-ROM）、康宝（COMBO）和刻录机等。

- 闪存盘：通常也被称作优盘、U 盘、闪盘，是一个通用串行总线 USB 接口的无需物理驱动器的微型高容量移动存储产品，它采用的存储介质为闪存存储介质。闪存盘一般包括闪存（Flash Memory）、控制芯片和外壳。闪存盘是具有可多次擦写、速度快而且防磁、防震、防潮的优点。闪盘采用流行的 USB 接口，体积只有手指大小，重量约 20 克，不用驱动器，无需外接电源，即插即用，实现在不同电脑之间进行数据交流，存储容量从 1G 到几十甚至几百 G。

- 键盘：键盘是主要的输入设备，通常为 104 或 105 键，用于把文字、数字等输到电脑中，键盘接口有 PS/2 和 USB 两种。

- 鼠标：当人们移到鼠标时，电脑屏幕上就会有一个箭头指针跟着移动，并可以很准确地指到想指的位置，快速地在屏幕上定位，它是人们使用电脑不可缺少的部件之一。鼠标接口有 PS/2 和 USB 两种。

- 显示器：显示器有大有小，有薄有厚，品种多样，其作用是把电脑处理完的结果显示出来。它是一个输出设备，是电脑必不可少的部件之一。分为 CRT、LCD、LED 三大类，接口有 VGA、DVI 两类。

- 打印机：通过它可以把电脑中的文件打印到纸上，它是重要的输出设备之一。在打印机领域形成了针式打印机、喷墨打印机、激光打印机三足鼎立的主流产品，各自发挥其优点，满足各界用户不同的需求。

- 音箱：通过它可以把电脑中的声音播放出来。

- 声卡：声卡是组成多媒体电脑必不可少的一个硬件设备，用于处理音频信息。它可以将话筒、唱机（包括激光唱机）、录音机、电子乐器等输入的声音信息进行模/数转换、压缩处理，也可以将经过计算机处理的数字化声音信号通过还原（解压缩）、数/模转换后用扬声器播放或记录下来。

- 显卡：显卡在工作时与显示器配合输出图形、文字，显卡的作用是将计算机系统所需要的显示信息进行转换驱动，并向显示器提供行扫描信号，控制显示器的正确显示，是连接显示器和个人电脑主板的重要元件，是"人机对话"的重要设备之一。

- 网卡：网卡是工作在数据链路层的网路组件，是局域网中连接计算机和传输介质的接口，不仅能实现与局域网传输介质之间的物理连接和电信号匹配，还涉及帧的发送与接收、帧的封装与拆封、介质访问控制、数据的编码与解码以及数据缓存的功能等。网卡的作用是充当电脑与网线之间的桥梁，它是用来建立局域网并连接到 Internet 的重要设备之一。

  在整合型主板中常把声卡、显卡、网卡部分或全部集成在主板上。

- 调制解调器：调制解调器是通过电话线上网时必不可少的设备之一。它的作用是将电脑上处理的数字信号转换成电话线传输的模拟信号。随着 ADSL 宽带网的普及，调制解调器逐渐退出了市场。

- 视频设备：如摄像头、扫描仪、数码相机、数码摄像机、电视卡等设备，用于处理视频信号。

● 移动存储卡及读卡器：存储卡是利用闪存（Flash Memory）技术达到存储电子信息的存储器，一般应用在数码相机、掌上电脑、MP3、MP4 等小型数码产品中作为存储介质，样子小巧，有如一张卡片，所以也称之为闪存卡。根据不同的生产厂商和不同的应用，闪存卡有 SmartMedia（SM 卡）、Compact Flash（CF 卡）、Multi Media Card（MMC 卡）、Secure Digital（SD 卡）、Memory Stick（记忆棒）、TF 卡等多种类型，这些闪存卡虽然外观、规格不同，但是技术原理都是相同的。

由于闪存卡本身并不能被电脑直接辨认，读卡器（Card Reader）就是两者间沟通的桥梁，读卡器可使用很多种存储卡，作为存储卡的信息存取装置。读卡器使用 USB1.1/USB2.0 的传输介面，支持热拔插。与普通 USB 设备一样，只需插入电脑的 USB 端口，然后插入存储卡就可以使用了。按照速度来划分有 USB1.1 和 USB2.0，按用途来划分，有单一读卡器和多合一读卡器。

2．多媒体计算机简介

（1）多媒体计算机的概念。

在多媒体计算机之前，传统的微机或个人机处理的信息往往仅限于文字和数字，只能算是计算机应用的初级阶段，同时，由于人机之间的交互只能通过键盘和显示器，故交流信息的途径缺乏多样性。为了改进人机交互的接口，使计算机能够集声、文、图、像处理于一体，人类研发了有多媒体处理能力的计算机。所谓**多媒体计算机**（Multimedia Computer）是指能够对声音、图像、视频等多媒体信息进行综合处理的计算机。一般说的多媒体计算机指的是具有多媒体处理功能的个人计算机，简称 MPC（Multimedia Personal Computer）。MPC 与一般的个人机并无太大的差别，只不过是多了一些软硬件配置而已，如图 1-40 所示。用户如果要拥有 MPC，大概有两种途径：一是直接购买具有多媒体功能的 PC 机；二是在基本的 PC 机上增加多媒体套件而构成 MPC。其实，现在用户所购买的个人电脑绝大多数都具有多媒体应用功能。

（2）多媒体计算机的组成。

从系统组成上讲，与普通的个人计算机一样，多媒体计算机系统也是由硬件和软件两大部分组成，如图 1-41 所示。

图 1-40　MPC 的基本构成

图 1-41　多媒体计算机系统

①多媒体计算机硬件系统：除了需要较高配置的计算机主机外，还包括表示、捕获、存储、传递和处理多媒体信息所需要的硬件设备。

一是多媒体外部设备，按其功能又可分为如下 4 类：

人机交互设备——如键盘、鼠标、触摸屏、绘图板、光笔及手写输入设备等。

存储设备——如硬盘、光盘、声像磁带等。

视频、音频输入设备——如摄像机、录像机、扫描仪、数码相机、数码摄像机和话筒等。

视频、音频播放设备——如音响、电视机和大屏幕投影仪等。

二是多媒体接口卡，多媒体接口卡是根据多媒体系统获取、编辑音频或视频的需要而插接在计算机上的接口卡。常用的接口卡有声卡、视频卡（功能包括图形图像的采集、压缩、显示、转换和输出）等。

②多媒体计算机软件系统：多媒体计算机的软件系统是以操作系统为基础的，操作系统是多媒体软件的核心。

除此之外，还有：

多媒体驱动软件——多媒体驱动软件是最底层硬件的软件支撑环境，直接与计算机硬件相关，完成设备初始化、基于硬件的压缩/解压缩、图像快速变换及功能调用等。

驱动器接口程序——驱动器接口程序是高层软件与驱动程序之间的接口软件。

多媒体素材制作软件——为多媒体应用程序进行数据准备的程序，主要是多媒体数据采集软件，作为开发环境的工具库，供设计者调用。

多媒体创作工具、开发环境——主要用于编辑生成特定领域的多媒体应用软件，是在多媒体操作系统上进行开发的软件工具。

（3）多媒体计算机的技术特点。

1）高集成性。

多媒体计算机采用具有高集成度的微处理器芯片，在单位面积上容纳更多的电器元件，大大提高了集成电路的可靠性、稳定性和精确性。多媒体计算机的高集成性还表现在把多种媒体信息有机地结合在一起，使丰富的信息内容在较小的时空内得到完美的展现。

2）全数字化。

数字化是通过半导体技术、信息传输技术、多媒体计算机技术等实现信息数字化的一场信息技术革命。多媒体计算机的数字化技术，包括信息的数/模转换技术、综合控制技术、数字压缩技术、语言识别技术、液晶显示技术、虚拟现实技术等，是用 0 和 1 两位数字编码来实现信息的数字化，完成信息的采集、处理、存储、表达和传输。数字化后的信息，处理速度快，加工方式多，灵活性大，精确度高，几乎没有幅值失真和信号丢失现象，便于信息的存储、表达和网络传输。

3）高速度。

多媒体计算机采用的是高速的元器件，加上先进的设计和运算技巧，使它获得了很高的运算速度。现在的多媒体计算机，其运算速度每秒可达几亿次、数十亿次乃至上百亿次。而目前发达国家正在研制的新一代计算机——光子计算机、量子计算机，其运算速度又将提高数百倍。这一高速化的发展，能使计算机跨进诸如高速实时处理图像、提高计算机智能化程度等很多新的领域，发挥其更大的作用。

4）交互性。

多媒体计算机的交互性主要表现为人与计算机的相互交流。如计算机通过友好的、多模式的人—机界面，能够读懂人们以手写字体输入的信息；能够识别具有不同语音、语调的人用自然语言输入的信息；能够对人们所输入的信息进行分析、判断和处理，并给出必要的反馈信息——提示、建议、评价或答案。另外，多媒体计算机的交互性还表现为人与人通过计算机的相互交流和计算机与计算机的信息交互。这样，就使计算机具有了人的味道，真正成了人类亲密的朋友——方便又易于使用的现代工具。

5）非线性。

这里的"非线性"，是多媒体计算机的一种时空技术特性。时间本来是一维的，从过去、现在到将来，顺序发展，不可逆转。但多媒体计算机中的信息，人们却可以打破时间顺序，前、中、后灵活选择、自由支配，更重要的是，所有这些都能够即时完成。空间本来是三维的、统一的。但是人们在多媒体计算机中搜寻、观看和使用信息时，却可以打破空间统一的格局，从整体、从局部、从不同角度选择信息，可放大、可缩小、可以观看一个点，也可以观看它展开的全过程，所有这些也都是即时完成的。

6）高智能。

多媒体计算机具有人的某些智慧和能力，特别是思维能力，会综合，会分析，会判断，会决策，能听懂人们所说的话，能识别人们所写的字，能从事复杂的数学运算，能记忆海量数字化信息，能虚拟现实中的人和事物。当今发达国家正在联合研制和开发一种具有人类大脑部分功能的神经网络个人计算机和用蛋白质及其他大分子组成的生物计算机，这些计算机具有非凡的运算能力、记忆能力、识别能力和学习能力，有些能力如运算能力和记忆能力，是天才的人脑也无法企及的。

随着社会的发展，多媒体计算机的应用越来越广泛，它在办公自动化、计算机辅助工作、多媒体开发、通信和教育宣传等领域发挥着重要作用。

1.5　编码

1.5.1　数的编码表示

1. 机器数和真值

在计算机中，由于只有 0 和 1 两种形式，为了表示数学上的正数和负数，就需要将数的符号用 0 和 1 进行编码。对于字长为 8、16、32、64 位的计算机，都把一个数的最高位定义为符号位，用 0 表示正，1 表示负，其余位仍表示数值大小。通常把符号数字化了的数称为机器数，而把原来带有正负号的数称为真值数。例如（8 位机中）十进制正数 13，其二进制数为 +0001101，在计算机中表示为 00001101；十进制负数 -13，其二进制数为 -0001101，在计算机中表示为 10001101。

2. 原码、反码、补码及运算

数在计算机内采用符号数字化后，计算机就可以识别和表示符号位了。但若将符号位同时和数值参加运算，由于两个操作数符号的问题，有时会产生错误的结果。为了解决此类问题，在机器数中，引入了原码、反码和补码的概念。

为了简单起见，我们在 8 位机中以整数为例进行说明。对于一个整数 N（正数、负数均可），规定：

原码：用机器数的最高位做符号位，其余位数表示数的绝对值。通常书写时用[N]原表示 N 的原码。

反码：正数的反码与原码相同，负数的反码是对该数的原码除符号位外的各位取反。即 0 变为 1、1 变为 0。通常书写时用 [N]反 表示 N 的反码。

补码：正数的补码与原码相同，负数的补码是该数的原码符号位不变，其他位按位取反，然后在最末位加 1。通常书写时用 [N]补 表示 N 的补码。在补码表示方法中，数字 0 有唯一的

编码：$[+0]_{补} = [-0]_{补} = 00000000$

例如，在 8 位机中，$[22]_{原}=00010110$；$[-22]_{原}=10010110$

$[22]_{反}=00010110$；$[-22]_{反}=11101001$

$[22]_{补}=00010110$；$[-22]_{补}=11101010$

计算机系统规定，任何两个数之间的算术运算，都是通过其补码求和来实现的，符号位也参与求和运算。

例如：6-9 = 6+(-9) 的运算如下

$$
\begin{array}{rl}
& 00000110 \qquad\text{6 的补码} \\
+ & 11110111 \qquad\text{-9 的补码} \\
\hline
& 11111101 \qquad\text{运算结果为-3 的补码}
\end{array}
$$

运算结果补码为：11111101，符号位为 1，即为负数。已知负数的补码，要求其实际值，只要将数值位再求一次补就可得其原码：10000011，再转换为十进制数，即为-3，运算结果正确。

又如：-6-9=-6+(-9)的运算如下

$$
\begin{array}{rl}
& 11111010 \qquad\text{-6 的补码} \\
+ & 11110111 \qquad\text{-9 的补码} \\
\hline
\boxed{1}\, & 11110001 \qquad\text{运算结果为-15 的补码}
\end{array}
$$

运算结果丢弃高位 1，得补码为：11110001，求得其原码为 10001111，即为-15。

由此可见，利用数的补码可方便地实现正、负数的加法运算，规则简单。也就是说，减法可以通过加法来实现（在 CPU 的运算器中只有累加器，即加法器，而没有减法器）。在数的有效范围内，符号位如同数值一样参加加法运算，也允许最高位的进位（被丢失），所以使用较广泛。

1.5.2　字符编码

1. 西文字符编码

目前计算机中用得最广泛的字符集及其编码，是由美国国家标准局（ANSI）制定的 ASCII 码（American Standard Code for Information Interchange，美国标准信息交换码），它已被国际标准化组织（ISO）定为国际标准。ASCII 码是用 7 位二进制数表示一个字符，因此共可以表示 128（2^7）个字符，并且规定用一个字节的低 7 位表示字符编码，最高位恒为 0（用作奇偶校验）。第 0～32 及第 127（共 34 个）是控制字符或通讯专用字符，如控制符：LF（换行）、CR（回车）、FF（换页）、DEL（删除）、BEL（振铃）等；通讯专用字符：SOH（文头）、EOT（文尾）、ACK（确认）等；第 33～126（共 94 个）是字符，其中第 48～57 为 0～9 十个阿拉伯数字；65～90 为 26 个大写英文字母，97～122 为 26 个小写英文字母，其余 32 个为一些标点符号、运算符号等，如表 1-9 所示。

从表 1-9 中可以看出常用字符 ASCII 码大小规律。一般是：数字的 ASCII 码小于字母。在数字中，ASCII 码的大小按数字顺序递增，0 的 ASCII 码最小，9 的 ASCII 码最大；在字母中，ASCII 码的大小按字母顺序递增，大写字母的 ASCII 码比小写字母小，A 的 ASCII 码最小，z 的 ASCII 码最大。其中，字符 0、A、a 的 ASCII 码十进制分别为 48、65、97，十六进制分别为 30H、41H、61H。

表 1-9　ASCII 码

低4位＼高4位	0000		0001		0010		0011		0100		0101		0110		0111	
	十进制	字符	十进制	字符	十进制	字符	十进制	字符	十进制	字符	十进制	字符	十进制	字符	十进制	字符
0000	0	NULL	16	DLE	32	空格	48	0	64	@	80	P	96	`	112	p
0001	1	SOH	17	DC1	33	!	49	1	65	A	81	Q	97	a	113	q
0010	2	STX	18	DC2	34	"	50	2	66	B	82	R	98	b	114	r
0011	3	ETX	19	DC3	35	#	51	3	67	C	83	S	99	c	115	s
0100	4	EOT	20	DC4	36	$	52	4	68	D	84	T	100	d	116	t
0101	5	ENQ	21	NAK	37	%	53	5	69	E	85	U	101	e	117	u
0110	6	ACK	22	SYN	38	&	54	6	70	F	86	V	102	f	118	v
0111	7	BELL	23	ETB	39	'	55	7	71	G	87	W	103	g	119	w
1000	8	BS	24	CAN	40	(	56	8	72	H	88	X	104	h	120	x
1001	9	HT	25	EM	41	)	57	9	73	I	89	Y	105	i	121	y
1010	10	LF	26	SUB	42	*	58	:	74	J	90	Z	106	j	122	z
1011	11	VT	27	ESC	43	+	59	;	75	K	91	[	107	k	123	{
1100	12	FF	28	FS	44	,	60	<	76	L	92	\	108	l	124	|
1101	13	CR	29	GS	45	-	61	=	77	M	93	]	109	m	125	}
1110	14	SO	30	RS	46	.	62	>	78	N	94	^	110	n	126	~
1111	15	SI	31	US	47	/	63	?	79	O	95	_	111	o	127	DEL

2. 中文字符的编码

我国用户在使用计算机时，一般都要对汉字信息进行处理，汉字信息处理过程是将中文信息以外码形式输入计算机；由中文操作系统中的输入处理程序把外码转换成计算机能识别的国标码及内码进行存储；然后，再由输出处理程序将内码转换成字形码输出，如图 1-42 所示。

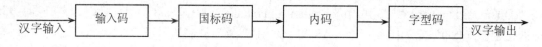

汉字输入 → 输入码 → 国标码 → 内码 → 字型码 → 汉字输出

图 1-42　汉字处理过程

可见，汉字信息在计算机中都以内码形式进行统一存储和处理，内码是唯一的，与所用的输入方法和中文操作系统无关，所以，可以在不同应用程序之间进行信息交流。

（1）汉字输入码。

汉字输入码（也称外码）是指从键盘上输入汉字时采用的编码。目前，汉字外码的编码方案很多，按编码方法的不同可分为四大类：

①拼音码，如全拼输入法、双拼输入法、紫光拼音法等。

②字形码，如五笔字型输入法、表形码等。

③音形码，如微软拼音 ABC、自然码等。

④数字码，如区位码、电报码、内码等。

不同的汉字输入方法有不同的外码，但内码只能有一个。好的输入方法应具备规则简单、操作方便、容易记忆、重码率低、速度快等特点。

（2）汉字国标码。

我国国家标准局于 1980 年发布了《信息交换用汉字编码字符集（基本集）》，简称 GB2312-80（也称为国标码），适用于我国大陆，是中文的国际标准编码。在 GB2312-80 字符集中，搜集了 7445 个汉字、字母、图形等符号，其中纯汉字 6763 个。根据汉字使用频度分为两级：一级汉字 3755 个（为常用字，按拼音字母顺序排列，同音字以笔形横、竖、撇、点（捺）、折为序）；二级汉字 3008 个（次常用字，按偏旁部首排列）。

由于汉字数量大，因此需要使用两个字节对汉字进行编码。规定两个字节的最高位用来区分 ASCII 码，这样国标码用两个字节的低 7 位对汉字进行编码，形式如下：

ASCII 码：	0	ASCII 码低 7 位		

国标码：	0	国标码第一字节低 7 位	0	国标码第二字节低 7 位

一个字节只能有 128-34=94 种状态用于汉字编码（34 是指 34 种控制字符），两个字节可以表示 94×94=8836 种状态。在基本集中汉字是按规则排列成 94 行和 94 列的矩阵，形成汉字编码表，其行号称为区号，列号称为位号，第一个字节表示汉字在国标字符集中的区号，第二个字节表示汉字在国标字符集中的位号。每一个汉字在 94×94 的矩阵中都有一个固定的区号和位号，即**区位码**，这个码是唯一的，不会有重码字。将其换算成十六进制的区位码再加上 2020H，就得到国标码。即

国标码（十六进制）＝区位码（十六进制）＋2020H

例如，汉字"大"的区号为 20，位号为 83，即"大"的区位码为 2083（0823H），因此"大"的国标码为：0823H+2020H=2843H。

（3）汉字机内码。

汉字的机内码简称内码，是汉字在计算机内部存储、处理、传输时使用的唯一的编码。前面讲过国标码是用两个字节（高位为 0）来表示的，为便于计算机能正确区分汉字字符与英文字符，将国标码加上 8080H（即将两字节的最高位 0 都置为 1，以示区别 ASCII 码），就得到相应汉字的机内码。即

机内码（十六进制）＝国标码（十六进制）+8080H

或

机内码（十六进制）＝区位码（十六进制）+A0A0H

例如，汉字"大"的机内码为：2843H+8080H=A8C3H，或 0823H+A0A0H=A8C3H。

（4）汉字字形码。

汉字字形码（又称汉字字模）是汉字输出码，用于汉字的显示或打印。汉字字形码通常有两种表示方式：点阵和矢量表示方式。

用点阵表示字形时，汉字字形码指的就是汉字字形点阵的代码。根据输出汉字的要求不同，点阵的多少也不同。简易型汉字为 16×16 点阵，提高型汉字为 24×24 点阵、32×32 点阵、48×48 点阵、64×64 点阵等。图 1-43 为宋体"人"字的 64×64 点阵字形，有笔划的位置用 1 表示，无笔划的位置用 0 表示，一个网格位置占一个位，按从左到右、从上到下用 64

×64 个二进制位表示出来的代码就是其字形码。点阵规模愈大，字形愈清晰、美观，但其所占存储空间也就越大。

如果用 16×16 点阵来表示一个汉字，则存储该汉字需要256 位的存储空间，共需要 256/8=32B，两级汉字需占用 32×6763/1024KB 的存储空间。而存储一个 24×24 汉字需要 576位，共 576/8=72B。因此，字模点阵只能用来构成"字库"，而不能用于机内存储。字库中存储了每个汉字的点阵代码，当显示输出时才检索字库，输出字模点阵得到字形。

图 1-43　64×64 点阵

矢量表示方式存储的是描述汉字字形的轮廓特征，当要输出汉字时，通过计算，由汉字字形描述信息生成所需大小和形状的汉字点阵。矢量化字形描述与最终文字显示的大小、分辨率无关，因此可产生高质量的汉字输出。

点阵和矢量方式的区别是，前者编码、存储方式简单，无需转换可直接输出，但字形放大后的效果差；矢量方式特点正好与点阵相反。

一个完整的汉字信息处理都离不开从输入码到机内码，由机内码到字形码的转换。虽然汉字输入码、机内码、字形码目前并不统一，但是只要在信息交换时，使用统一的国家标准，就可以达到信息交换的目的。我国国家标准局于 2000 年 3 月颁布的国家标准 GB8030-2000《信息技术和信息交换用汉字编码字符集·基本集的扩充》，收录了 2.7 万多个汉字。它彻底解决了邮政、户政、金融、地理信息系统等迫切需要的人名、地名所用汉字，也为汉字研究、古籍整理等领域提供了统一的信息平台基础。

习题一

单选题

1. 第四代计算机以（　　）为基本逻辑元件。
　　A．电子管　　　　　　　　　　　B．晶体管
　　C．大规模、超大规模集成电路　　D．中、小规模集成电路
2. 世界上第一台电子计算机是 1946 年在美国研制成功的，该机的英文缩写是（　　）。
　　A．ENIAC　　　　B．EDVAC　　　　C．EDSAC　　　　D．MARK
3. 下列（　　）是 64 位的微处理器。
　　A．ZILOG Z80　　B．Intel 80386　　C．Intel 80286　　D．Intel Pentium
4. 读写速度最快的是（　　）。
　　A．内存　　　　B．磁带　　　　C．U 盘　　　　D．硬盘
5. 计算机硬件系统的五大组成部件是（　　）。
　　A．运算器、控制器、存储器、输入设备、输出设备。
　　B．运算器、控制器、键盘、输入设备、输出设备。
　　C．运算器、控制器、键盘、音箱、打印机。
　　D．运算器、控制器、存储器、键盘、打印机。
6. 不是输入设备的是（　　）。
　　A．键盘　　　　B．打印机　　　　C．鼠标　　　　D．话筒

7. 存储器容量的基本单位是（　　）。

　　A．字位　　　　　　B．字节　　　　　　C．字码　　　　　　D．字长

8. 微型计算机硬件系统中最核心的部件是（　　）。

　　A．主板　　　　　　　　　　　　B．CPU

　　C．内存储器　　　　　　　　　　D．I/O 设备

9. 微型计算机中运算器的主要功能是进行（　　）。

　　A．算术运算　　　　　　　　　　B．逻辑运算

　　C．算术和逻辑运算　　　　　　　D．初等函数运算

10. Windows 7 属于（　　）。

　　A．操作系统软件　　　　　　　　B．应用软件

　　C．语言软件　　　　　　　　　　D．工具软件

11. 不属于操作系统软件的是（　　）。

　　A．DOS　　　　　B．Word　　　　　C．Linux　　　　　D．NetWare

12. 不属于系统软件是（　　）。

　　A．操作系统　　　B．编译程序　　　C．纠错程序　　　　D．会计系统

13. Bit 的意思是（　　）。

　　A．二进制位　　　B．字长　　　　　C．字节　　　　　　D．字

14. 用计算机进行资料检索工作是属于计算机应用中的（　　）。

　　A．数据处理　　　　　　　　　　B．科学计算

　　C．实时控制　　　　　　　　　　D．人工智能

15. 计算机能直接识别的语言是（　　）。

　　A．高级程序语言　　　　　　　　B．汇编语言

　　C．机器语言　　　　　　　　　　D．C 语言

16. 用户用计算机高级语言编写的程序，通常称为（　　）。

　　A．汇编程序　　　　　　　　　　B．目标程序

　　C．源程序　　　　　　　　　　　D．二进制代码程序

17. 电子计算机的发展过程经历了 4 代，其划分依据是（　　）。

　　A．计算机体积　　　　　　　　　B．计算机速度

　　C．构成计算机的电子元件　　　　D．内存容量

18. 在计算机内，一切信息存取、传输都是按（　　）处理。

　　A．ASCII 码　　　　　　　　　　B．二进制码

　　C．十六进制　　　　　　　　　　D．BCD 码

19. 存储 10 个 24×24 汉字图形码需要的存储空间为（　　）。

　　A．74B　　　　　B．320B　　　　　C．720B　　　　　D．72KB

20. 硬盘是计算机的（　　）。

　　A．中央处理器　　　　　　　　　B．内存储器

　　C．外存储器　　　　　　　　　　D．控制器

21. "财务管理"软件属于（　　）。

　　A．工具软件　　　　　　　　　　B．系统软件

　　C．字处理软件　　　　　　　　　D．应用软件

22. 下列存储器中，存取速度最慢的是（　　）。

    A．软盘　　　　　　B．硬盘　　　　　　C．光盘　　　　　　D．内存

23. 计算机采用二进制不是因为（　　）。

    A．物理上容易实现　　　　　　B．规则简单

    C．逻辑性强　　　　　　D．人们的习惯

24. 以下十六进制数的运算，（　　）是正确的。

    A．1+9=A　　　　　　B．1+9=B

    C．1+9=C　　　　　　D．1+9=10

25. 以下字符，ASCII 码值最小的是（　　）。

    A．A　　　　　　B．空格　　　　　　C．0　　　　　　D．h

26. 要关闭正在运行的程序窗口，可以按（　　）。

    A．Alt+Ctrl 键　　　　　　B．Alt+F3 键

    C．Ctrl+F4 键　　　　　　D．Alt+F4 键

27. 固定在计算机主机箱体上，连接计算机各种部件，起桥梁作用的是（　　）。

    A．CPU　　　　　　B．主板　　　　　　C．外存　　　　　　D．内存

28. 微型机中，关于 CPU 的 Pentium Ⅲ 866 配置的数值 866 表示（　　）。

    A．CPU 的型号是 866　　　　　　B．CPU 的时钟主频是 866MHz

    C．CPU 的高速缓存容量为 866KB　　D．CPU 的运算速度是 866MIPS

29. 在微机的性能指标中，内存储器容量指的是（　　）。

    A．ROM 容量　　　　　　B．RAM 容量

    C．ROM 和 RAM 容量总和　　　　D．CD-ROM 容量

30. 如今人们使用银行卡在自动取款机上取款，这属于计算机应用领域的（　　）。

    A．科学计算　　　　　　B．过程控制

    C．人工智能　　　　　　D．数据处理

第2章 Windows 7 操作系统

2.1 Windows 7 系统概述

2.1.1 操作系统的作用与功能

操作系统是计算机的核心管理软件，它是随着计算机系统性能结构的变化和计算机应用范围的日益扩大而形成和发展的。操作系统是用于管理和控制计算机硬件与软件资源的计算机程序，是直接运行在"裸机"上的最基本的系统软件，任何其他软件都必须在操作系统的支持下才能运行。

操作系统是连接用户和计算机的桥梁，同时也是连接计算机硬件和其他软件的桥梁。操作系统的功能包括管理计算机系统的硬件、软件及数据资源，控制程序运行，改善人机界面，为其他应用软件提供支持等。具体为：中央处理器 CPU 的管理，操作系统会根据一定的策略将处理器交替地分配给系统内等待运行的程序；存储器管理，负责把内存单元分配给需要内存的程序以便让它执行，在程序执行结束后将它占用的内存单元收回以便再使用；文件系统（信息）管理向用户提供了一个创建、撤消、读写、打开和关闭文件等功能的文件系统；外部设备管理，分配和回收外部设备以及控制外部设备按用户程序的要求进行操作；进程的控制管理，任何执行的程序都是以进程为标准执行单位，通过调整复数进程及分时比例，实现最大限度利用计算机资源。

2.1.2 操作系统的分类

操作系统种类繁多，通常有以下几类。

1. 单用户操作系统

主要特征是计算机系统内一次只能支持运行一个用户的程序，该用户独占整个计算机系统资源。如 DOS、OS/2、Windows 操作系统。

2. 批处理操作系统

系统操作员将多个程序组成一批作业，系统运行后自动、依次执行每个作业。如 Dos/Vse 操作系统。

3. 分时操作系统

一台主机连接了若干个近程或远程终端，每个用户可在各自终端以交互方式控制作业运行。主机采用分时操作，即将 CPU 的时间资源划分成若干个片段，轮流为每个终端用户服务。由于时间片划分十分微小，每个用户使用时并不会意识到有别的用户存在，从而使分时系统显示出多路性、交互性、"独占"性和及时性的特征，如 UNIX 操作系统。

4. 实时操作系统

要求计算机对数据进行迅速处理，对用户请求作出立即响应。其特征是具有响应时间要求的快速处理。该系统主要用于工业控制、武器制导、各类订购等实时数据处理场合。如 VxWorks 操作系统。

5．网络操作系统

按照网络体系结构、协议标准进行网络管理、通信、安全、资源共享的软件，通常运行在网络服务器上。其目的是使网络中的各台计算机能互相进行信息交换和共享资源。如 Linux，Windows Server，Novell NetWare 等操作系统。

2.1.3　Windows 7 系统简介

Microsoft 公司推出的 Windows 各种版本的操作系统都以其直观的操作界面、强大的功能使众多的计算机用户能够方便、快捷地使用自己的计算机，为人们的工作和学习提供了很大的便利。

Microsoft 公司于 2009 年 10 月发布了新一代操作系统 Windows 7，作为单用户多任务操作系统，它继承了 Windows XP 的实用和 Windows Vista 的华丽，同时降低了硬件性能要求，系统的安全可靠性和性能得到了重大的提升。

Windows 7 可以在现有计算机平台上表现出卓越的性能体验，1.2GHz 双核处理器、1GB 内存、支持 WDDM 1.0 的 DirectX 9 显卡就能够让 Windows 7 顺畅运行并满足用户日常使用需求。

Windows 7 是第二代具备完善支持 64 位的操作系统，面对当今配备 8～12GB 物理内存、四核多线程处理器，Windows XP 已无力支持，Windows 7 全新的架构可以将硬件的性能发挥到极致。

2.1.4　Windows 7 系统的新特性

Windows 7 围绕针对用户个性化的设置、娱乐视听的设置、应用服务的设置、用户易用性的设置、以及笔记本电脑的特有设置等方面，新增了很多特色功能。其中最具特色的有 Jump List（跳转列表）功能菜单、Windows Live Essentials、轻松实现无线连网、轻松创建家庭网络以及 Windows 触控技术等。

Jump List（跳转列表）：方便用户迅速通过"开始"菜单程序或任务栏上的程序按钮打开最近处理过的文档。IE 浏览器的快速跳转列表能够让用户很快找到自己经常访问的网站。用 Jump List 用户可以"锁定"要收藏或者经常访问的文件。

Windows Live Essentials：一个由微软提供的服务，一套免费多功能软件。这些功能包括电子邮件、即时消息、图片共享、博客以及其他一些 Windows Live 一体式服务。Windows Live 可帮助用户同步所有的通信和共享方式。

轻松实现无线连网：进一步增强了移动工作的能力，用户随时随地都可以轻松地使用便携式电脑查看和连接网络，使无线上网的设置变得更加简单直接，更加人性化。

轻松创建家庭网络：通过在网络设置中引入 Home Group（家庭组），使拥有多台电脑的家庭用户更方便地共享视频、音乐、文档以及打印机等服务。

Windows 触控技术：进一步完善了 Windows 系统触控技术，并将该技术扩展到了计算机的每一个部位。通过触摸感应显示屏，实现了不用鼠标和键盘控制电脑完成相关操作的功能。

2.1.5　Windows 7 系统的基本操作

1．Windows 7 系统的启动

连接好计算机各硬件部分，安装好 Windows 7 操作系统软件，就可以准备开机启动了。

启动 Windows 7 操作见第 1 章 1.2.1 节中介绍的启动计算机步骤。

出现登陆界面时，选择登陆用户和输入登陆密码，按 Enter 键或者单击文本框右侧的按钮，即开始加载个人设置（若为单一用户，未设登陆密码，则该步略去），如图 2-1 所示。当出现了如图 2-2 所示界面，这就是 Windows 7 的桌面，表示 Windows 7 系统启动成功，电脑可以使用了。

图 2-1　Windows 7 登陆界面　　　　　　图 2-2　Windows 7 启动后的桌面

2. Windows 7 系统的关闭

关闭 Windows 7 操作见第 1 章 1.2.1 节中介绍的关闭计算机步骤。关于关机还有一种特殊情况，被称为"非正常关机"。就是当用户在使用电脑的过程中突然出现了"死机"、"花屏"、"黑屏"等情况，不能通过"开始"菜单关闭电脑，此时用户只能持续地按主机机箱上的电源开关按钮几秒钟，片刻后主机会关闭，然后再关闭显示器的电源开关就可以了。

除"关机"操作外，如图 2-3 所示，还可通过切换用户、注销、锁定、重新启动、休眠和睡眠等操作，退出 Windows 7 操作系统，如图 2-4 所示。

图 2-3　关闭 Windows 7　　　　　　图 2-4　选择退出 Windows 7 的方式

（1）切换用户：在不影响已登陆用户设置和运行程序状态下，系统快速回到"用户登陆界面"，等待用户选择新的用户账户登陆 Windows 7 系统。

（2）注销：关闭当前用户账户和运行的程序，系统回到"用户登陆界面"，等待用户选择新的用户账户登陆 Windows 7 系统。

（3）重新启动：关闭当前用户账户和运行的程序，系统重新启动计算机。

（4）锁定：当用户需要暂时离开又不想停止当前操作，同时也不希望其他用户使用计算机时，让系统进入锁定状态。恢复时需输入用户密码方能返回操作界面。

（5）睡眠：选择此选项后，系统将当前对话保存在内存中，计算机转入低功耗状态。当再次使用计算机时，在桌面上移动鼠标即可将计算机恢复到睡眠前的状态。

（6）休眠：选择此项后计算机将当前对话保存在硬盘上，并将电脑上所有的部件断电，进入休眠状态，因此休眠更省电。如果用户要将电脑从休眠状态中唤醒，按下主机上的 Power 按钮，启动电脑并再次登陆，系统将恢复到休眠前的工作状态。

2.2　初识 Windows 7

2.2.1　Windows 7 桌面

启动 Windows 7 操作系统后，用户看到的整个屏幕界面就是 Windows 7 桌面。桌面包括桌面背景、桌面图标和"任务栏"3 部分，如图 2-5 所示。

图 2-5　Windows 7 桌面

1．桌面背景

桌面背景是指 Windows 桌面的背景图案，称为桌布或者墙纸，图 2-5 是 Windows 7 安装后默认的桌面背景。用户可以根据自己的喜好更改桌面的背景图案。

2．桌面图标

桌面是用户和计算机进行交流的窗口，桌面图标是由多个形象的小图片和说明文字组成，图片是它的标识，文字则表示它的名称或功能。双击图标就能够快速启动和打开相应的程序或文件。

3．任务栏

"任务栏"是位于桌面底端的水平长条。与桌面不同的是，桌面可以被打开的窗口覆盖，而"任务栏"几乎始终可见。它主要由"开始"菜单、程序按钮区、通知区域和"显示桌面"按钮 4 部分组成，如图 2-6 所示。

　　"开始"按钮　　程序按钮区域　　　　　　　　　通知区域　　"显示桌面"按钮

图 2-6　Windows 7 任务栏

（1）"开始"菜单。

"开始"菜单是计算机程序、文件夹和设置的主通道，在"开始"菜单中几乎可以找到所有的应用程序，方便用户进行各种操作。"开始"菜单由"固定程序"列表、"常用程序"列表、"所有程序"列表、"搜索框"、"启动"菜单和"关闭"按钮区等组成，如图 2-7 所示。

固定程序列表

常用程序列表

所有程序列表

搜索框

启动菜单

关闭按钮区

图 2-7　"开始"菜单

1）"固定程序"列表。

该列表中的程序会固定地显示在"开始"菜单中，通过它可以快速地打开其中的应用程序。在此列表中默认的固定程序只有两个，分别是"入门"和 Windows Media Center。用户可以根据自己的需要在"固定程序"列表中添加常用的程序。

2）"常用程序"列表。

在"常用程序"列表中默认存放了 7 个常用的系统程序，有"计算器"、"截图工具"、"画图"和"便笺"等。随着用户对某些程序的频繁使用，在该列表中会列出 10 个使用次数最多的应用程序。如果超过了 10 个，系统会按照使用时间的先后顺序依次顶替。用户也可以根据需要设置"常用程序"列表中显示出程序的最大数值。Windows 7 默认的上限值是 30 个。

3）"所有程序"列表。

用户在"所有程序"列表中可以查到系统中安装的所有应用程序。打开"开始"菜单，鼠标单击"所有程序"选项上的"右箭头"按钮，即可显示所有"应用程序菜单"。在所有"应用程序菜单"中分为"应用程序"和"程序组"两种。区分方法为：菜单中为文件夹图标的项是"程序组"，为应用程序图标的项是应用程序。单击程序组，即可弹出应用程序列表。例如单击"维护"程序组，即可弹出"备份和还原"、"创建系统修复光盘"等应用程序列表。

4）"启动"菜单。

"启动"菜单位于"开始"菜单的右窗格中，在"启动"菜单中列出了一些经常使用的 Windows 程序链接，例如"文档"、"计算机"、"控制面板"及"设备和打印机"等，用户通过"启动"菜单可以快速打开相应程序进行操作。

5）"搜索"框。

利用"搜索"框查找计算机上的项目是最便捷的方法之一。在"搜索"框中输入将要查找的项目，系统将遍历用户的程序以及个人文件夹（包括"文档"、"图片"、"音乐"、"桌面"以及其他的常见位置），它与是否提供项目的确切位置并不重要。它还可搜索用户的电子邮件、已保存的即时消息、约会和联系人等。

6）"关机"按钮区。

"关机"按钮区包含："关机"按钮和"关闭选项"按钮。单击"关闭选项"按钮，弹出

"关闭选项"列表，其中包含"切换用户"、"注销"、"锁定"、"重新启动"和"休眠"、"睡眠"等选项，如图 2-3 和图 2-4 所示。

（2）程序按钮区。

程序按钮区主要放置的是已打开的程序窗口的最小化按钮。用鼠标指针指向程序按钮，可预览已打开文件或程序的缩略图；单击缩略图，即可打开相应的窗口。在任一个程序按钮上右击，则会弹出 Jump List 列表。用户可以将常用程序"锁定"到"任务栏"上，以方便访问，还可以根据需要通过拖曳操作重新排列任务栏上的程序按钮。

（3）通知区域。

通知区域位于任务栏的右侧，除了系统时钟、音量、网络和操作中心等一组系统图标之外，还包括一些正在运行的程序图标，或提供访问特定设置的途径。将鼠标指针指向通知区域图标，会看到该图标的名称或某个设置的状态。有时，通知区域中的图标会显示小的弹出窗口（称为通知），向用户通知某些信息。同时，用户也可以根据自己的需要设置通知区域的显示内容。

（4）"显示桌面"按钮。

在任务栏的最右侧为既方便又常用的"显示桌面"按钮。其作用是快速地将所有已打开的窗口最小化，这样查找桌面文件就会变得很方便。当鼠标指针指向该按钮，所有已打开的窗口就会变成透明，显示桌面内容，鼠标移开，窗口则恢复原状，单击该按钮则可将所有打开的窗口最小化。如希望恢复显示这些已打开的窗口，只要再次单击"显示桌面"按钮，所有已打开的窗口又会恢复为显示的状态。

2.2.2　Windows 7 窗口

当用户打开程序、文件或者文件夹时，都会显示在被称为窗口的框架中。在 Windows 7 中，几乎所有的操作都是通过窗口来实现的。因此，了解窗口的基本知识和操作方法是非常重要的。

1. Windows 7 窗口的组成

在 Windows 7 中，虽然各个窗口的内容各不相同，但所有的窗口都有一些共同点。窗口始终显示在桌面上，大多数窗口都具有相同的基本组成部分。以"计算机"窗口为例，介绍 Windows 7 窗口的组成。双击桌面上的"计算机"图标，弹出"计算机"窗口，如图 2-8 所示。"计算机"窗口由"标题栏"、"控制按钮区"、"地址栏"、"搜索栏"、"菜单栏"、"工具栏"、"导航窗格"、"细节窗格"、"状态栏"、"工作区"和"滚动条"等部分组成。

（1）标题栏。

显示窗口标题，Windows 7 中部分窗口标题栏为空。单击"标题栏"最左侧，弹出下拉列表，选择列表项，完成窗口"移动"、"最小化""最大化"、"还原"、"关闭"等操作，拖动"标题栏"可移动窗口。

（2）控制按钮区。

控制按钮区有 3 个窗口控制按钮，分别为"最小化"按钮![]、"最大化"或"向下还原"按钮![]/![]和"关闭"按钮![]。

（3）地址栏。

显示文件和文件夹所在的路径，通过它还可以访问因特网中的资源。

（4）搜索栏。

将要查找的项目名称输入到"搜索栏"文本框中即可。窗口"搜索栏"的功能和"开始"

菜单中"搜索"框的功能相似，只不过在此处只能搜索当前窗口范围内的目标。可以添加搜索
筛选器，以便能更精确、更快速地搜索到所需的内容。

图 2-8　Windows 7 "计算机" 窗口

（5）菜单栏。

一般来说，菜单可分为快捷菜单和下拉菜单两种。在窗口"菜单栏"中存放的就是下拉菜单，每一项都是命令的集合，用户可以通过选择其中的菜单命令项进行操作。例如：选择"查看"菜单，打开"查看"下拉菜单，执行相关操作。在 Windows 7 菜单上有一些特殊的标志符号，代表了不同的意义。下面介绍各个符号所表示的意义。

1）✓ 标识。

当某个菜单项之前标有 ✓ 标识时，说明该菜单项正在被使用，再次选择该菜单项，标识就会消失。如图 2-9 中"状态栏"菜单项前面有 ✓，表示此时窗口中状态栏是显示出来的，再次选择该项即可将状态栏隐藏起来。

2）• 标识。

菜单中某些项是作为一个组集合在一起的，选项组中的某个菜单项前面有 • 标识，表示正在执行该选项操作。如图 2-9 中"中等图标"菜单项有 •，说明窗口内的所有图标以"中等图标"大小来显示的。

3）▸ 标识。

当某个菜单项后面出现 ▸ 标识时，表明这个菜单项还有下级子菜单。如图 2-9 中将鼠标移到"排序方式"菜单项后面的 ▸ 标识上，就会弹出"排序方式"子菜单。

4）灰色菜单项标识。

当某个菜单项为灰色显示时，说明此菜单项目当前无法使用。

5）⋯ 标识。

某个菜单项后面出现 ⋯ 标识，表示选择该菜单项会弹出一个对话框。如图 2-9 中单击"选择详细信息（H）⋯"菜单项，就会弹出"选择详细信息"对话框，如图 2-10 所示。

图 2-9　菜单中的标识符

图 2-10　"选择详细信息"对话框

（6）工具栏。

工具栏位于菜单栏的下方，存放着常用的形象化的工具命令按钮，鼠标单击工具命令按钮，用户可以方便快捷地使用这些工具。

（7）导航窗格。

导航窗格位于窗口的左边区域，在 Windows 7 操作系统中导航窗格一般包括 ▷ ☆ 收藏夹 、 ▷ 📚 库 、 ▷ 💻 计算机 和 ▷ 🌐 网络 4 部分。单击前面的"箭头"按钮▷可以打开相应的列表，选择列表项，打开相应的窗口，方便用户随时准确地查找相应的内容。

（8）工作区。

工作区位于窗口的右侧，是整个窗口中最大的矩形区域，用于显示窗口中的操作对象和操作结果。工作区中内含"预览窗格"，用于所选文件预览，通过单击工具栏中的"隐藏预览窗格"按钮，可关闭预览窗格。

（9）细节窗格。

细节窗格位于窗口的下方，用来显示选中对象的详细信息。例如要显示"本地磁盘 C:"的详细信息，只需单击一下"本地磁盘 C:"，就会在窗口下方显示它的详细信息。当用户不需要显示详细信息时，可以将细节窗格隐藏起来：单击"工具"栏上的 组织▼ 按钮，从弹出的下拉列表中单击 📐 布局 ▶ 下的 ✓ 细节窗格 菜单项即可。

（10）状态栏。

状态栏位于窗口的最下方，显示当前窗口的相关信息和被选中对象的状态信息。

（11）滚动条。

当窗口中显示的内容太多而无法在一个屏幕内显示出来时，则会出现水平或垂直滚动条。用户可以单击窗口滚动条两端的箭头按钮或者拖动滚动条查看整个信息。

2．Windows 7 窗口的操作

窗口是 Windows 7 环境中的基本对象，窗口的操作也是使用 Windows 7 最基本的操作。

（1）打开窗口。

这里以打开"控制面板"窗口为例，用户可以通过以下方法将其打开。鼠标单击"开始"

按钮，在弹出的启动菜单中单击"控制面板"；鼠标双击桌面上的"控制面板"图标，或鼠标指针指向"控制面板"图标，右击，从弹出的快捷菜单中选择"打开"菜单项，都可以快速地打开该窗口。

（2）关闭窗口。

当某个窗口不再使用时，需要将其关闭以节省系统资源。下面以打开的"控制面板"窗口为例，用户可以通过以下几种方法将其关闭。

1）利用"关闭"按钮。

单击"控制面板"窗口右上角的"关闭"按钮 X 即可将其关闭。

2）利用"文件"菜单。

在"控制面板"窗口的菜单栏上选择"文件"→"关闭"菜单项，即可将其关闭。

3）利用任务栏上的程序按钮。

右击任务栏上窗口对应的程序按钮，弹出快捷菜单，单击"关闭窗口"命令，即可将其关闭。

4）利用标题栏。

● 在窗口标题栏上右击，弹出快捷菜单，单击"关闭"命令，即可将其关闭。

● 单击窗口标题栏最左侧，弹出菜单，单击"关闭"命令，即可将其关闭。

● 双击窗口标题栏最左侧，即可将其关闭。

5）利用组合键。

在打开的窗口中，按 Alt+F4 组合键，即可将其关闭。

6）利用任务管理器。

按 Ctrl+Alt+Del 组合键，单击"启动任务管理器"选项。在"应用程序"选项卡中，选中要关闭的应用程序，单击下方的"结束任务"按钮，即可将其关闭。

（3）调整窗口大小。

当窗口最大化时，鼠标单击标题栏右方"向下还原"按钮 ，可以将窗口大小调整为设定值，同时向下还原按钮 自动变成了最大化按钮 。此时将鼠标指针移到窗口边缘，待鼠标指针变成"水平双箭头"、"竖直双箭头"或"斜向双箭头"时按住鼠标左键不放，同时拖动（沿水平方向、竖直方向、对角方向）鼠标，即可分别手动改变窗口的水平宽度、窗口的垂直高度或同时调整窗口水平垂直两方向的大小，如图 2-11 所示。

图 2-11　手动调整窗口大小

用鼠标单击标题栏右方"最大化"按钮 ▣，可以将窗口调整为最大化状态，鼠标单击窗口标题栏右方最小化按钮 ▬，可将窗口最小化，缩为任务栏上的程序按钮。

（4）移动窗口。

1）鼠标指针指向窗口标题栏，按下鼠标左键的同时鼠标拖动，可调整窗口位置。若窗口为最大化状态，则拖动其标题栏时，窗口大小变为设定值并移动至目标位置。

2）窗口大小为设定值时，将鼠标指针指向窗口标题栏，右击，从弹出的快捷菜单中单击"移动"命令，此时鼠标指针变成 ✣ 形状，按键盘上的方向键移动窗口到合适的位置，单击鼠标或按 Enter 键即可。

（5）排列窗口。

当桌面上打开的窗口过多时，就会显得杂乱无章，这时用户可以通过设置窗口的显示形式对窗口进行排列。

在"任务栏"的空白处右击，弹出的快捷菜单中包含了显示窗口的 3 种形式，即"层叠窗口"、"堆叠显示窗口"和"并排显示窗口"，用户可以根据需要选择一种窗口的排列形式，对桌面上的窗口进行排列，如图 2-12 所示。

（a）层叠窗口

（b）堆叠显示窗口

（c）并排显示窗口

图 2-12　窗口显示的三种形式

（6）切换窗口。

在 Windows 7 系统环境下可以同时打开多个窗口，但是当前活动窗口只能有一个。因此用户在操作的过程中经常需要在不同的窗口间切换。切换窗口的方法有以下几种。

1）利用 Alt+Tab 组合键。

要在多个打开的程序中快速地切换到需要的窗口，可以通过 Alt+Tab 组合键实现。在 Windows 7 中利用该方法切换窗口时，会在桌面中间显示预览小窗口，可以通过 Tab 键在预览小窗口中选择想切换的窗口，松手后桌面即会切换至要显示的窗口。

2）利用 Alt+Esc 组合键。

用户也可以通过 Alt+Esc 组合键在窗口之间切换。这种方法可以直接在各个窗口之间切换，而不会出现预览小窗口。

3）利用 Ctrl 键。

如果用户想打开同类程序中的某个程序窗口，例如打开"任务栏"上多个 Word 文档程序中的某一个，可以按住 Ctrl 键，同时用鼠标重复单击 Word 程序图标按钮 就会弹出不同的 Word 程序窗口，直到找到想要的程序窗口后停止单击即可。

4）利用程序按钮区。

每运行一个程序，就会在"任务栏"上的程序按钮区中出现一个相应的程序图标按钮。将鼠标指针指向"任务栏"中某个程序图标按钮，就会显示该程序打开的所有内容的小预览窗口。例如将鼠标指针指向 Internet Explorer 浏览器，就会弹出打开的网页，然后将鼠标指针移动到需要的预览窗口上，就会在桌面上显示该内容的界面，单击该预览窗口即可快速打开该窗口。

5）利用 Alt、Tab、Enter 键。

按住 Alt 键，鼠标单击"任务栏"中需要切换的程序按钮，"任务栏"中该按钮的上方就会显示该程序打开的所有文件预览窗口。然后松开 Alt 键，按下 Tab 键，窗口就会在该类程序的几个文件间切换，选定后按下 Enter 键即可。

2.2.3　Windows 7 菜单

一般程序都包含有许多运行的命令，其中很多命令就存放在菜单里，因此菜单可以看作是由多个命令按类别集合在一起而构成的。Windows 7 操作系统中的菜单可以分为两类，一是普通菜单，即下拉菜单，二是右键快捷菜单。

1. 普通菜单

为了用户更加方便地使用菜单，Windows 7 将菜单统一放在窗口的菜单栏中。选择菜单栏中的某个菜单即可弹出由它包含的普通菜单项。

2. 快捷菜单

还有一种菜单被称为快捷菜单，用户只要在文件或文件夹、图标、桌面空白处、窗口空白处、"任务栏"空白处等区域右击，即可弹出一个快捷菜单，其中包含对选中对象的一些操作命令。

2.2.4　Windows 7 对话框

对话框是人机交流的媒介，当用户对某一对象进行操作时，会自动弹出一个对话框，对操作给出进一步的说明和提示。

1. 对话框的组成

可以将对话框看作是一个特殊窗口，与普通的 Windows 窗口有相似之处，但是它比一般的窗口更加简洁直观，对话框的大小是不可以改变的，并且用户只有在完成了对话框要求的操作后才能进行下一步的操作。

Windows 7 对话框由标题栏、选项卡及命令按钮几部分组成。

（1）标题栏。

标题栏位于对话框的最上方，系统默认是深蓝色的，它的左侧是该对话框的名称，右侧是对话框的"关闭"按钮，如图 2-13 所示的"文件夹选项"对话框。

（2）选项卡。

标题栏的下方就是选项卡，每个对话框都有多个选项卡，用户可以通过在不同选项卡之间的切换来查看和设置相应的信息。如图 2-13 所示的"文件夹选项"对话框是由"常规"、"查看"和"搜索"三个选项卡组成。

选项卡中通常有文本框、组合框、列表框、数值微调框、单选按钮、复选框等对象。它们的作用如下：

图 2-13　"文件夹选项"对话框

文本框：用于输入文本信息，以作为下一步操作的必要条件。用户可以输入新的文本信息，也可对原有信息进行修改或者删除操作。

组合框：用于多种项目选择。单击旁边的下拉按钮，可弹出列表内容供用户进行选择操作。

列表框：用于在罗列的一组多个选项中进行选择，完成用户需要的操作。

数值微调框：用于输入数值，也可通过旁边的调节按钮递增或递减数值。

单选按钮：用于一组选定互相排斥的值，用户只能从该组选项中选择一项。

复选框：选中（框内有√）的对象才有效，可同时选择多个。

（3）命令按钮。

当用户完成对系统或程序的设置后，通过命令按钮进行确认并关闭对话框，也可取消所作的设置操作。

2. 对话框的操作

对话框的基本操作包括对话框的移动和关闭，以及对话框中各选项卡之间的切换。

（1）移动对话框。

1）鼠标移动对话框：鼠标指针指向对话框的标题栏，按下鼠标左键不放，然后将对话框拖到合适位置释放即可。

2）键盘移动对话框：鼠标指针指向对话框的标题栏，右击，从弹出的快捷菜单中单击"移动"命令，此时鼠标指针变成✥形状，按键盘上的方向键移动对话框到合适的位置，单击鼠标或按 Enter 键即可。

（2）关闭对话框。

1）单击对话框中的"确认"按钮，可在关闭对话框的同时保存对话框中所作的修改。

2）如果要取消所作的改动，可以单击"取消"按钮或者直接在标题栏上单击"关闭"按钮，还可以在键盘上按 Esc 键退出对话框。

（3）选项卡之间的切换。

1）直接用鼠标单击选项卡进行切换。

2）先选择一个选项卡，此时该选项卡上出现一个虚线框，然后按键盘上的左右方向键来切换各选项卡。

3）用 Ctrl+Tab 组合键从左到右进行各选项卡的选择切换，而 Ctrl+Tab+Shift 组合键则为反向顺序进行各选项卡的选择切换。

2.3　Windows 7 的个性化设置

Windows 7 的个性化设置是指用户通过更改 Windows 7 计算机的主题、颜色、声音、桌面背景、屏幕保护程序、字体大小和用户账户图片、为桌面选择特定的小工具等，使系统更加符合使用者的习惯。

2.3.1　外观的个性化设置

1．更改桌面主题

桌面主题就是 Windows 桌面各个模块的风格，是一种对桌面的表达和诠释方式，具有个性化特征。它是不同风格的桌面背景、操作窗口、系统按钮，以及活动窗口和自定义颜色、字体等的组合体。

在桌面上右击，弹出快捷菜单，单击"个性化"菜单项，弹出"个性化"窗口。在"更改计算机视觉效果和声音"下面列出了"我的主题"，即当前主题和系统提供的供用户个性化设置选择的 7 个 Aero 主题、6 个基本和高对比度主题。用户可根据自己的喜好选择其中之一，鼠标单击即可，如图 2-14 所示。

图 2-14　"个性化"窗口

2．更改桌面背景

（1）用系统自带的桌面背景。

Windows 7 系统中自带了包括建筑、人物、风景和自然等很多精美漂亮的背景图片，用户可从中挑选自己喜欢的图片作为桌面背景即可。在图 2-14 所示的窗口中，单击"桌面背景"图标，在弹出的"桌面背景"窗口中，选择其中一个或多个图片作为桌面背景，选择多个图片背景则以幻灯片方式显示。桌面背景有 5 种显示方式，分别为填充、适应、拉伸、平铺和居中。用户可以在"桌面背景"窗口左下角的"图片位置"下拉列表中选择适合自己的选项，然后单击"保存修改"按钮，关闭"个性化"窗口即可。

（2）将自定义的图片设置为桌面背景。

在图 2-14 所示的窗口中，单击"桌面背景"图标，在弹出的"桌面背景"窗口中，单击"图片位置"下拉列表框后面的浏览按钮，弹出"浏览文件夹"对话框。在"浏览文件夹"对话框中找到背景图片所在的文件夹，单击"确定"按钮。返回"桌面背景"窗口，可以看到将要选择的图片已在"图片位置"下边的列表框中列出。从列表框中选择需要作为桌面背景的图片，然后单击"保存修改"按钮，关闭"个性化"窗口即可。另外，用户也可以直接找到自己喜欢的图片，鼠标指针指向该图片，右击，从弹出的快捷菜单中选择"设置为桌面背景"菜单项，即可将该图片设置为桌面背景。

3．更改桌面图标

（1）添加桌面图标。

为了方便应用，用户可以在桌面上添加一些桌面图标。

1）添加系统图标。

进入刚装好的 Windows 7 操作系统时，桌面上只有"回收站"一个图标，"计算机"和"控制面板"等系统图标被放在了"开始"菜单中。用户可以在图 2-14 所示的窗口左方窗格中单击"更改桌面图标"链接，弹出"桌面图标设置"对话框，如图 2-15 所示。根据自己的需要在"桌面图标"下的复选框中选择需要添加到桌面上的系统图标。依次单击"应用"和"确定"按钮，关闭"个性化"窗口，即可完成系统图标的添加。

2）添加应用程序快捷方式。

快捷方式是Windows提供的一种快速启动程序、打开文件或文件夹的方法，它是应用程序的快速连接。将常用应用程序的快捷方式放置在桌面，形成桌面图标方便用户使用。如添加"画图"程序快捷方式：选择"开始"→"所有程序"→"附件"菜单项，弹出程序组列表。在程序组列表中指向"画图"程序，然后右击，从弹出的快捷菜单中选择"发送到"→"桌

图 2-15　"桌面图标设置"对话框

面快捷方式"菜单项，此时桌面上已经新增加了一个"画图"快捷方式。还可以在桌面空白处右击，在弹出的快捷菜单中单击"新建"→"快捷方式"菜单项，打开"创建快捷方式"对话框。在"请键入对象的位置"下方的文本框中输入"画图"程序所在的路经和文件名；或单击"浏览"按钮，在弹出的"浏览文件或文件夹"窗口中，找到"画图"程序所在的文件夹和文件名。单击"画图"应用程序，然后依次单击"确定"、"下一步"和"完成"按钮，完成添加

"画图"程序快捷方式操作。

（2）排列桌面图标。

由于用户不断地添加桌面图标就会使桌面变得很乱，这时可以通过排列桌面图标进行整理。排列桌面图标可按照"名称"、"大小"、"项目类型"和"修改日期"等 4 种方式进行。

在桌面空白处右击，弹出快捷菜单，单击"排序方式"菜单项，在其下级菜单中可以看到 4 种排列方式，选择其中一种排列方式即可。

（3）更改桌面图标的标识。

1）利用系统自带的图标进行更改。

Windows 7 系统中自带了很多图标，用户可以从中选择自己喜欢的进行更改。打开图 2-15 所示的"桌面图标设置"对话框，在"桌面图标"选项卡中的列表框中选择要更改标识的桌面图标项，然后单击"更改图标"按钮，弹出"更改图标"对话框，从"从以下列表选择一个图标"列表框中选择一个自己喜欢的图标，然后单击"确定"按钮即可。

如果用户希望把更改过的图标还原为系统默认的图标，在"桌面图标设置"对话框中单击"还原默认值"按钮即可。

2）利用自己喜欢的图标进行更改。

如果系统自带的图标不能满足需求，用户可以将自己喜欢的图标设置为桌面图标的标识。打开图 2-15 所示的"桌面图标设置"对话框，在"桌面图标"选项卡中的列表框中选择要更改标识的桌面图标项，然后单击"更改图标"按钮。在弹出的"更改图标"对话框中单击"查找此文件夹中的图标"右侧的"浏览"按钮，弹出"更改图标"对话框。从中选择自己喜欢的并且准备好的图标文件，然后单击"打开"按钮。返回"更改图标"对话框，可以看到选择的图标已经显示在"从以下列表中选择一个图标"列表框中。选择该图标，再单击"确定"按钮，返回"桌面图标设置"对话框，然后依次单击"应用"和"确定"按钮即可。

（4）更改桌面图标名称。

有时用户根据需要可更改桌面图标名称。鼠标指针指向需更名的桌面图标，右击，弹出快捷菜单，从中选择"重命名"菜单项，此时该图标的名称处于可编辑状态，从中输入新的名称，然后按下 Enter 键或者在桌面空白处单击即可。

用户也可以通过 F2 功能键来快速地完成图标重命名操作。首先选中要更改名称的图标，然后按下 F2 功能键，此时图标名称成为可编辑状态，输入新的名称即可。

用户还可以选中要更改名称的图标，然后单击图标的名称，此时图标名称成为可编辑状态，输入新的名称即可。

（5）删除桌面图标。

为了使桌面整洁美观，常常将一些平时不常用的图标删除，以便于管理。

1）删除到"回收站"。

回收站主要用于存放用户删除的文档资料，存放在回收站的文件可以恢复。

● 利用右键快捷菜单删除。

鼠标指针指向桌面上要删除的快捷方式图标，右击，在弹出的快捷菜单中单击"删除"菜单项，在弹出的"确认删除快捷方式"对话框中单击"是"按钮即可。此时双击桌面上的"回收站"图标，打开"回收站"窗口，可以看到删除的快捷方式图标已经在窗口中。

● 利用 Delete 键删除。

选中要删除的桌面快捷方式图标，按下 Delete 键，即可弹出"确认删除快捷方式"对话框，然后单击"是"按钮即可。

● 利用鼠标拖动删除。

选中要删除的桌面快捷方式图标，拖动该图标到"回收站"，此时会出现"移动到回收站"提示，释放鼠标按钮即可。

2）彻底删除。

彻底删除桌面图标的方法与删除到"回收站"的方法类似，只不过在选择"删除"菜单项或者按下 Delete 键的同时需要按下 Shift 键，此时会弹出"删除快捷方式"对话框，提示"您确定要永久删除此快捷方式吗？"，然后单击"是"按钮即可。彻底删除的文档资料一般是不能恢复的。

4. 更改屏幕保护程序

当用户在指定的时间内没有使用鼠标或者键盘进行操作，系统就会自动进入账户锁定状态并启动屏幕保护程序。运行屏幕保护程序的作用是减少电能消耗、保护电脑屏幕和保护个人的隐私，增强计算机的安全性。

（1）使用系统自带的屏幕保护程序。

Windows 7 自带了一些屏幕保护程序，用户可以根据自己的喜好选择。打开图 2-14 所示的"个性化"窗口。单击"屏幕保护程序"选项，弹出"屏幕保护程序设置"对话框，如图 2-16 所示。

图 2-16   "屏幕保护程序设置"对话框

在"屏幕保护程序"组合框中的下拉列表中列出了很多系统自带的屏幕保护程序选项，用户可选择其中一项，在上方的预览框中可以看到设置的效果，也可单击"预览"按钮观察屏幕效果。在"等待"微调框中设置等待的时间，若在设置时间内计算机无任何操作，系统就会自动地启动屏幕保护程序。用户也可以选中"在恢复时显示登录屏幕"复选框，表示计算机恢复操作时需通过用户登陆。最后单击"应用"、"确定"按钮，完成设置。

（2）使用个人图片作为屏幕保护程序。

用户可以使用保存在计算机上的个人图片来创建自己的屏幕保护程序，也可以从网站下载屏幕保护程序。在图 2-16 所示的"屏幕保护程序"组合框中的下拉列表中选择"照片"选项，再单击右边的"设置"按钮，弹出"照片屏幕保护程序设置"对话框，如图 2-17 所示。单击"浏览"按钮，弹出"浏览文件夹"窗口，如图 2-18 所示。在该窗口中选择存有创建屏幕保护的个人图片文件夹后，依次单击"确定"按钮退出窗口、"保存"按钮退出对话框，最后单击"应用"、"确定"按钮，完成设置。其中如果选择的文件夹包含有多张图片，则屏幕保护以幻灯片形式放映，在"照片屏幕保护程序设置"对话框中还可以设置放映速度和图片顺序。

图 2-17　"照片屏幕保护程序设置"对话框

图 2-18　"浏览文件夹"窗口

2.3.2　"开始"菜单的个性化设置

Windows 7 系统"开始"菜单采用了全新的设计，用户为了快速找到要执行的程序，完成相应的操作，可以对其进行相应的设置，使"开始"菜单更加符合自己的使用习惯。

1. 更改"开始"菜单属性

Windows 7 只有一种默认的"开始"菜单样式，不能更改，但是用户可以对其属性进行相应的设置。

鼠标指针指向"开始"按钮，右击，在弹出的快捷菜单中选择"属性"菜单项。弹出"任务栏和开始菜单属性"对话框，切换到"开始"菜单选项卡，如图 2-19 所示。

图 2-19　"任务栏和开始菜单属性"中的"开始"菜单选项卡

要自定义链接、图标和菜单在"开始"菜单中的外观和行为，可单击"自定义"按钮进行相应设置。

"电源按钮操作"下拉列表中列出了 6 项按钮操作选项，用户可以选择其中的一项，更改"开始"菜单中的"关闭选项"按钮。

用户在"隐私"下的复选框中，可选择是否存储并显示最近在"开始菜单"或"任务栏"打开的程序或项目。

2. 更改"开始菜单"固定程序列表

（1）添加程序。

"固定程序"列表中的程序会固定地显示在"开始"菜单中。默认的"固定程序"列表中只有"入门"和 Windows Media Center 两个程序。用户可以根据自己的需要将常用的程序添加到"固定程序"列表中。首先找到要添加的应用程序，然后右击，在弹出的快捷菜单中单击"附到开始菜单"菜单项即可。

（2）删除程序。

用户如果想删除不经常使用的应用程序，只需将鼠标指针指向"固定程序"列表中要删除的程序上，右击，在弹出的快捷菜单中单击"从列表中删除"菜单项即可。

3. 更改"开始"菜单启动项

在"开始"菜单右侧的启动项窗格中列出了部分 Windows 项目链接，用户可以单击这些链接快速打开窗口进行相应操作。

在 Windows 7 系统中，有 4 个默认库（文档、音乐、图片和视频），也可以新建库用于其他集合。默认情况下，文档、图片和音乐显示在该菜单中。用户可以在这个启动窗格中添加或者删除这些项目链接，也可以自定义其外观。在图 2-19 所示的"开始"菜单选项卡中，单击"自定义"按钮，弹出"自定义开始菜单"对话框，对列表框中的选项进行勾选或改变显示方式，完成自定义链接、图标和菜单在"开始"菜单中的外观和行为设置。

2.3.3 "任务栏"个性化设置

1. 更改按钮显示方式

在图 2-19 所示对话框的"任务栏"选项卡中，"任务栏"按钮显示有 3 种方式，分别是"始终合并、隐藏标签"、"当任务栏被占满时合并"和"从不合并"，用户可以选择其中的一种显示方式。若要使用小图标显示，则选中"使用小图标"复选框，若要使用大图标，取消选该复选框即可，如图 2-20 所示。

图 2-20　"任务栏和开始菜单属性"中的"任务栏"选项卡

"始终合并、隐藏标签"选项：是系统的默认设置。此时每个程序显示为一个无标签的按钮，即使打开某个程序的多个项目时也是一样。

"当任务栏被占满时合并"选项：该设置将每个程序显示为一个有标签的按钮，当"任务栏"变得很拥挤时，具有多个打开项目的程序会重叠为一个程序按钮，单击该按钮可显示打开的项目列表。

"从不合并"选项：该设置则从不会重叠，无论某一程序打开多少个窗口都是一样，随着打开的程序和窗口越来越多，按钮会缩小，并且最终在"任务栏"中滚动。

在"任务栏"上重新排列和组织程序图标按钮，使其按照用户喜欢的顺序显示。要重新排列"任务栏"上程序图标按钮的顺序，只需按住鼠标左键并拖动按钮，将其从当前位置拖到"任务栏"上的其他位置即可。

2. 更改通知区域的显示方式

默认情况下，通知区域位于"任务栏"的右侧，它除了包含时钟、音量等标识之外，还包含一些程序图标，这些程序图标提供有关传入的电子邮件、更新、网络连接等事项的状态和通知。安装新程序时，有时将此程序的图标添加到通知区域中。

（1）更改图标和通知的显示方式。

当通知区域布满杂乱的图标时，可以选择将某些图标始终保持为可见状态，而其他图标保留在隐藏区，通过单击鼠标访问这些隐藏图标。而且可以自定义可见的图标及其相应的通知在"任务栏"中的显示方式。在图 2-20 所示的"任务栏"选项卡中，鼠标单击"自定义通知区域中出现的图标和通知"旁边的"自定义"按钮，弹出"通知区域图标"窗口。在该窗口的列表框中列出了各个图标及其显示的方式，每个图标都有"显示图标和通知"、"隐藏图标和通知"和"仅显示通知" 3 种显示方式。用户根据需要完成选择后，依次单击"确定"按钮，关闭窗口和对话框，即完成更改图标和通知的显示方式。

（2）打开和关闭系统图标。

"时钟"、"音量"、"网络"、"电源"和"操作中心" 5 个图标是系统图标，用户可以根据需要将其打开或者关闭。按上面的操作方法在打开的"通知区域图标"窗口中，单击"打开或关闭系统图标"链接，弹出"系统图标"窗口。在窗口中间的列表框中设置有 5 个系统图标的"行为"，用户对每一行为作出"打开"或"关闭"选择后，依次单击"确定"按钮，关闭"系统图标"窗口、"通知区域图标"窗口和"任务栏和开始菜单属性"对话框，完成该项操作。若想还原"图标行为"，单击"系统图标"窗口左下角的"还原默认图标行为"链接即可。

3. 调整"任务栏"位置和大小

用户可以通过调整"任务栏"的位置和大小，为程序按钮创建更多的空间。

（1）调整"任务栏"的位置。

鼠标指针指向"任务栏"的空白处右击，在弹出的快捷菜单中观察"锁定任务栏"菜单项前面是否带有✓标识，若有则被锁定，只有未锁定状态才能进行位置调整。"任务栏"在未锁定时将鼠标指针指向"任务栏"的空白区域，按住鼠标左键不放，拖动"任务栏"至屏幕底部、顶部、左侧或右侧合适的位置后释放即可。也可在图 2-20 所示"任务栏和开始菜单属性"中的"任务栏"选项卡中，从"屏幕上的任务栏位置"下拉列表中选择"任务栏"需要放置的位置。

（2）调整"任务栏"的大小。

"任务栏"在未锁定状态下，将鼠标指针指向"任务栏"上方边界处，此时鼠标指针变成↕形状，然后按住鼠标左键不放，向上拖动，拖至合适的位置后释放即可。

2.3.4 调整屏幕分辨率

屏幕分辨率指的是屏幕上显示的文本和图像的清晰度。分辨率越高，对象越清楚，同时屏幕上的对象越小，因此屏幕中可以容纳更多的项目。分辨率越低，在屏幕上显示的对象越少，但尺寸越大。

鼠标指针指向桌面空白处，右击，在弹出的快捷菜单中单击"屏幕分辨率"命令，打开"屏幕分辨率"窗口，如图 2-21 所示。单击"分辨率"旁边的下拉列表，将滑块移动到所需的分辨率处，然后单击"应用"按钮。在弹出的"显示设置"对话框中，单击"保留更改"按钮即可。若单击"还原"按钮则保持以前的分辨率不变，如图 2-22 所示。

图 2-21　调整分辨率　　　　　　图 2-22　"显示设置"对话框

2.4　应用程序的启动与退出

2.4.1 应用程序的启动

在启动某应用程序时，可以先在桌面上创建快捷方式，直接从桌面上启动，也可以使用"开始"菜单进行启动。下面分别介绍这两种方法。

1. 利用桌面快捷方式

如果桌面上有应用程序的快捷方式，双击要启动的程序图标，即可方便地启动该程序。例如，双击桌面上的"腾讯 QQ"快捷方式，打开"腾讯 QQ"登陆窗口。

2. 利用"开始"菜单

单击"开始"→"所有程序"命令，出现"所有程序"的子菜单，子菜单左侧带有文件夹图标，表示还会有下一级的级联菜单，找到要启动的应用程序图标，单击即可完成操作。

2.4.2 退出应用程序

当不再使用应用程序时，应及时将其关闭，以节省系统资源。关闭应用程序有以下几种方法：

（1）双击应用程序窗口左上角的应用程序图标。

（2）单击应用程序窗口左上角的应用程序图标，在弹出的菜单中单击"关闭"命令。

（3）单击应用程序菜单"文件"→"退出"命令。

（4）单击应用程序窗口右上角的关闭按钮。

（5）按键盘上的 Alt+F4 组合键。

（6）按 Ctrl+Alt+Del 组合键，单击"启动任务管理器"选项，在"应用程序"选项卡中，选中要退出的应用程序，单击下方的"结束任务"按钮。

2.5　文件与文件夹的管理

2.5.1　文件与文件夹

操作系统中大部分的数据都是以文件的形式存储在磁盘上，用户对计算机的操作实际上就是对文件的操作，而这些文件的存放场所就是各个文件夹。因此文件和文件夹在操作系统中是至关重要的，只有管理好文件和文件夹，才能熟练地应用计算机。

1. 文件

文件就是具有某种相关信息的集合。文件可以是一个应用程序，也可以是由一段文字组成的文本文档。

（1）文件的名称。

文件名一般包括文件主名和扩展名两部分。文件名的书写方式为：文件主名.扩展名。文件主名用于标识和区分不同的文件，由汉字、英文字母、数字和一些特殊符号（如：!、@、#、$、%、&、_、空格等）组成，但不允许使用\、/、:、*、?、"、<、>、|等字符，因为这些字符在计算机中有特殊用途。Windows 7 支持长文件名，其长度不超过 255 个字符。如 pictures.bmp 就是文件名，pictures 为文件主名，bmp 为扩展名，表示该文件为图形文件。

（2）文件的类型。

文件名中的扩展名用来说明文件的类型，操作系统就是通过扩展名来识别文件类型的。Windows 7 将文件分成了许多类型，以便于区分和管理。表 2-1 介绍了几种常见的文件类型。

表 2-1　常见文件类型及其作用

文件类型	在系统中的作用
系统文件（.sys）	记录了一些系统信息，指挥操作系统完成特定的工作，不可删除
系统配置文件（.ini）	记录 Windows 控制软件和硬件的基本信息，不可删除
批处理文件（.bat）	包含一系列计算机命令，批量完成计算机的工作
可执行文件（.exe）	用于启动某个应用程序
动态链接库文件（.dll）	操作系统控制应用程序的专用文件，不可随意删除
浏览器文件（.htm）	在上网时，大部分文件都是此类文件，用来存储网上信息
纯文本文件（.txt）	以 ASCII 码的形式保存，用来显示文本
Word 文件（.docx）	文本编辑工具 Word 的专用文本文件
位图文件（.bmp）	Windows 专用图形文件

文件的种类很多，运行方式各不相同。不同文件的图标也不一样，只有安装了相应的软件才会显示正确的图标。很多文件是用于系统工作或支持各种应用程序工作的，它们不能直接执行。

（3）文件的属性。

右击某个文件，在弹出的快捷菜单中单击"属性"命令，打开该文件的"属性"对话框，如图 2-23 所示为"全国计算机等级考试一级 MS Office 考试大纲.docx"文件属性对话框。

图 2-23　"全国计算机等级考试一级 MS Office 考试大纲.docx"文件属性对话框

该对话框主要包含一些文件的基本信息，如文件的类型、位置、大小、占用空间和创建时间等。文件的属性有以下几种：

1）只读：选中该项后，文件被设置为只读，即文件加了写保护。在这种状态下，只能读文件而不能写文件。系统文件一般都被设置成隐藏只读，以免其中的内容被修改而影响系统的正常运行。

2）隐藏：如果对文件设置为隐藏属性，一般状态下就看不到该文件了，也是对文件的一种保护措施。

单击"属性"右侧的"高级"按钮，弹出文件"高级属性"对话框，如图 2-24 所示。

图 2-24　"高级属性"对话框

3）存档：默认状态下，该属性被自动选中。设置了存档属性后，表示该文件应该被存档，有些程序用此选项来确定哪些文件需做备份。

4）索引：具有该属性的文件其内容可以索引，用于快速搜索。

5）压缩：具有该属性的文件被压缩，以节约存储空间。

6）加密：具有该属性的文件被加密，其他账户打不开该文件且只能在 NTFS 文件系统中存在。

2. 文件夹

计算机内安装的应用程序多了，就会有数万个文件，如果这些文件都放在一起，势必会造成混乱，给管理这些文件带来很大麻烦。文件夹的出现解决了这一问题，通过文件夹可以对文件进行分组，以便于文件的管理和使用。

在一个文件夹中，除了可以包含应用程序、文档、快捷方式等文件外，还可以包含其他文件夹，这些文件夹叫做子文件夹。相应地，包含子文件夹的文件夹叫做父文件夹。为了能对各个文件进行有效的管理，方便文件的查找和统计，可以将一类文件集中地放置在一个文件夹内，这样就可以按照类别存储文件了。在同一个文件夹中不能存放相同名称的文件或文件夹。

（1）文件夹的命名。文件夹命名方式和文件一样，只不过文件夹没有扩展名，所以比文件命名要简单。

（2）文件夹的属性。右击某个文件夹，在弹出的快捷菜单中单击"属性"命令，会打开一个文件夹的"属性"对话框。

文件夹与文件的常规属性类似，主要显示文件夹的名称、大小、位置、创建的时间和属性等。文件夹也可以被设置成和文件相同的属性。

2.5.2　文件与文件夹的显示

用户可以通过改变文件和文件夹的显示方式来查看文件，以满足实际需要。

1. 更改文件与文件夹的显示方式

双击要打开的文件夹，在弹出的文件夹窗口工具栏"更改您的视图"按钮右侧单击下箭头按钮，在弹出的下拉列表中列出了 8 种文件与文件夹视图的显示方式，如图 2-25 所示。拖动列表框左侧滑块上下移动进行显示方式选择切换，选定后释放鼠标即可。

图 2-25　"更改您的视图"按钮及 8 种视图的显示方式

单击文件夹窗口工具栏中的"组织"按钮，在弹出的菜单中选择"文件夹和搜索选项"，打开"文件夹选项"对话框，如图 2-26 所示。也可以打开文件夹窗口"工具"菜单，选择"文件夹选项"命令，打开"文件夹选项"对话框。切换到"查看"选项卡，单击"文件夹视图"下的"应用到文件夹"按钮，最后单击"确定"按钮，文件夹使用的视图显示方式就会应用到所有此类型的文件夹。

图 2-26　"文件夹选项"对话框

2．显示隐藏文件和文件夹

打开图 2-26 所示"文件夹选项"对话框的"查看"选项卡，在"高级设置"列表框中的"隐藏文件和文件夹"选项下单击"显示隐藏的文件、文件夹和驱动器"单选按钮，最后单击"应用"和"确定"按钮，即可将属性设置为"隐藏"的文件和文件夹显示出来。

2.5.3　文件和文件夹的基本操作

1．新建文件和文件夹

（1）新建文件。

1）利用菜单新建文件。

先在选定的存放新建文件窗口空白处右击，再单击快捷菜单中的"新建"命令，在弹出的菜单列表中单击想要新建的文件类型，然后在新建的文件图标下处于编辑状态的文件名处输入文件名，最后在空白处单击或按 Enter 键即可。也可以在窗口菜单中执行"文件"→"新建"命令来新建文件。菜单系统会将经常使用的文件类型添加在此菜单中，若想在菜单中增加未有的文件类型，可在 Windows 数据库（一个用于存储系统和应用程序设置信息的注册表）中操作完成。

2）利用应用程序新建文件。

启动应用程序，在打开的窗口中进行相关操作（也可不作操作），单击"文件"菜单中的"保存"或"另存为"命令项，输入文件名，"保存"即可完成。

（2）新建文件夹。

1）利用菜单新建文件夹。

与右键快捷菜单新建文件方法相似，只是在"新建"菜单项中选择"文件夹"命令，输入文件夹名，在空白处单击或按 Enter 键即可。也可以在窗口菜单中执行"文件"→"新建"→"文件夹"命令来新建文件夹。

2）利用工具按钮新建文件夹。

在选定的存放新建文件夹窗口工具栏上单击"新建文件夹"按钮，输入文件夹名，在空白处单击或按 Enter 键即可。

2．选择与打开文件或文件夹

一般通过单击文件或者文件夹即可将其选中。但在实际工作中，经常要选择多个文件，有些是连续的而有些是不连续的，这样就要用到鼠标和键盘配合才可以实现。

（1）选择单个文件或文件夹。

单击需选择的文件或文件夹即可。

（2）选择多个连续的文件或文件夹。

先单击第一个要选择的对象，然后按住 Shift 键，单击最后一个要选择的对象，这样就把从第一个对象到最后一个对象连续在一起的文件或文件夹全部选中。或按住鼠标左键，在要选择的文件或文件夹上面拖动，直到拖出的矩形框将所选文件或文件夹全部包围后，释放鼠标即可。

（3）选择多个不连续的文件或文件夹。

先单击第一个要选择的文件或文件夹，然后按住 Ctrl 键，分别单击其他需要选择的文件或文件夹即可。

（4）选择全部对象。

如要一次选择一个窗口中所有文件和文件夹，只需要按 Ctrl+A 组合键即可；或在窗口菜单中执行"编辑"→"全选"命令；或用鼠标拖动来全选；也可以单击第一个文件，然后按住 Shift 键，再单击最后一个文件，实现全部选中的目的。

（5）打开文件。

先启动用来编辑文件的软件，然后再执行菜单"打开"命令，打开选择的文件；也可直接双击要打开的文件；或先选定文件，再执行窗口菜单"文件"→"打开"命令；或鼠标指针指向要打开的文件，右击，在弹出的快捷菜单中单击"打开"命令。

（6）打开文件夹。

鼠标双击需打开的文件夹即可。

3．文件或文件夹更名

（1）利用鼠标单击进行文件或文件夹更名。

鼠标单击需更名的文件或文件夹，即选中该文件或文件夹，再单击文件或文件夹名，此时文件或文件夹名处于可编辑状态，直接输入新的名称，在空白处单击或按 Enter 键即可。

（2）利用右键快捷菜单进行文件或文件夹更名。

鼠标指针指向需要更名的文件或文件夹，右击，弹出快捷菜单，选择"重命名"命令，此时文件或文件夹名处于可编辑状态，直接输入新的名称，在空白处单击或按 Enter 键即可。

（3）利用工具栏按钮上的"组织"下拉列表进行文件或文件夹更名。

在打开的文件夹窗口中，选定需要更名的文件或文件夹，单击窗口工具栏中的"组织"按钮，在打开的下拉列表中选择"重命名"命令，此时文件或文件夹名处于可编辑状态，直接输入新的名称，在空白处单击或按 Enter 键即可。

在上述（2）和（3）操作中，若一次选择多个文件或文件夹，则在选择"重命名"命令后，第一个被选择的文件或文件夹名处于可编辑状态，直接输入新的名称，在空白处单击或按 Enter 键后被选择的所有文件或文件夹名都被更名了。

4．复制、移动文件或文件夹

（1）复制文件或文件夹。

复制文件或文件夹是指在保留原文件或文件夹的情况下，再创建一个或多个与原文件或文件夹内容相同的副本。

1）利用右键快捷菜单复制文件或文件夹。

打开将要复制文件或文件夹的窗口，选中要复制的文件或文件夹，右击弹出快捷菜单，单击"复制"菜单项，打开要存放副本的磁盘或文件夹窗口，右击弹出快捷菜单，单击"粘贴"菜单项即可。

2）利用工具栏上的"组织"下拉列表复制文件或文件夹。

打开将要复制文件或文件夹的窗口，选中要复制的文件或文件夹，单击工具栏上的"组织"按钮，在弹出的下拉列表中单击"复制"选项，打开要存放副本的磁盘或文件夹窗口，然后单击"组织"按钮，从弹出的下拉列表中单击"粘贴"选项即可。

3）利用鼠标拖动复制文件或文件夹。

在同一磁盘中进行复制：打开将要复制文件或文件夹的窗口，选中要复制的文件或文件夹，按住键盘上 Ctrl 键的同时，按住鼠标左键不放将其拖到存放副本的文件夹窗口，此过程在鼠标指针处会出现"复制到目的处"的提示信息，最后释放鼠标和 Ctrl 键即可。

在不同磁盘中进行复制：打开将要复制文件或文件夹的窗口，选中要复制的文件或文件夹，将其拖到将要存放副本的磁盘中的文件夹窗口，此过程会出现"复制到目的处"的提示信息，最后释放鼠标即可。

4）利用组合键复制文件或文件夹。

打开将要复制文件或文件夹的窗口，选中要复制的文件或文件夹，按下 Ctrl+C 组合键进行复制，打开要存放副本的磁盘或文件夹窗口，按下 Ctrl+V 组合键进行粘贴即可。

（2）移动文件或文件夹。

移动文件或文件夹是将文件或文件夹从一个位置移动到另一个位置。移动文件或文件夹的操作方法与复制文件或文件夹方法基本相同，对应文件或文件夹的复制方法只是将"复制"命令更换为"剪切"命令；同一磁盘间移动，直接拖向目的位置，不同磁盘间移动，拖动时按下 Shift 键；将 Ctrl+C 组合键更换为 Ctrl+X 组合键即可。

5．删除和恢复文件或文件夹

为了节省磁盘空间，可以将一些没有用处的文件或文件夹删除。有时删除后发现有些文件或文件夹中还有一些有用的信息，这时就要对其进行恢复操作。

（1）删除文件或文件夹。

删除文件或文件夹的操作方法与删除桌面图标的操作方法基本相同，只是将桌面图标更换为任何磁盘或文件夹中的文件或文件夹即可。还可以利用磁盘或文件夹窗口中的"工具栏"→"组织"→"删除"选项进行删除文件或文件夹。

（2）恢复"回收站"的文件或文件夹。

打开"回收站"，选中要恢复的文件或文件夹，右击，在弹出的快捷菜单中单击"还原"菜单项，或者单击"工具栏"中的"还原此项目"按钮。此时被还原的文件就会重新回到原来存放的位置。

6．查找文件和文件夹

计算机中的文件和文件夹会随着时间的推移而日益增多，想从众多文件中找到所需的文件或文件夹，则是件非常麻烦的事情。为了省时省力，可以使用搜索功能查找文件或文件夹。

（1）使用"开始"菜单上的搜索框。

用户可以使用"开始"菜单上的搜索框来查找存储在计算机的文件、文件夹、程序和电子邮件等。

　　单击"开始"按钮，从弹出的"搜索程序和文件"文本框中输入想要查找的信息。例如想要查找计算机中所有关于图像的信息时，只要在文本框中输入"图像"，输入完毕，与所输入文本相匹配的项都会显示在"开始"菜单上。搜索结果中显示的是已建立索引的文件，Windows 7 系统对计算机上的大多数文件都会自动建立索引。

　　（2）使用文件夹或库中的搜索框。

　　文件夹或库中的搜索框位于窗口的顶部右侧，它根据输入的文本在选定的区域内筛选当前的搜索对象。先在窗口中的导航窗格选择搜索范围，接着在"搜索"文本框中输入要查找的内容，输入完毕将自动进行筛选，最后将搜索到的文件或文件夹在窗口中列出。

　　如果用户想要基于一个或多个属性来搜索文件，则可在搜索时使用搜索筛选器指定属性，在文件夹或库中的"搜索"框中，用户可以添加搜索筛选器来更加快速地查找指定的文件或文件夹。"添加搜索筛选器"给出了"种类"、"修改日期"、"类型"和"名称"选项，通过指定搜索范围，能使搜索更加快捷和准确，如图 2-27 为"添加搜索筛选器"及各选项对话框，用户可根据需要进行选择。

图 2-27　"添加搜索筛选器"及各选项对话框

7. 压缩和解压缩文件或文件夹

　　为节省磁盘空间，用户可以对一些文件或文件夹进行压缩，压缩文件占据的存储空间较少，而且便于传输。在 Windows 7 操作系统中置入了压缩文件程序，因此用户无需安装第三方的压缩软件（如 WinRAR 等），就可以对文件进行压缩和解压缩。

　　（1）压缩文件或文件夹。

　　鼠标指针指向要压缩的文件或文件夹，右击弹出快捷菜单，单击"发送到"→"压缩（zipped）文件夹"菜单项，弹出"正在压缩"窗口，压缩结束自动关闭该窗口并显示出压缩的文件或文件夹。

　　（2）解压缩文件或文件夹。

　　鼠标指针指向被压缩的文件或文件夹，右击弹出快捷菜单，选择"全部提取"命令，弹出"提取压缩（Zipped）文件夹"对话框。在"文件将被提取到这个文件夹"文本框中，输入文件的存放路径和文件名，如果选中"完成时显示提取的文件"复选框，则在提取完文件后可以查看所提取的内容。单击"提取"按钮，弹出"正在复制项目"对话框，文件提取完毕自动弹出存放提取文件的窗口。

8. 加密文件和文件夹

　　Windows 7 中加入了加密文件系统，通过它对文件或文件夹加密，将信息以加密格式进行存储，其他用户不可访问，加密是 Windows 提供的用于保护信息安全的重要措施。

（1）加密文件和文件夹。

鼠标指针指向要加密的文件或文件夹，右击弹出快捷菜单，单击"属性"菜单项，在弹出的"文件或文件夹属性"对话框中，切换到"常规"选项卡，单击属性右侧的"高级"按钮，弹出"高级属性"对话框，如图 2-24 所示。选中"压缩或加密属性"组合框中的"加密内容以便保护数据"复选框，单击"确定"按钮。返回"文件或文件夹属性"对话框，再单击"应用"按钮，在弹出的"确认属性更改"对话框中，选中"将更改应用于此文件夹、子文件夹和文件"单选框，如图 2-28 所示。单击"确定"按钮，再次返回"文件或文件夹属性"对话框，依次单击"应用"、"确定"按钮，弹出"应用属性"对话框，此时开始对所选的文件或文件夹进行加密。加密完成后"应用属性"对话框自动关闭并返回文件夹窗口，这时可以看到被加密的文件或文件夹的名称已经呈绿色显示，表明文件或文件夹已被成功加密。

图 2-28　"加密警告"对话框

（2）解密文件和文件夹。

用户想去掉文件或文件夹的加密，首先选中要解密的文件或文件夹。打开图 2-24 所示的"高级属性"对话框，去掉"压缩或加密属性"下的"加密内容以便保护数据"复选框的选择，单击"确定"按钮。返回"文件或文件夹属性"对话框，单击"应用"按钮。弹出"确认属性更改"对话框，选中"将更改应用于此文件夹、子文件夹和文件"单选钮，单击"确定"按钮。再次返回"文件或文件夹属性"对话框，然后单击"确定"按钮。弹出"应用属性"对话框，此时开始对文件夹进行解密。解密完成后"应用属性"对话框自动关闭，所选文件或文件夹即恢复为未加密状态。

2.5.4　Windows 资源管理器

资源管理器是 Windows 操作系统提供的资源管理工具。我们可以通过资源管理器查看计算机上的所有资源，能够清晰、直观地对计算机上的文件和文件夹进行管理。

1. 打开资源管理器

资源管理器在 Windows 7 中随处可见，可以说用户打开的任何一个磁盘、文件和文件夹都是在资源管理器当中进行的。打开资源管理器操作常用下列几种方法：

（1）鼠标指针指向"开始"菜单，右击弹出快捷菜单，单击"打开 Windows 资源管理器"即可。

（2）单击"开始"→"所有程序"→"附件"→"Windows 资源管理器"命令即可。

（3）单击任务栏中"Windows 资源管理器"图标按钮即可。

（4）双击桌面上的"计算机"图标即可。

（5）使用"Windows 键+E"组合键即可。

2．资源管理器功能与作用

为了更好地组织、管理及应用系统资源，为用户带来更高效的操作，整个计算机的资源被划分为四大类：收藏夹、库、计算机和网络。

（1）收藏夹。

收藏夹内一般收藏有用户最近下载或者经常访问的文件或文件夹。使用收藏夹，能方便快速找到或打开这些下载或访问过的文件。

1）收藏夹窗口。

在资源管理器中打开如图 2-29 所示收藏夹窗口，在系统默认状态下收藏夹内有"下载"、"桌面"和"最近访问"3 个类型的快捷方式。

图 2-29　"收藏夹"窗口

2）将文件夹添加到收藏夹。

首先在资源管理器中找到要添加的文件夹，选中这个文件夹，将它直接拖到左侧窗格上的"收藏夹"图标上，之后放开鼠标即可。或将它直接拖到收藏夹窗口文件列表中，之后放开鼠标即可。在"收藏夹"管理中，删除"收藏夹"中的文件夹，不会删除磁盘中具体存放该文件夹的所有信息。

（2）计算机。

"计算机"为用户提供了访问计算机上的磁盘驱动器、CD 或 DVD 驱动器及连接到计算机的其他外部设备等功能。

1）在资源管理器的导航窗格"计算机"中依次单击"磁盘驱动器"和下面的"文件夹"，就能在导航窗格"计算机"中树型显示展开的文件夹，在文件列表区显示当前单击的文件夹中的所有文件和文件夹。

2）右击"计算机"中的磁盘驱动器或文件和文件夹，在弹出的快捷菜单中可选择执行查看磁盘属性以及格式化磁盘或文件和文件夹等相关操作。计算机中用户常做的文件和文件夹操作大多数都是在资源管理器的计算机中进行的。

（3）网络。

"网络"为用户提供了查看网络上的计算机和设备的功能。当用户的计算机已连接网络，则可以打开"网络"窗口，查看作为当前已添加到网络共享的计算机或设备，如图 2-30 所示。

图 2-30   "网络"窗口

（4）库。

库是 Windows 7 系统推出的一个有效的文件管理模式。随着文件数量和种类的增多，加上用户行为的不确定性，原有的文件管理方式往往会造成文件存储混乱、重复文件多等情况，其管理已经无法满足用户的实际需求。引入库的概念并非传统意义上的用来存放用户文件的文件夹，它具备了方便用户在计算机中快速查找所需文件的作用。

用户可以将计算机上任何一个文件夹包含到库中，相当于将该文件夹在库中建立链接。只要单击库中的链接，就能快速打开添加到库中的文件或文件夹，而不管它们原来深藏在本地电脑或局域网当中的任何位置。用户只需在库中对相应文件或文件夹进行操作和管理，这样使得文件或文件夹的应用变得更为方便和快捷。

1）打开库。

打开 Windows 资源管理器，单击导航窗格中"库"，即可打开"库"窗口，如图 2-31 所示。

图 2-31   "库"窗口

2）新建库。

在 Windows 7 中，默认库有"视频库"、"图片库"、"文档库"和"音乐库"，用户还可以根据个人需要进行新建库，新建库与其他库并列。新建库的方法有：

- 打开"库"，单击菜单栏的"文件"→"新建"→"库"菜单项，在新建库中输入库名即可，如图 2-32 所示。

图 2-32　利用"文件"菜单新建库

- 打开"库",鼠标指针指向窗口空白处,右击弹出快捷菜单,选择"新建"→"库"命令,在新建库中输入库名即可,如图 2-33 所示。

图 2-33　利用右键菜单新建库

- 打开"库",单击工具栏中的"新建库"按钮,在新建库中输入库名即可。

3) 将文件或文件夹添加入库。

- 单击将要添加入库的文件夹,右击,弹出快捷菜单,单击"包含到库中"下级的子库即可。
- 打开"库",在导航窗格中选择要将文件夹添加入库的子库名,例如"视频库"。在窗口工作区上方,单击"位置"链接,如图 2-34 所示,打开"视频库位置"对话框,如图 2-35 所示。

图 2-34　"视频库"窗口中的"位置"链接

图 2-35　"视频库位置"对话框

在对话框中选择"添加"按钮，弹出"将文件夹包括在视频库中"窗口。通过该窗口选定要添加入库的文件夹，单击"包括文件夹"按钮即可，如图 2-36 所示。

图 2-36   "将文件夹包括在视频库中"窗口

4）删除库。

● 打开"库"窗口，在导航窗格中单击将要删除的子库，右击弹出快捷菜单，单击"从库中删除位置"菜单项即可。

● 打开"库"窗口，单击要删除的对象所在的子库，单击"位置"链接，弹出"库位置"对话框，在对话框中选中要删除的"库"，单击"删除"按钮，最后单击"确定"按钮即可。删除子库后，该子库中的文件和文件夹仍在磁盘原位置并没受到任何影响，仅是从库中断开了链接。

2.6   Windows 7 系统工具应用

2.6.1   控制面板

控制面板是 Windows 系统中重要的设置工具，用户通过查看或操作控制面板中的选项进行基本的系统设置和控制。

1．启动控制面板

（1）执行"开始"→"控制面板"菜单命令，弹出"控制面板"窗口，如图 2-37 所示。

图 2-37   "控制面板"窗口

（2）双击桌面上的"计算机"图标，在打开的"计算机"窗口工具栏，单击"打开控制面板"，弹出"控制面板"窗口。

2. 控制面板显示方式

Windows 7 系统的控制面板默认以"类别"的形式来显示功能菜单。分为系统和安全、用户账户和家庭安全、网络和 Internet、外观和个性化、硬件和声音、时钟语言和区域、程序、轻松访问等类别，每个类别下会显示该类的具体功能选项。

除了"类别"，Windows 7 还提供了"大图标"和"小图标"的查看方式，只需单击控制面板右上角"查看方式"旁边的下三角按钮，从中选择自己喜欢的显示方式就可以了。

3. 控制面板的使用

（1）鼠标、键盘的个性化设置。

鼠标和键盘是电脑操作的两个最基本的输入设备，用户可以根据自己的习惯对其进行个性化设置。

1）更改鼠标的设置。

在图形界面中，鼠标是用户操作电脑的重要设备，为了方便使用，可以对其进行一些相应的设置。打开"控制面板"窗口，在"查看方式"下拉列表中选择"小图标"选项，如图 2-38 所示。

图 2-38　"控制面板"的"小图标"显示窗口

单击"控制面板"中的"鼠标"图标，弹出"鼠标属性"对话框。分别切换到"鼠标键"、"指针"、"指针选项"和"滑轮"选项卡，如图 2-39 所示。

用户可根据使用习惯对鼠标左右键功能、显示鼠标指针轨迹的快慢、定义鼠标指针样式、鼠标指针移动速度、鼠标滚轮滚动时移动字符的多少等项目进行设置。

2）更改键盘的设置。

打开图 2-38 所示的"控制面板"窗口，单击"键盘"图标，弹出"键盘属性"对话框，如图 2-40 所示。

在"速度"选项卡中，通过拖动滑块可以设置字符的"重复延迟"和"重复速度"的长短和快慢。用键盘输入相同字符，当按下键不松手可改变第二个字符出现时与第一个字符的时间间隔和以后字符出现的快慢。在调整的过程中，用户可以在"单击此处并按住一个键以便测试重复速度"文本框中进行测试。在"光标闪烁速度"区域可以拖动滑块来设置光标闪烁的快慢。

图 2-39　"鼠标属性"对话框中的不同选项卡

（2）字体的个性化设置。

用户可以对字体进行设置、添加、预览、显示和隐藏计算机上安装的字体以及删除不需要的字体进行个性化设置。

1）字体设置。

打开图 2-38 所示的"控制面板"窗口，在"小图标"查看方式下，单击"字体"图标，弹出"字体"窗口，如图 2-41 所示。在左侧窗格中单击"字体设置"链接，打开"字体设置"窗口，如图 2-42 所示。

勾选"根据语言设置隐藏字体"复选框，则程序中就会仅列出适用于语言设置的字体，因为 Windows 可以隐藏不适用于输入语言设置的字体。如果想更改设置，直接单击下面的"还原默认字体设置"按钮。

图 2-40　"键盘属性"对话框

在图 2-42 的"安装设置"区域勾选"允许使用快捷方式安装字体（高级）"复选框，则可以选择只安装字体文件的快捷方式而不安装文件本身，大大节省计算机存储空间。

2）添加字体。

为了满足用户的需求，常常需要在 Windows 7 中自行安装新的字体。单击需要安装的字体,然后右击弹出快捷菜单,单击"安装"菜单项,或者"作为快捷方式安装"菜单项,即可完成字体添加。

图 2-41　"预览、删除或者显示和隐藏计算机上安装的字体"窗口

图 2-42　"字体设置"窗口

还可以打开"计算机"→"本地磁盘(C:)"→"Windows 文件夹"→"Fonts 文件夹"窗口,直接将需要安装的字体拖到该窗口中即可。

3)预览、隐藏和删除字体。

Windows 7 提供了字体预览、隐藏和删除功能,便于用户了解各种字体。

在图 2-41 所示的"字体"窗口中可以看到里面有的字体图标是突出显示的,这样的字体是用户可用的字体。而有的字体图标是灰色的、隐藏起来的,这样的字体是不可用的。鼠标指针指向其中需操作的字体,右击弹出快捷菜单,进行"预览"、"显示"、"隐藏"、"删除"操作即可。

4)设置字体大小。

为了使屏幕的字体看起来更加清晰,可以对字体的大小进行设置。打开图 2-41 所示的"字体"窗口,在左侧窗格中单击"更改字体大小"链接。弹出"显示"窗口,该窗口中有 3 种按照百分比设置字体大小的选项,用户可以根据自己的需要选择相应的选项,并通过右侧的"预览"框看到设置的效果。

2.6.2　查看计算机硬件配置信息

计算机硬件是由许多不同功能模块化的电子部件组合而成,其工作性能与硬件配置紧密

相关。因此，用户有必要了解自己使用的电脑的硬件设备，清楚它的配置和档次。

1. 利用"系统"查看

（1）打开图 2-38 所示的"控制面板"窗口，单击"系统"图标，打开"系统"窗口，如图 2-43 所示。

图 2-43 "系统"窗口

（2）右击桌面上的"计算机"图标，在弹出的快捷菜单中选择"属性"菜单项，打开"系统"窗口。

在该窗口"查看有关计算机的基本信息"中可查看系统得分等级、处理器型号和内存容量等信息。

2. 利用"设备管理器"查看

设备管理器是一种管理工具，使用设备管理器可以查看和更改设备属性、更新设备驱动程序、配置设备设置和卸载设备。

（1）打开图 2-43 所示的"系统"窗口，单击导航窗格中的"设备管理器"链接，打开"设备管理器"窗口，如图 2-44 所示。

图 2-44 "设备管理器"窗口

（2）打开图 2-38 所示的"控制面板"窗口，单击"设备管理器"图标，打开"设备管理器"窗口。

默认情况下，"设备管理器"窗口按照已安装设备的类型来显示硬件设备，从中可了解各硬件设备名称、型号等信息，并可对这些设备进行相关操作。

3. 利用"性能信息和工具"查看

Windows 7 系统中内嵌了用来测定硬件性能的工具，它通过运行一组测试程序完成对硬件工作性能的测定。由测出的每一主要硬件部件得分，获得整体的 Windows 体验指数。该指数标志着计算机硬件和软件配置的性能，该分数越高表示计算机运行得越好和越快。

（1）在图 2-43 所示的"系统"窗口中，单击导航窗格中的"性能信息和工具"链接，打开"性能信息和工具"窗口，如图 2-45 所示。

图 2-45　"性能信息和工具"窗口

（2）在图 2-38 所示的"控制面板"窗口中，单击"性能信息和工具"图标，打开"性能信息和工具"窗口。

2.6.3　安装和卸载软件

为了扩展电脑的功能，用户需要为电脑安装应用软件。当不需要这些应用软件时，可以将它们从操作系统中卸载，以节约系统资源，提高系统运行速度。

1. 安装应用软件

要安装应用软件，首先要获取该软件，用户除了购买软件安装光盘以外，还可以从软件厂商的官方网站下载。应用软件必须安装到系统中才能使用。一般应用软件都配置了自动安装程序，将软件安装光盘放入光驱后，系统会自动运行它的安装程序。如果是存放在本地磁盘中的应用软件，则需要在存放软件的文件夹中找到 Setup.exe 或 Install.exe（也可能是软件名称等）安装程序，双击它便可进行应用程序的安装操作。在安装的过程中跟随"安装向导"进行相应的设置和选择即可完成。

2. 卸载应用软件

（1）大多数应用软件会自带卸载命令。安装好软件后，卸载命令放置在"开始"→"所有程序"中。卸载时找到该命令，单击该命令选项即可完成应用软件的卸载。

（2）在图 2-38 所示的"控制面板"窗口中，单击"程序和功能"图标，弹出"程序和功能"窗口，如图 2-46 所示。在"名称"下拉列表中选择要删除的程序，然后单击"卸载/更改"按钮，按向导提示进行操作即可完成应用软件的卸载。

图 2-46　"程序和功能"窗口

2.6.4　以管理员身份运行程序

Windows 7 的管理员用户对电脑具有完全使用权限，包括安装一些应用软件，修改系统时间，执行影响该计算机上其他用户的操作等。如果用户是以标准用户登陆系统的，在运行某些应用程序时需要获得管理员权限，这时可以以管理员身份运行程序。

右击要运行的程序启动图标，在弹出的快捷菜单中，单击"以管理员身份运行"菜单项，然后根据提示进行操作即可，如图 2-47 所示。

图 2-47　"以管理员身份运行"应用程序

2.7　Windows 7 附件小程序

2.7.1　便笺

使用便笺记录待办事项、电话号码等内容，将它贴在桌面，随时提醒用户。

1. 启动便笺程序

单击"开始"→"所有程序"→"附件"→"便笺"菜单项，即可启动便笺程序，如图 2-48 所示。

2. 新建便笺

用户根据需要通过"新建便笺"在桌面放置多个便笺。

（1）单击"+"（新建便笺）按钮。

（2）按 Ctrl+N 组合键创建新便笺。

图 2-48　"便笺"窗口

3. 调整便笺的大小

将鼠标指针移至便笺窗口边或角至呈"双箭头"状，按下左键拖动使其放大或缩小。

4. 更改便笺颜色

鼠标指针指向便笺文本区，右击弹出快捷菜单，在菜单中选择喜好的颜色即可。

5. 输入便笺文本和格式化便笺文本

当出现闪烁的光标时，即可输入文本。当需要格式化文本、添加项目符号、生成列表或更改文本大小，可以使用键盘组合键来完成操作，其方法为：

（1）选中要更改的文本。

（2）使用表 2-2 中的组合键格式化便笺中的文本。

表 2-2　用组合键格式化便笺中的文本

格式化类型	键盘组合键	格式化类型	键盘组合键
粗体文本	Ctrl+B	放大文本	Ctrl+Shift+>
斜体文本	Ctrl+I	缩小文本	Ctrl+Shift+<
带有下划线的文本	Ctrl+U	带项目符号的列表	Ctrl+Shift+L（再次按此键盘组合键可切换到编号列表）
删除线	Ctrl+T		

6. 删除便笺

用完便笺后，可以将其删除以清理桌面，方法如下：

单击"便笺"窗口中的"关闭"按钮，在弹击的"删除便笺"对话框中，单击"是"按钮即可。还可以通过按 Ctrl+D 组合键删除便笺。

2.7.2　Tablet PC 输入面板

Tablet PC 平板电脑输入面板是 Tablet PC 的一个组件，帮助用户不用键盘，使用手写板或者触摸键盘输入文本字符。

1. 启动 Tablet PC 输入面板

单击"开始"→"所有程序"→"附件"→Tablet PC→"Tablet PC 输入面板"菜单项即可启动 Tablet PC 输入面板，如图 2-49 所示。

图 2-49　Tablet PC 输入面板

2. Tablet PC 输入面板简介

Tablet PC 输入面板包括功能按钮、视频演示按钮和控制键面板等 3 部分。

（1）功能按钮。

功能按钮包括"书写板"按钮、"触摸键盘"按钮、"语言选择"按钮、"全部字母"和"英文词汇"按钮等。

1）"书写板"按钮。

单击该按钮可以切换到书写板界面，在此界面中可以使用鼠标输入汉字。在书写板界面中单击"工具"按钮，从弹出的下拉菜单中可以对书写板进行设置，如图 2-50 所示。

图 2-50　书写板设置选项

选择"自由书写"菜单项，可以隐藏书写板界面中的字符格，这样用户可以不受字符格的限制而进行自由书写。

选择"停靠"菜单项，在展开的菜单中可以设置书写板的停靠位置。

2）"触摸键盘"按钮。

单击该按钮可以切换到触摸键盘界面，在此界面中可以通过单击对应的按钮输入字符，如图 2-51 所示。

在触摸键盘界面中单击"工具"按钮，从弹出的下拉菜单中选择"显示扩展的键盘"菜单项，就会显示扩展的触摸键盘界面，如图 2-52 所示。

图 2-51　触摸键盘界面

图 2-52　触摸键盘设置选项

3）"语言选择"按钮。

单击"语言选择"按钮，从弹出的下拉菜单中可以对输入法进行设置，如图 2-53 所示。

4）"全部字母"按钮。

单击"全部字母"按钮，使其呈按下状态，此时书写板可以识别用户输入的所有字符。

图 2-53　"语言选择"选项

5）"英文词汇"按钮。

单击"英文词汇"按钮，使其呈按下状态，此时书写板只能识别用户输入的英文和各类符号，若输入汉字，书写板则将其识别为英文字符。

（2）视频演示按钮。

视频演示按钮主要包括"更正"、"删除"、"添加空间"、"删除空间"、"拆分"以及"连接"等按钮。

1）"更正"按钮。

单击该按钮，界面上方会显示更正视频，从中可以了解更正错误字符的方法。

2）"删除"按钮。

单击该按钮，界面上方会显示删除字符的视频，即在要删除的字符上画横线。

3）"添加空间"按钮。

单击该按钮，即可在界面上方显示添加空间的方法。

4）"删除空间"按钮。

单击该按钮，界面上方会显示删除空间的方法。

5）"拆分"按钮。

单击"拆分"按钮，即可在界面上方显示拆分英文词汇的方法。

6）"连接"按钮。

单击该按钮，界面上方会显示连接两个相邻英文词汇的方法。

3．输入文字

（1）利用"书写板"面板输入文字。

1）启动文档编辑程序，如"记事本"。

2）打开 Tablet PC 输入面板，切换到"书写板"面板。

3）单击"全部字母"按钮，使书写板可以识别输入的所有字符并在"工具"按钮菜单中作好相关选择。

4）在输入区用鼠标写入输入的文字，书写完毕系统会自动识别用户输入的文本信息，并显示识别后的文本。

5）单击"插入"按钮，即可将其插入到记事本中。

（2）利用"触摸键盘"面板输入文字。

1）启动文档编辑程序，如"记事本"。

2）打开 Tablet PC 输入面板，切换到"触摸键盘"面板。

3）单击系统任务栏右侧的小键盘按钮，从弹出的下拉菜单中选择合适的中文输入法。

4）利用鼠标单击"触摸键盘"，输入的文本会自动出现在记事本中。

4．退出 Tablet PC 输入面板

单击"工具"按钮，从弹出的下拉菜单中选择"退出"菜单项，即可退出 Tablet PC 输入面板。单击 Tablet PC 输入面板右上方的"关闭"按钮，只能将 Tablet PC 输入面板缩至屏幕左侧。

2.7.3　数学输入面板

当用户使用计算机解决数学问题或准备创建数学表达式的文档或演示文稿时，选择数学输入面板可使该过程变得更容易和自然。数学输入面板使用了内置的数学识别器来识别手写的数学表达式，然后将识别的数学表达式插入字处理程序或计算程序中。

数学输入面板在设计上可与 Tablet PC 一起使用，但也可以将其用于任何输入设备，如触摸屏、外部数字化器甚至鼠标。

1．启动和关闭数学输入面板

单击"开始"→"所有程序"→"附件"→"数学输入面板"菜单项，即可启动数学输入面板程序。

单击菜单栏右侧的"关闭"按钮，可关闭数学输入面板。

2．数学输入面板介绍

数学输入面板主要由"书写"区域、"预览"区域、"历史记录"菜单、"选项"菜单、"更正"按钮和"插入"按钮等组成，如图 2-54 所示。

图 2-54　数学输入面板

3．输入数学表达式

（1）打开准备创建数学表达式的文档或演示文稿。

（2）启动数学输入面板。

（3）在书写区域书写格式正确的数学表达式，识别的数学表达式会显示在预览区域。

（4）单击"插入"按钮，将识别的数学表达式插入文档或演示文稿中。

4．更正按钮的功能

（1）单击"笔"按钮，可在"书写"区域书写数学表达式。

（2）单击"擦除"按钮，鼠标的指针划过被错误识别的表达式部分，可将错误的数学表达式部分擦除。

（3）单击"选择和更正"按钮，鼠标的指针围绕被错误识别的表达式部分画一个圆，弹出选择列表，此时可选择列表中的某个选项。如果书写的内容不在列表选项中，尝试重写选定的表达式部分。在写完整个表达式之后再进行更正，以及写入的表达式越多这两种情况下，正确识别的机会就越大。

（4）单击"撤消"按钮，撤消本次输入操作。

（5）单击"重做"按钮，恢复被撤消的操作。

（6）单击"清除"按钮，清空"书写"区域和"预览"区域的内容。

5．"历史记录"菜单

"历史记录"保存有已经插入的数学表达式，利用"历史记录"列表菜单，可以使用已经插入的表达式作为新表达式的基准。打开"历史记录"，单击要使用的表达式，选择的表达式显示在"书写"区域，用户可以在其中进行更改。更改之后，将再次识别该表达式，并且可以将其插入文档或演示文稿。

2.7.4　画图程序

使用画图程序可以绘制、编辑图片以及为图片着色，还可以将文件和设计图案添加到其他图片中并对图片进行简单的编辑。

1．画图程序的启动与关闭

单击"开始"→"所有程序"→"附件"→"画图"菜单项，即可启动画图程序。关闭画图程序与关闭应用程序操作相同。

2．"画图"窗口

"画图"窗口主要由标题栏、"画图"按钮、选项卡功能区、绘图区域、状态栏和滚动条组成，如图 2-55 所示。

图 2-55　"画图"窗口

（1）标题栏。

标题栏由"画图程序图标"、"快速访问工具栏"、"文件名"和"窗口控制按钮"组成。

画图程序为了方便操作，将一些常用的菜单命令以按钮的形式存放在快速访问工具栏中，用户只需要单击这些按钮，就可以快速地执行相应的命令。

"保存"按钮用于保存当前打开或者正在编辑的图片。

"撤消"按钮用于撤消上一个操作。

"重做"按钮用于重做上一次操作，即重做上次被撤消的操作。按下 Ctrl+Y 组合键可以快速进行重做操作。

单击快速访问工具栏旁边的"自定义快速访问工具栏"按钮，从弹出的下拉菜单中可以设置快速访问工具。还可以选择功能区的对象按钮，在弹出的右键菜单中单击"添加到快速访问工具栏"。

（2）"画图"按钮。

单击"画图"按钮，从弹出的下拉菜单中可以进行图片的新建、打开、保存、另存为以及打印等基本操作，还可以在电子邮件中发送图片、将图片设置为背景等其他操作。

（3）选项卡功能区。

选项卡用于帮助用户完成各种图形的绘制、着色以及图片的编辑等操作。选项卡功能区主要包括"主页"和"查看"两个选项卡。

"主页"选项卡中包含"剪贴板"、"图像"、"工具"、"刷子"、"形状"、"粗细"及"颜色"等功能选项。

"查看"选项卡中可以进行图片的放大、缩小、100%以及全屏查看，并且可以在绘图区域显示标尺和网格线等。

（4）状态栏。

状态栏位于窗口的最下方，显示当前窗口的相关信息和鼠标位置信息。

（5）滚动条。

用户可以单击窗口滚动条两端的箭头按钮或者拖动滚动条查看整个窗口信息。

（6）绘图区。

位于整个窗口中间，为用户提供画布。

2.7.5　截图工具

截图工具能帮助用户截取屏幕上任何对象，然后对其添加注释、保存或共享该图像。

1. 截图工具的启动与关闭

单击"开始"→"所有程序"→"附件"→"截图工具"菜单项，弹出"截图工具"窗口，如图 2-56 所示。

关闭"截图工具"与关闭应用程序操作相同。

2. 截图工具的使用

（1）首先打开要进行截图的图像。

（2）启动"截图工具"，单击"新建"按钮右侧的下三角按钮，从弹出的下拉菜单中选择截图方式。4 种截图方式如图 2-57 所示。

图 2-56　"截图工具"窗口

图 2-57　截图方式选择菜单

1）任意格式截图：围绕截图对象绘制任意格式的形状。

2）矩形截图：在对象的周围拖动鼠标形成一个矩形。

3）窗口截图：对选择的窗口或对话框截图。

4）全屏幕截图：对整个屏幕截图。

本例中选择"任意格式截图"选项。

（3）将鼠标指针指向进行截图的起始位置，然后按住鼠标不放，拖动选择要截取的图像区域。

（4）释放鼠标即可完成截图，此时在"截图工具"窗口中显示出截取的图像，如图 2-58 所示。

（5）在截图工具窗口中可以对截图进行"复制"；使用画笔功能绘制图形或者书写文字；利用"荧光笔"绘制和书写具有荧光效果的图形和文字；用"橡皮擦"进行擦除等编辑操作。

（6）在菜单栏单击"文件"，选择"另存为"菜单项或按 Ctrl+S 组合键对编辑后的截图进行保存。

（7）关闭"截图工具"窗口。

图 2-58　截取的图像

2.7.6　计算器

计算器程序不仅具有标准计算器功能，而且集成了科学型计算器、编程计算器和统计信息计算器的高级功能。另外还具有单位转换、日期计算和工作表计算等功能。

1. 计算器的打开与关闭

单击"开始"→"所有程序"→"附件"→"计算器"命令，即可打开"计算器"窗口，如图 2-59 所示。也可以单击"开始"按钮，在弹出的"搜索程序和文件"文本框中输入"计算器"，然后按下 Enter 键打开"计算器"窗口。

使用"计算器"时，可以单击计算器按钮来执行计算，或者通过按 Num Lock 键，在数字键盘上键入数字和运算符进行计算。通过"查看"菜单可以进行"计算器"的计算模式转换，如图 2-60 所示。

图 2-59　"计算器"窗口

图 2-60　"查看"菜单

关闭"计算器"与关闭窗口操作相同。

2. 标准型计算器与科学型计算器

（1）标准型计算器。

在处理一般的数据时，使用"标准型计算器"即可满足需要。打开的"计算器"即为系统默认的"标准型计算器"，如图 2-59 所示。

（2）科学型计算器。

当从事非常专业的科研工作时，要经常进行较为复杂的科学运算，可以单击菜单栏"查看"按钮，在弹出的菜单中选择"科学型计算器"即可打开"科学型计算器"窗口，如图 2-61 所示。

图 2-61   "科学型计算器"窗口

习题二

单选题

1．Windows 7 的桌面是指（   ）。

    A．全部窗口   B．启动 Windows 后的整个屏幕

    C．某个应用程序窗口   D．一个活动窗口

2．在 Windows 7 中，有关窗口的标题栏，说法正确的是（   ）。

    A．一定有该窗口的标题   B．可用于移动窗口的位置

    C．关闭窗口   D．以上都可以

3．多窗口的切换可以通过（   ）进行。

    A．单击任务栏开始按钮   B．关闭当前活动窗口

    C．按 Alt+Shift 组合键   D．按 Alt+Tab 组合键

4．当窗口最大化后，单击"还原"按钮将使窗口（   ）。

    A．恢复到原来的大小   B．占满整个屏幕

    C．缩小成图标   D．由用户自定义

5．在 Windows 7 的资源管理器窗口中，用鼠标单击导航窗格中的一个文件夹，则可以（   ）。

    A．删除文件夹   B．选定当前文件夹，显示其内容

    C．创建文件夹   D．弹出对话框

6．要同时选择多个不连续的文件或文件夹，可按住（   ）键，单击要选择的文件夹；若同时选择多个连续的文件或文件夹，可先单击一个文件或文件夹，然后按住（   ）键并单击最后一个文件或文件夹，选中这两个文件或文件夹之间的所有项目。

A．Shift　　　　　B．Ctrl　　　　　C．Alt　　　　　D．Tab

7．在 Windows 7 中，任务栏的功能是（　　）。

A．启动应用程序　　　　　　　B．显示系统的所有功能

C．显示所有已打开的窗口图标　　D．实现任务间的切换

8．有关 Windows 7 中的库，下面说法正确的是（　　）。

A．库是用于存放文件和文件夹的场所

B．删除库中的文件夹会将该文件夹从磁盘中删去

C．用户能够新建和删除库

D．以上都正确

9．在 Windows 7 中，要实现粘贴操作，可以按（　　）组合键。

A．Ctrl+C　　　　　　　　　　B．Ctrl+V

C．Ctrl+X　　　　　　　　　　D．没有组合键

10．在启动程序或打开文档时，如果记不清某个文件或文件夹位于何处，则可以使用 Windows 7 系统提供的（　　）功能。

A．浏览　　　　　B．设置　　　　　C．还原　　　　　D．搜索

第3章 Word 2010 的应用

Word 2010 是 Microsoft 公司开发的 Office 2010 办公自动化套件中最常用的组件之一，是一款具有丰富的文字处理以及图、文、表格混排功能，且具有所见即所得、易学易用等特点的文字处理软件。本章主要介绍 Word 2010（以下简称为 Word）的基本概念，以及使用 Word 编辑文档、排版、版面设置、表格制作和图形绘制等基本操作。

3.1 Word 2010 概述

3.1.1 Word 2010 启动与退出

1. 启动 Word 2010

（1）使用"开始"菜单启动。鼠标单击桌面左下角的"开始"按钮，或者按下 Windows 键，在弹出的开始菜单中，依次单击"所有程序"→Microsoft Office→Microsoft Word 2010 命令，如图 3-1 所示。

图 3-1 从"开始"菜单启动 Word 2010

（2）利用快捷方式启动。用快捷方式启动 Word 有三种方法：

1）在桌面上如果创建有 Word 的快捷方式，双击图标，如图 3-2（a）所示，即可启动该程序。

2）在"资源管理器"或"计算机"窗口中找到如图 3-2（b）（Word 2010 文档）、或图 3-2（c）所示的（Word 97-2003 文档）的文件，双击该文件。

图 3-2 Word 图标

3）如果 Word 是最近经常使用的应用程序之一，则在 Windows 7 操作系统下，单击屏幕左下角的"开始"菜单按钮后，Microsoft Word 2010 会出现在"开始"菜单中，单击即可。

2. 退出 Word 2010

当不再使用 Word 2010 时，可退出该应用程序，以减少对系统内存的占用。退出 Word 2010 可通过以下几种方法实现：

（1）双击 Word 窗口左上角的应用程序图标。

（2）单击 Word 窗口左上角的应用程序图标，或右击标题栏，在弹出的菜单中选择"关闭"命令。

（3）切换到"文件"选项卡，然后选择"退出"命令。

（4）单击 Word 窗口右上角的"关闭"按钮。

（5）切换到"文件"选项卡，然后选择"关闭"命令，逐一关闭所有打开的 Word 文档。

（6）按 Alt+F4 组合键，逐一关闭所有打开的 Word 文档。

在执行退出 Word 操作时，如果文档输入或修改后尚未保存，那么 Word 会弹出一个对话框，询问是否要将更改保存，如图 3-3 所示。单击"保存"按钮，会保存当前输入或修改的文档，且会弹出"另存为"对话框（有关保存文件，参见 3.2.2 节）；若单击"不保存"按钮，则放弃当前输入的内容或所作的修改，退出 Word；若单击"取消"按钮，则取消这次操作，返回编辑状态。

图 3-3　"保存"对话框

3.1.2　Word 2010 窗口组成

启动后的 Word 2010 中文版窗口如图 3-4 所示。窗口由标题栏、快速访问工具栏、功能选项卡、文档编辑区、状态栏、文档视图工具栏、显示比例控制栏、滚动条、标尺等部分组成。

图 3-4　Word 2010 的主窗口

1. 标题栏

标题栏位于 Word 窗口的最上方，从左到右依次为应用程序图标、快速访问工具栏、操作的文档名称、应用程序名称和窗口控制按钮。

2. 快速访问工具栏

快速访问工具栏默认位于 Word 窗口的功能区左上方。快速访问工具栏的作用是使用户能快速启动经常使用的命令。Word 默认的快速访问工具栏包含保存、撤消、恢复和自定义快速访问工具栏命令按钮。用户可以根据需要，添加自己的常用命令。例如，添加"打印预览和打印"命令，可用下面的方法：

方法 1：单击快速访问工具栏右侧的下三角按钮，在弹出的下拉列表中勾选"打印预览和打印"选项，如图 3-5（b）所示。

方法 2：单击"文件"→"选项"→"快速访问工具栏"命令，在"从下列位置选择命令"下拉列表框中选择"打印预览选项卡"命令类型，在下面的列表框中选择"打印预览和打印"，然后单击"添加"按钮将其添加到右侧的列表框中，设置完成后单击"确定"按钮，此时快速访问工具栏中即添加了"打印预览和打印"按钮，如图 3-5（a）所示。

图 3-5　"快速访问工具栏"中的按钮与"自定义快速访问工具栏"下拉面板

若要将快速访问工具栏中的某个按钮删除，可使用鼠标右击，在弹出的快捷菜单中单击"从快速访问工具栏删除"命令即可。

3. "文件"选项卡

Word 2010 的"文件"按钮是一个类似于菜单的按钮，它取代了以前版本中的"文件"菜单并增加了一些新功能。单击"文件"选项卡可以打开"文件"面板，除包含"新建"、"打印"、"打开"、"关闭"、"保存"等常用文件操作命令外，还包含"信息"、"最近所用文件"、"保存并发送"、"帮助"、"选项"等命令，如图 3-6 所示。

在默认打开的"信息"命令面板中，用户可以进行旧版本格式转换、保护文档（包含设置 Word 文档密码）、检查问题和管理自动保存的版本。

打开"最近所用文件"命令面板，在面板右侧可以查看最近使用的 Word 文档列表，用户可以通过该面板快速打开这些文档。在每个历史 Word 文档名称的右侧含有一个固定按钮，单击该按钮可以将该记录固定在当前位置，而不会被后续历史 Word 文档名称替换。

图 3-6　"文件"选项卡

打开"保存并发送"命令面板，用户可以在面板中将 Word 2010 文档发送到博客文章、发送电子邮件或创建 PDF 文档。

选择"文件"面板中的"选项"命令，可以打开"Word 选项"对话框。在"Word 选项"对话框中可以开启或关闭 Word 2010 中的许多功能或设置参数。

4．功能选项卡

（1）功能选项卡简介。

Word 2010 与 Word 2003 及以前的版本相比，一个显著的不同就是用各种功能选项卡（简称选项卡）取代了传统的菜单操作方式，窗口中看起来像菜单名称的就是功能选项卡的名称。Word 2010 默认含有 8 个功能选项卡，分别是："开始"、"插入"、"页面布局"、"引用"、"邮件"、"审阅"、"视图"和"加载项"。除了这 8 个默认的功能选项卡之外，当用户进行到某些操作时，Word 2010 会自动打开相应的功能选项卡。如进行图片操作时，会自动打开"绘图工具"或"图片工具"选项卡；进行页眉或页脚操作时，会自动打开"页眉或页脚工具"选项卡。

单击选项卡的名称，会切换到与之相对应的功能区面板。每个功能区面板又有若干分组，每个组中有若干命令按钮。多数分组的右下角有 按钮（后文一律统称为"打开对话框"按钮），单击该按钮会打开相应的对话框（或任务窗格）。有的分组右侧有 按钮（即"其他"按钮），单击该按钮会打开下拉面板。功能区中的这些命令组涵盖了 Word 2010 的各种功能。可以使用其中的按钮、对话框、下拉面板完成需要的操作。

功能选项卡中有时还有不同的选项卡，如"表格工具"选项卡中就有"设计"与"布局"两个选项卡。

功能选项卡中的各要素如图 3-7 所示。

图 3-7　功能选项卡中的命令组与命令按钮

（2）默认功能选项卡及其功能。

1）"开始"选项卡。

"开始"选项卡包括剪贴板、字体、段落、样式和编辑 5 个组，对应 Word 2003 的"编辑"和"段落"菜单部分命令。该选项卡主要用于对 Word 文档进行文字编辑和格式设置，是用户最常用的选项卡。

2）"插入"选项卡。

"插入"选项卡包括页、表格、插图、链接、页眉和页脚、文本、符号和特殊符号 7 个组，对应 Word 2003 中"插入"、"表格"等菜单的部分命令，主要用于在 Word 文档中插入各种元素。

3）"页面布局"选项卡。

"页面布局"选项卡包括主题、页面设置、稿纸、页面背景、段落、排列 6 个组，对应 Word 2003 的"页面设置"和"格式"菜单中的部分命令，用于帮助用户设置 Word 文档页面样式。

4）"引用"选项卡。

"引用"选项卡包括目录、脚注、引文与书目、题注、索引和引文目录 6 个组，用于实现在 Word 文档中插入目录、引文、题注等比较高级的功能。

5）"邮件"选项卡。

"邮件"选项卡包括创建、开始邮件合并、编写和插入域、预览结果和完成 5 个组，该选项卡的作用比较专一，专门用于在 Word 文档中进行邮件合并方面的操作。

6）"审阅"选项卡。

"审阅"选项卡包括校对、语言、中文简繁转换、批注、修订、更改、比较和保护 8 个组，主要用于对 Word 文档进行校对和修订等操作，适用于多人协作处理 Word 长文档。

7）"视图"选项卡。

"视图"选项卡包括文档视图、显示、显示比例、窗口和宏 5 个组，主要用于帮助用户设置 Word 2010 操作窗口的查看方式、操作对象的显示比例等，以便于用户获得较好的视觉效果。

8）"加载项"选项卡。

"加载项"选项卡仅包括"菜单命令"一个组，加载项是可为 Word 2010 安装的附加属性，如自定义的工具栏或其他命令扩展，"加载项"选项卡可以在 Word 2010 中添加或删除加载项。

（3）"展开"或"最小化"选项卡。

有时为了让文档编辑区更大，显示更多行文本，可以单击图 3-8 所示的按钮让选项卡最小化。

5．文档编辑区

文档编辑区是水平标尺以下和状态栏以上的一个屏幕显示区域，文档的录入以及各种编辑、排版操作都在这里进行。在文档编辑区可以打开一个文档，也可以打开多个文档，每个文档有一个独立窗口，并在 Windows 任务栏中有一对应的文档按钮。

图 3-8　展开/最小化功能区的按钮

6．状态栏

状态栏位于 Word 窗口的底端，它用来显示当前文档的页数/总页数、字数、输入状态（插入/改写）等信息。状态栏的右端有视图切换工具栏和显示比例控制栏，前者用于选择文档的视图方式，后者用于调节文档的显示比例。

7．标尺

标尺有水平标尺和垂直标尺两种。在草稿视图下只能显示水平标尺，只有在页面视图下才能显示水平和垂直两种标尺。标尺除了显示文字所在的实际位置、页边距尺寸外，还可以用来设置制表位、段落、页边距尺寸、左右缩进、首行缩进等。有两种方法可以隐藏/显示标尺：

方法 1：执行"视图"→"显示"→"标尺"命令可显示/隐藏标尺。

方法 2：单击如图 3-8 所示的位于垂直滚动条上方的"标尺"按钮。

隐藏了功能区和标尺后，窗口的编辑工作区达到最大。

8．滚动条

滚动条分水平滚动条和垂直滚动条两种。使用滚动条中的滑块或按钮可滚动编辑区内的文档内容。

9．插入点

当 Word 启动后自动创建一个名为"文档 1"的空白文档，在第一行第一列处有一个闪烁着的黑色竖线即光标，又称插入点。键入文本时，它指示下一个字符的位置。每输入一个字符，插入点自动向右移动一格。在编辑文档时，可以移动"Ⅰ"状的鼠标指针并单击来确定插入点的位置。在草稿视图下，还会出现一小段水平横条，称为文档结束标记。

3.1.3　Word 2010 的视图方式

所谓"视图"，简单说就是文档的显示方式。中文版 Word 2010 提供了页面视图、阅读版式视图、Web 版式视图、大纲视图和草稿视图 5 种显示方式。不同的视图方式从不同的角度、按不同的方式显示文档，并适应不同的工作要求。因此，采用合理的视图方式将极大地提高工作效率。

视图之间的切换可以使用"视图"功能区中的命令，也可使用如图 3-9 所示的状态栏右侧的视图切换按钮进行切换。

图 3-9　视图切换按钮

1．页面视图

页面视图主要用于版面设计，页面视图显示文档的每一页面都与打印所得的页面相同，即"所见即所得"。在页面视图下可以像在普通视图下一样输入、编辑和排版文档，也可以处理页边距、文本框、分栏、页眉和页脚、图片和图形等。但在页面视图下占有计算机资源相应较多，使处理速度变慢。双击页与页之间的空白处，可以将分页部分隐藏或显示。

2．阅读版式视图

阅读版式视图适于阅读长篇文章。阅读版式将原来的文章编辑区缩小，而文字大小保持不变。如果字数多，它会自动分成多屏。在该视图下同样可以进行文字的编辑工作，视觉效果好，眼睛不会感到疲劳。阅读版式视图的目的是增加可读性，可以方便地增大或减小文本显示区域的尺寸，而不会影响文档中的字体大小。想要停止阅读文档时，单击"阅读版式"工具栏上的"关闭"按钮或按 Esc 键，均可以从阅读版式视图切换回来。如果在阅读时只需简单地编辑或修改文档，也可以直接进行而不必切换。

3. Web 版式视图

Web 版式视图以网页的形式显示 Word 2010 文档，Web 版式视图适用于发送电子邮件和创建网页。使用 Web 版式视图，无需离开 Word 即可查看 Web 页在 Web 浏览器中的效果。

4. 大纲视图

大纲视图适合于编辑文档的大纲，以便能审阅和修改文档的结构。在大纲视图中，可以折叠文档以便只查看到某一级的标题或子标题，也可以展开文档查看整个文档的内容，如图 3-10 所示。大纲视图广泛用于 Word 2010 长文档的快速浏览和设置。

图 3-10　"大纲视图"显示 3 级大纲、展开部分正文文本以及"大纲工具"组

在大纲视图下，"大纲"工具栏替代了水平标尺。使用"大纲工具"组中的相应按钮可以方便地"折叠"或"展开"文档，对大纲中各级标题进行"上移"或"下移"、"提升"或"降低"等调整文档结构的操作。

5. 草稿视图

草稿视图取消了页面边距、分栏、页眉页脚和图片等元素，仅显示标题和正文，是最节省计算机系统硬件资源的视图方式。当然现在计算机系统的硬件配置都比较高，基本上不存在由于硬件配置偏低而使 Word 运行遇到障碍的问题。

3.2　Word 2010 基本操作

3.2.1　创建文档

1. 新建空白文档

启动 Word 2010 程序后，系统会自动创建一个名为"文档 1"（对应的默认磁盘文件名为docl．docx）的空白文档，再次启动该程序，系统会以"文档 2"、"文档 3"……这样的顺序对新文档进行命名。

除了这种自动创建文档的方法外，如果在编辑文档的过程中还需另外创建一个或多个新空白文档时，可以用以下 3 种方法来创建：

（1）执行"文件"→"新建"→"创建"命令。

（2）按 Alt+F 组合键打开"文件"选项卡，执行"新建"命令（或直接按 N 键）。

（3）按 Ctrl+N 快捷键。

2. 根据模板新建文档

Word 2010 为用户提供了多种模板类型，利用这些模板，用户可快速创建各种带有格式的文档，根据模板创建文档的具体操作方法见本章 3.4.4 节"快速格式化文本"。

3.2.2　保存文档

1. 保存新建文档

文档输入完后，如果没有保存，此文档的内容仅仅驻留在计算机的内存之中。为了永久保存所建立的文档，必须将它保存起来。保存文档的常用方法有如下几种：

（1）单击快速工具栏中的"保存"按钮 。

（2）选择"文件"→"保存"命令。

（3）直接按 Ctrl+S 组合键。

若是第一次保存文档，会弹出如图 3-11 所示的"另存为"对话框，在"文件名"一栏中输入文件名，选定所要保存文档的驱动器和文件夹，然后单击"保存"按钮。

图 3-11　"另存为"对话框及文档保存类型

2. 保存已有的文档

对磁盘上已经存在的文件打开并修改后，也需要及时保存，防止因断电、死机或系统自动关闭等情况而造成的信息丢失。已有文档与新建文档的保存方法相同，只是对它进行保存时，仅将对文档的更改保存到原文档中，因而不再弹出"另存为"对话框，但会在状态栏中显示"正在保存……"的提示。

3. 另存文档

执行"文件"→"另存为"命令，弹出"另存为"对话框。可在其中设置与之前文档不同的文件名、不同的保存位置或不同的保存类型，设置完成后单击"保存"按钮即可。

在"另存为"对话框的"保存类型"下拉列表框中，若选择"Word 97-2003 文档"选项，可将 Word 2010 制作的文档另存为 Word 97-2003 兼容模式，从而可用早期版本打开并编辑文档。还可保存为纯文本、网页、PDF 图片格式等多种格式的文件。

4．保存多个文档

如果想要一次操作保存多个已编辑修改了的文档，最简便的方法是：打开"Word 选项"对话框，单击左边"快速访问工具栏"，在"从下列位置选择命令"列表框中选择"不在功能区中的命令"选项，然后在下面的命令列表框中找到并选择"全部保存"选项，单击"添加"按钮，再单击"确定"按钮，即可在"快速访问工具栏"中添加一个"全部保存"按钮，这样就可以保存所有打开的 Word 文档了。

5．自动保存文档

除了上述的手动保存文档的功能外，Word 还提供了自动保存功能，即每隔一段时间会自动对文档进行一次保存（如图 3-12 所示）。这项功能可以有效地避免因停电、死机等意外情况造成的文档内容丢失。默认情况下，Word 会每隔 10 分钟自动保存一次文档，若想改变间隔时间，可在"文件"→"选项"中进行修改。

图 3-12　"Word 选项"窗口，自动保存文件时间间隔、自动恢复文件位置、默认保存文件位置

6．文件保存路径

默认情况下，Word 文档的保存路径是"C:\User\yy\Documents\"（其中，yy 为当前登陆系统的用户名），而在实际操作中，用户经常会选择其他保存路径。因此，根据操作需要，用户可将常用存储路径设置为默认保存位置，具体操作步骤如下：

（1）单击"文件"→"选项"命令。

（2）在弹出的"Word 选项"对话框中，切换到"保存"选项卡，在右侧的"保存文档"栏中可看到 Word 的默认文件保存位置，如图 3-12 所示。

（3）单击"浏览"按钮，在弹出的"修改位置"对话框中，重新设置 Word 的默认保存位置，单击"确定"按钮，然后在返回的"Word 选项"对话框中单击"确定"按钮即可。

3.2.3　打开文档

当要查看、修改、编辑或打印已存在的 Word 文档时，首先应该打开它。文档的类型可以是 Word 文档，也可以是 Word 软件兼容性的其他非 Word 文档（如 WPS 文件、纯文本文件等）。下面介绍打开文档的方法。

1．直接找到已存在的文档打开

（1）双击带有 Word 文档图标的文件名。

（2）在要打开的文档图标上右击，然后在弹出的快捷菜单中选择"打开"命令。

2．用"打开"对话框打开

（1）单击"文件"选项卡，在列表中单击"打开"命令按钮；或在快速工具栏中选择"打开"按钮（先在"自定义快速工具栏"下拉列表中添加此命令）。

（2）在弹出的"打开"对话框中，选择文档存储的位置，然后选中要打开的文档。"打

开"对话框与"另存为"对话框很相似，除了名字不同以外，操作方法完全一样。

（3）单击"打开"按钮，或直接双击即可打开文档。

提示：在"打开"对话框中选中需要打开的文档，然后单击"打开"按钮右侧的下三角按钮，在弹出的菜单中可选择文档的打开方式，如只读方式、副本方式等。

3. 快捷键打开

按下 Ctrl+O 或 Ctrl+F12 组合键，也可打开"打开"对话框。

4. 打开最近使用过的文档

如果要打开的是最近使用过的文档，Word 提供了更快捷的操作方式，其操作方法如下：

执行"文件"→"最近所用文件"命令，在随后出现的如图 3-13 所示的"最近所用文件"面板中，分别单击"最近的位置"和"最近使用的文档"栏中所需要文件夹和 Word 文档名，即可打开用户指定的文档。

图 3-13　通过"最近所用文件"列表打开文档

3.2.4　关闭文档

对文档进行了各种编辑操作并保存后，如果确认不再对文档进行任何操作，可将其关闭，以减少所占用的系统内存，关闭文档的方法有以下几种：

（1）在要关闭的文档中，单击窗口左上角的应用程序图标，在弹出的控制菜单中单击"关闭"命令。

（2）在要关闭的文档中，单击窗口右上角的"关闭"按钮。

（3）在要关闭的文档中，切换到"文件"选项卡，然后单击左侧窗格中的"关闭"命令。

在关闭 Word 文档时，如果对文档有编辑、排版等操作而未进行保存，则关闭文件时，系统会弹出提示对话框，询问用户是否对文档所做的修改进行保存，此时可进行如下操作：

（1）单击"保存"按钮，可保存当前文档，同时关闭该文档。

（2）单击"不保存"按钮，将直接关闭文档，且不会对当前文档进行保存，即对文档所做的更改都会被放弃。

（3）单击"取消"按钮，将关闭该提示对话框并返回文档，此时用户可根据实际需要进行相应的操作。

3.3　Word 2010 文本输入与编辑

Word 2010 具有强大的文本编辑功能，可以快速对文本进行各种编辑操作。下面介绍常用的基本编辑技术。

3.3.1　输入文本

1．定位插入点

启动 Word 后，在编辑区中不停闪动的竖线"｜"即为光标，也叫插入点，光标所在的位置便是输入文本的位置。在文档中输入文本前，需要先定位插入点，其方法有以下几种。

（1）通过鼠标定位。

1）鼠标单击定位：要在文档中有文本的某处定位插入点，可将鼠标指针指向该处，当鼠标指针呈"Ⅰ"形状时，单击即可。

2）鼠标双击定位：若需将光标定位于文档中文本之后的某空白处，可将鼠标指针移到该处，当鼠标指针呈"Ⅰ"形状时，双击即可，这就是所谓"即点即输"功能。

（2）通过键盘定位。

除了用鼠标定位插入点之外，还可以用键盘移动定位光标。常用键盘操作与定位光标的关系如表 3-1 所示。

表 3-1　常用定位光标插入点的组合键及其功能

组合键	功能
↑、↓、←、→	光标上下左右移动
Shift+F5	返回到上次编辑的位置
Home	光标移至行首
End	光标移至行尾
PageUp	向上滚过一屏
PageDown	向下滚过一屏
Ctrl+↑	光标移至上一段落的段首
Ctrl+↓	光标移至下一段落的段首
Ctrl+←	光标向左移动一个汉字（词语）或英文单词
Ctrl+→	光标向右移动一个汉字（词语）或英文单词
Ctrl+ PageUp	光标移至上页顶端
Ctrl+ PageDown	光标移至下页顶端
Ctrl+Home	光标移至文档起始处
Ctrl+End	光标移至文档结尾处

2．输入文本内容

定位好插入点后，切换到自己惯用的输入法，就可以输入相应的文本内容了。在输入文本的过程中，光标插入点会自动向右移动，当一行文本输入完毕后，插入点会自动转到下一行。在没有输满一行的情况下，若要开始新的段落，可按下 Enter 键即回车键进行换行，同时上一段的段末会出现带弯的箭头，即段落标记。

3．改写与插入

Word 默认是插入状态，即在输入文本时，文本内容会"插入"到当前光标处。单击状态栏上"插入"按钮或按 Insert 键，则当前输入状态转换为"改写"状态，输入的内容会覆盖光标后文档现有的内容。单击状态栏上的"插入/改写"，或按 Insert 键，就可在"插入"和"改写"状态之间切换。

4．插入符号

在输入文本时，可能要输入一些键盘上没有的特殊符号（如俄、日、希腊文字符，数学符号，图形符号等），除了利用汉字输入法的软键盘外，Word 还提供"插入符号"的功能，具体操作步骤如下：

（1）插入点移至目标位置，切换到"插入"选项卡，在"符号"分组中单击"符号"命令按钮，在打开的下拉列表的上方，会列出最近插入过的符号，列表的下方是"其他符号"按钮，如图 3-14（a）所示。如果需要插入的符号位于列表框中，单击该符号即可。

（2）如果未找到所需符号，单击"其他符号"命令按钮（或在插入点右击，从快捷菜单中选择"插入符号"命令），打开"符号"对话框，如图 3-14（右）所示。

（a）

（b）

图 3-14　插入符号下拉列表与符号对话框

（3）在"符号"列表框中选定所需插入的符号，再单击"插入"按钮就可将所选择的符号插入到文档的插入点处。

（4）单击"关闭"按钮，关闭"符号"对话框。

5．插入日期和时间

使用 Word 可以在文档任意位置直接插入当前的日期和时间，具体操作步骤如下：

（1）确定插入位置，将插入点移到要插入日期和时间的位置处。

（2）执行"插入"→"文本"→"日期和时间"命令，打开"日期和时间"对话框，如图 3-15（a）所示。

（3）在"语言"下拉列表中选定语言，比如"中文（中国）"，在"可用格式"列表框中列出各种中文格式的日期形式，选定所需的格式。如果选中"自动更新"复选框，则所插入的日期和时间会自动更新，否则保持插入时的日期和时间。

（4）单击"确定"按钮，即可在插入点处插入当前的日期和时间。

6．插入脚注和尾注

在编写文章时，有时需要对文章中的内容、名词或事件加以注释，这时可以用 Word 提供的插入脚注和尾注的功能。脚注和尾注都是注释，唯一的区别是：脚注是位于每一页面的底端，而尾注是位于文档的结尾处。插入脚注和尾注的操作步骤如下：

（1）将插入点移到需要插入脚注和尾注的文字之后。

（2）单击"引用"，在"脚注"组中单击右下角 按钮，打开如图 3-15（b）所示的"脚注和尾注"对话框。

（a）　　　　　　　　　　　　　（b）

图 3-15　插入日期和时间、插入"脚注和尾注"对话框

（3）在对话框中选定"脚注"或"尾注"单选项，设定注释的编号格式、自定义标记、起始编号和编号方式等。

如果要删除脚注或尾注，只需在文中选定脚注或尾注后面的编号，然后按 Delete 键。

7. 插入另一个文档

利用 Word 插入文件的功能，可以将几个文档连接成一个文档。具体步骤如下：

（1）将插入点移至要插入另一文档的位置。

（2）执行"插入"→"文本"→"对象"（右边▼）→"文件中的文字"命令，打开"插入文件"对话框。

（3）在"插入文件"对话框中选定所要插入的文档。

8. 插入数学公式

在 Word 文档中可以插入数学公式，方法如下：

（1）Word 2010 内置了一些数学公式。单击"插入"，在"符号"分组中单击"公式"，从打开的下拉面板中选择所需公式。

（2）当没有需要的公式时，选择面板底部的"插入新公式"命令，此时 Word 将自动切换到"公式工具－设计"选项卡，如图 3-16 所示。使用其中的相关命令编辑公式即可。

图 3-16　"公式工具－设计"选项卡

（3）也可单击"插入"→"文本"→"对象"→"Microsoft 公式 3.0"命令，弹出"公式"工具栏，如图 3-17 所示，可用其编辑数学公式。

图 3-17　"公式"工具栏

3.3.2　选定文本

编辑文本时常常需要先选定文本，比如要复制、移动或删除文本的某一部分，或者为某一部分文本设置格式时，都必须先选定这部分文本。可以用鼠标或键盘来实现选定文本的操作。

在文档中，鼠标指针显示为"Ⅰ"状的区域是文档的编辑区；当鼠标指针移到文档编辑区左侧的空白区时，将变成向右上方指的箭头，这个空白区称为文档选定区，文档选定区可以用于快速选定文本。

（1）用鼠标选定文本。

用鼠标选取文本的常用方法如表 3-2 所示。

表 3-2　鼠标选取文本的常用方法

选取对象	操作方法
任意大小的文本区域	从要选定文本区的开始处拖动鼠标至结束处
字或词	双击该字或单词
一行文本	单击该行左侧的选定区
多行文本	在文本左侧的选定区中拖动
大块文本区域	单击文本块起始处，按住 Shift 键再单击文本块的结束处
句子	按住 Ctrl 键，并单击句子中的任意位置
一个段落	双击段落左侧的选定区或在段落中任意行处连击三下
多个段落	在选定区拖动鼠标
整个文档	三次单击选定区
矩形文本区域	按住 Alt 键，再用鼠标拖动

（2）用键盘选定文档。

当用键盘选定文本时，注意应首先将插入点移到所选文本区的开始处，然后再按如表 3-3 所示的组合键。

表 3-3　用键盘选定文本

组合键	功能
Shift + →	选定当前光标右边的一个字符或汉字
Shift + ←	选定当前光标左边的一个字符或汉字
Shift + ↑	选定到上一行同一位置之间的所有字符或汉字
Shift + ↓	选定到下一行同一位置之间的所有字符或汉字
Ctrl + Shift + Home	选定从当前光标到文档首的所有文本
Ctrl + Shift + End	选定从当前光标到文档尾的所有文本
Ctrl + A	选定整个文档

3.3.3　插入与删除文本

1．插入文本

若需在文本的某一位置中插入新的文本，在 Word 默认的插入方式下，只要将插入点移到需要插入文本的位置，输入新文本就可以了。插入时，插入点右边的字符和文字随着新的文字的输入逐一向右移动。但若是在改写方式下，则插入点右边的字符或文字将被新输入的字符或文字所替代。

2. 删除文本

删除文本的方法是：

（1）按退格键（Backspace），删掉光标前的字符，按一下删掉一个字符或汉字。

（2）按删除键（Delete），删掉光标后的字符，按一下删掉一个字符或汉字。

（3）选定所要删除的内容，按 Delete 删除键或退格键。特别是删除几行或较多、大块的文本时，用这种方法更为方便。

（4）选定之后，单击"剪切"按钮，或者选定之后按回车键或任意键，也可以实现删除的目的，但这是非正规的删除，而且会产生别的后果。

如果删除之后想恢复所删除的文本，那么只要单击快速访问工具栏的"撤消"按钮 ↻即可。

3.3.4 复制和移动文本

在进行文档的输入和编辑时，常常需要重复输入一些前面已经输入过的文本，或需要将某些文本从一个位置移到另一个位置，以调整文档的结构，这时，使用复制和移动操作可以减少键入错误，提高效率。

1. 常规方法

复制和移动都需要先选定，在选定需要复制或移动的内容之后，可按表 3-4 中的方法进行复制或移动。

表 3-4　复制和移动文本的方法

操作方式	复制	移动
选项卡	（1）切换到"开始"选项卡，在"剪贴板"选项组中单击"复制"按钮 （2）在目标位置单击，然后单击"粘贴"按钮	将"复制"操作步骤中的第（1）步改为单击"剪切"按钮
快捷键	（1）按 Ctrl+C 组合键 （2）在目标位置按 Ctrl+V 组合键	将"复制"操作步骤中的第（1）步改为按 Ctrl+X 组合键
鼠标	（1）如果要在短距离内复制文本，按住 Ctrl 键，然后拖动选择的文本块 （2）到达目标位置后，先释放鼠标左键，再放开 Ctrl 键	在"复制"操作步骤中不按 Ctrl 键

2. 使用"剪贴板"选择粘贴对象

在 Word 中执行了"复制"或"剪切"命令（或按 Ctrl+C、Ctrl+X 组合键）后，即将选中的内容放入 Office 剪贴板。Office 2010 的剪贴板上最多可放置 24 个历史对象。需要时可以打开剪贴板直接粘贴。方法如下：

（1）单击"开始"选项卡，在"剪贴板"组中单击"对话框启动器"按钮，打开"剪贴板"任务窗格，如图 3-18 所示。

（2）光标定位到要粘贴文本的位置，然后在任务窗格的列表中单击选择粘贴的内容图标即可。

图 3-18　"剪贴板"任务窗格

3.3.5　查找与替换

如果想要知道某个字、词或句子是否出现在文档中以及出现的位置，可用 Word 的"查找"功能进行查找。当发现某个字或词全部输错了，可通过 Word 的"替换"功能进行替换，以免逐一进行修改，特别是在编辑长文档时，可达到事半功倍的效果。

1. 查找文本

（1）通过"导航"窗格查找文本。

Word 2010 提供了"导航窗格"，可以查看文档结构，也可以对文档中的某些文本内容进行搜索，搜索到所需的内容后，程序会自动将其突出显示，操作步骤如下：

1）将光标定位到文档的起始处，切换到"视图"选项卡，选中"显示"选项组内的"导航窗格"复选框，或切换到"开始"选项卡，在"编辑"选项组中单击"查找"按钮，或按 Ctrl+F 组合键，都可打开"导航"窗格。

2）在窗格上方的文本搜索框中输入要搜索的文本内容。

3）将搜索的内容输入完毕后，Word 会自动在右侧的文本编辑区中列出包含查找文字的段落，同时会自动将搜索到的内容用彩色衬托突出显示，如图 3-19 所示。

图 3-19　使用"导航"窗格搜索文本

在"导航"窗格中，若单击搜索框右侧的下三角按钮，在弹出的下拉菜单中单击"选项"命令，可在弹出的"'查找'选项"对话框中为英文对象设置查找条件，如区分大小写、全字匹配等。

（2）使用"查找和替换"对话框查找文本。

通过"查找和替换"对话框的查找功能不仅可以查找文档中的某一指定的文本，而且还可以查找特殊符号（如段落标记、制表符等）。

在当前文档中查找文本的操作步骤如下：

1）单击"开始"选项卡，在"编辑"组中单击"替换"，或单击"查找"按钮右侧的下三角按钮，从下拉菜单中选择"高级查找"命令，也可单击导航窗格搜索框右侧下三角按钮，在弹出的下拉菜单中单击"高级查找"或"替换"命令，都可打开"查找和替换"对话框，如图 3-20 所示。

图 3-20　"查找和替换"对话框的"查找"选项卡

2）在"查找"选项卡的"查找内容"输入框中输入要查找的文本。如果之前已经进行过查找操作，也可以从"查找内容"下拉列表框中选择。

3）单击"查找下一处"按钮开始查找，找到的文本突出显示；若查找的文本不存在，将弹出含有提示文字"Word 已完成对文档的搜索，未找到搜索项"的对话框。

4）如果要继续查找，再次单击"查找下一处"按钮；若单击"取消"按钮，对话框关闭，同时，插入点停留在当前查找到的文本处。

2. 替换文本

前述的"查找"功能不仅是一种比"定位"更精确的定位方式，而且还可以和"替换"密切配合，全面、快速地对文档中出现的错词进行更正，极大地提高用户的编辑速度。例如将文档中的"计算机"替换成"电脑"，执行替换操作的步骤如下：

（1）单击"开始"→"编辑"→"替换"命令，或按 Ctrl+H 组合键，打开"查找和替换"对话框，这时默认打开"替换"选项卡，如图 3-21 所示。

图 3-21　"查找和替换"对话框的"替换"选项卡

（2）在"查找内容"输入框中输入被替换的文本，此处键入"计算机"。

（3）在"替换为"输入框中输入替换文本，此处键入"电脑"。

（4）然后根据情况单击下列按钮之一：

1）"替换"按钮：替换找到的文本，继续查找下一处并定位。

2）"全部替换"按钮：Word 会自动替换所有找到的文本，即将文档中的"计算机"替换为"电脑"，不需要任何对话。

3）"查找下一处"按钮：不替换找到的文本，继续查找下一处并定位。

3．高级查找与替换

Word 除了上述常规的查找与替换功能外，还可以通过单击"查找和替换"对话框中的"更多"按钮，展开该对话框，为查找对象设置查找条件，从而实现高级查找与替换功能。下面介绍常用的高级查找与替换操作方法。

（1）使用通配符查找与替换。

在查找文本时，有时只限制部分内容，而其他不限制的内容就可以使用通配符代替。常用的通配符有"*"和"？"，其中"*"表示多个任意字符，而"？"表示一个任意字符。例如：将文中所有的"电表公司"、"电信公司"、"电气化公司"、"电磁有限公司"等词组全部替换为"电力公司"。操作步骤如下：

1）打开"查找和替换"对话框，单击"更多"按钮，在"搜索选项"区域中勾选"使用通配符"复选框，如图 3-22 所示。

图 3-22　"查找与替换"对话框，使用通配符查找

2）在"查找内容"输入框中输入"电*公司"。

3）在"替换为"输入框中输入"电力公司"。

4）单击"全部替换"按钮。

（2）查找和替换带有格式的文本。

Word 还可以进行格式的查找和替换。比如，将"人民"全部替换为格式为"黑体"、"四号"、"倾斜"的"民众"。操作步骤如下：

1）打开"查找和替换"对话框中，单击"更多"按钮，然后在"查找内容"输入框中输入"人民"。

2）在"替换为"输入框中输入"民众"。

3）将光标置于"替换为"输入框中或者选定"替换为"输入框中的"民众"（非常重要！），单击图 3-22 中左下角的"格式"按钮，弹出如图 3-23（a）所示的下拉菜单，单击其中的"字体"，打开"字体"对话框，在该对话框中将其设为"黑体"、"四号"、"倾斜"，确定后返回"查找和替换"对话框。

4）单击"全部替换"按钮。

（3）查找与替换特殊字符。

在编辑文档的过程中有时需要查找或替换一些特殊字符和标点符号，如制表符、分节符、段落标记等。例如从网上下载的文章，段后常有"↓"状的"手动换行符"，在文中有时会干扰排版命令的执行，应将其全部替换为"段落标记"。操作步骤如下：

1）打开"查找和替换"对话框中，单击"更多"按钮。

2）将光标定位在"查找内容"输入框中，然后单击图 3-22 中的"特殊格式"按钮，打开特殊字符列表，如图 3-23（b）所示。在特殊字符列表中选择"手动换行符"选项，此时"查找内容"输入框中自动产生"^l"字样。

（a）　　　　　　　　　　　　（b）

图 3-23　"格式"和"特殊格式"下拉列表

3）将光标定位于"替换为"输入框，单击"特殊格式"按钮，在特殊字符列表中选择"段落标记"，此时"替换为"输入框中自动产生"^P"字样。

4）单击"全部替换"按钮。

3.3.6　撤消与恢复

1．撤消操作

在编辑文档的过程中，当出现一些误操作时，例如误删了一段文本，替换了不该替换的内容等，都可利用 Word 提供的"撤消"功能来执行撤消操作，其方法有以下几种：

（1）单击快速访问工具栏上的"撤消"按钮，可撤消上一步操作，继续单击该按钮，可撤消多步操作，直到满意为止或直到不能撤消为止。

（2）单击"撤消"按钮右侧的下三角按钮，在弹出的下拉列表中可选择撤消到某一指定的操作。

（3）按下 Ctrl+Z（或 Alt+Backspace）组合键，可撤消上一步操作，继续按下该组合键可继续撤消操作。

2．恢复操作

撤消某一操作后，可通过"恢复"功能取消之前的撤消操作。单击快速访问工具栏上的"恢复"按钮，可恢复被撤消的上一步操作，继续单击该按钮，可恢复被撤消的多步操作。

3. 重复操作

在没有进行任何撤消操作的情况下,"恢复"按钮处会显示为"重复"按钮 ↻,单击该按钮可重复上一步操作。例如,输入"计算机"一词后,单击"重复"按钮可重复输入该词。再如,对某文本设置字号后,再选中其他文本,单击"重复"按钮,可对所选文本设置同样的字号。另外也可按下 Ctrl+Y 组合键,或者按下 F4 键,即可快速重复上一步操作。

3.3.7　多窗口编辑技术

有时需要在文档的不同部分进行操作,比如一边看前面的内容同时修改后面的内容,或者几个部分都要改动又要相互参考,这时可用 Word 2010 的多窗口编辑同一文件。

1. 新建窗口

在文档编辑过程中新建窗口的操作步骤如下:

(1)单击"视图"选项卡"窗口"组中的"新建窗口"按钮。

(2)单击"新建窗口"后,Word 默认把当前窗口的文档内容复制到新窗口中,并将新窗口设置为当前窗口。假定文件名叫 ABC,Word 会用"ABC:1、ABC:2、ABC:3……"的编号来区别新建的窗口,新的标题名会显示在 Word 文档的标题栏中。

(3)可将多个窗口进行排列,使 ABC:1、ABC:2、ABC:3……每个文档对应一个窗口,可以将每个对应的窗口都显示在屏幕上,这样可以一边参看前面的某些部分,一边进行后面的编辑。多窗口排列整齐的操作方法是:单击"视图"→"窗口"→"全部重排"命令,即可以将所有文档窗口排列在屏幕上。若只有两个窗口,用"并排查看"的方式更好。

(4)用户可以在其中的任何一个文档窗口中对文档进行编辑操作,所作的修改会同时反映到其他的文档窗口中。各文档窗口间的内容可以进行剪切、粘贴、复制等操作。

(5)编辑操作完成后,关闭多余窗口,最后剩下的一个窗口文档标题名就会恢复为原来的文件名,同时保存所有窗口中的修改内容。

2. 窗口的拆分

Word 的文档窗口可以拆分为两个子窗口,利用窗口拆分可以将一个大文档不同位置的两部分分别显示在两个子窗口中,方便编辑文档。拆分窗口有下列两种方法:

(1)使用"视图"选项卡"窗口"组中的"拆分"按钮。

单击"视图"选项卡"窗口"组中的"拆分"按钮,鼠标指针变成上下箭头形状且与屏幕上同时出现的一条灰色水平线相关联,移动鼠标指针到要拆分的位置,单击即可将当前文档从此处拆分为两个子窗口。此后,如果还想调整窗口大小,那么只要把鼠标指针移到此水平线上,当鼠标指针变成上下箭头时,拖动鼠标可以随时调整窗口的大小。

如果要把拆分后的窗口合并为一个窗口,可执行"视图"→"窗口"→"取消拆分"命令,也可以移动鼠标指针到两个子窗口相邻的边界上,待鼠标指针变为双箭头形状时双击即可。

(2)拖动垂直滚动条上端的小横条拆分窗口。

鼠标指针指向垂直滚动条上面的窗口拆分条,当鼠标指针变成上下箭头形状时,向下拖动鼠标可将一个窗口拆分为两个。

插入点(光标)所在的窗口称为工作窗口。将鼠标指针移到非工作窗口的任意部位并单击,就可以将它切换成为工作窗口。在这两个窗口中都可以对文档进行各种编辑操作。

3.4　Word 2010 的排版技术

文档录入完毕，修改校对等编辑工作完成后，可以对文档进行格式化来修饰文档，使文档的层次分明，重点突出，方便阅读，也更加美观。对文档进行格式化通常也称为排版。这里主要介绍对文档的字符与段落格式化，以及对版面进行设置。

3.4.1　设置字符格式

字符格式的设置包括字体、字形、字号、字符间距、字符颜色以及一些特殊效果。Word 2010默认的字体格式为：汉字五号，宋体；西文五号，Times New Roman。

对字符格式的设置，在字符输入之前或之后都可以进行。输入前对其进行格式设置，其后输入的文本就具有前面设置的格式；对已键入的文字格式进行设置，要先选定，再对其进行各种设置。

设置字符格式在"开始"选项卡的"字体"组中进行。"字体"组如图 3-24 所示。

图 3-24　"开始"选项卡的"字体"组

1. 设置字体、字形、字号和字符颜色

（1）设置字体。

方法 1：选定文本，单击"字体"分组中的"字体"下拉按钮，打开字体列表（如图 3-25所示），选中所需字体即可。

图 3-25　字体下拉列表（部分）

方法 2：选定文本后，也可单击"字体"组右下角的"打开对话框"按钮，打开如图 3-26所示的对话框，在其中也可以设置字体。若文中既有中文又有英文，且中英文都需各自设置字体，则必须在"字体"对话框中进行设置。

图 3-26　"字体"对话框（部分）

（2）设置字形。

对于选定的文字，单击"字体"组中的"加粗"、"倾斜"按钮即可实现对字符加粗、倾斜。在"字体"对话框的"字体"选项卡中有"字形"选项，其中有更多关于字形的选择，如图 3-26 所示。

（3）设置字号。

选定文本，单击"字体"组中的"字号"下拉按钮，打开字号列表，如图 3-27 所示，单击所需字号即可。字号列表中字号的单位有字号和磅两种，一种如"五号"等中文形式的字号，号数越大，实际字越小；还有一种用阿拉伯数字形式表示的字号，即磅值，数字越大则实际字越大。图 3-27 下方的数字即是磅值。

（4）设置字符颜色。

设置字符颜色也需要先选定文本，然后单击"字体颜色"按钮，在"字体颜色"面板中进行设置，如图 3-28 所示。

图 3-27　"字号"下拉列表（部分）

图 3-28　"字体颜色"面板

2. 给文本添加下划线、着重号、边框和底纹

（1）给文本添加下划线。

选定文本后，单击"字体"组中的"下划线"按钮，即可给选定文本添加下划线。若需不同种类和不同颜色的下划线，需要单击旁边的下三角按钮 ▼，打开下划线面板，选择下划线类型和颜色。或者打开"字体"对话框，在其中的"字体"选项卡里，有"下划线线型"和"下划线颜色"选项，其中有关于下划线的更多选择。

（2）给文本添加着重号。

选定文本，打开"字体"对话框，在"字体"选项卡中单击着重号选项，可为选定文本加上着重号。

（3）给文本添加边框和底纹。

在文档中，有时为了让某些文本更加醒目地显示，可以为其添加底纹和边框。步骤如下：

1）选定要加边框和底纹的文本。

2）单击"页面布局"，在"页面背景"组（如图 3-29 所示）中单击"页面边框"按钮，打开"边框和底纹"对话框，如图 3-30 所示。

图 3-29　"页面布局"选项卡的"页面设置"与"页面背景"组

图 3-30　"边框和底纹"对话框

3）在"边框"选项卡的"设置"组中选定边框类型，"样式"组中选定边框线型、颜色和宽度，在"应用于"下拉列表框中选择"文字"选项。在"预览"区域查看结果，最后单击"确定"按钮即可为选定文字添加边框。

4）单击"底纹"选项卡，在"填充"下拉面板（如图 3-31 所示）中可选择底纹的颜色；"图案"下拉面板（如图 3-32 所示）中可以选择"样式"和样式的颜色。同样地，在"应用于"下拉列表框中选择"文字"选项。在"预览"区域查看效果，最后单击"确定"按钮即可为选定文字添加底纹。图 3-33 为两段文字加上"文字"底纹的效果。

图 3-31　"填充"下拉面板

图 3-32　"图案"中"样式下拉面板

为文字设置底纹。
单击"底纹"选项卡，在"填充"下拉面板中可以选择底纹的颜色，"图案"下拉面板中可以选择"样式"和样式的颜色。同样地，在"应用于"下拉列表框中选择"文字"，在"预览"框中查看结果，确认后单击"确定"按钮即可为选定文字加底纹。

图 3-33　两段文字加上"文字"底纹效果

5）若要取消边框或底纹，需选中要取消设置的文本，将图 3-30 中的"设置"选中"无"（取消边框），或者将图 3-31 的"填充"下拉面板中选择"无颜色"（取消底纹），再将图 3-30 中的"应用于"选择为"文字"，即可取消边框或底纹。

3．改变字符间距

有时需要改变字符间距，在"字体"对话框的"高级"选项卡中进行，如图 3-34 所示。

图 3-34　"字体"对话框的"高级"选项卡（部分）

选中需要设置格式的文本，打开"字体"对话框的"高级"选项卡，在"字符间距"选项组中的"缩放"功能可以设置字符在水平方向的缩放；"间距"功能可以增加或减小字符之间的距离；"位置"功能可以升高或降低选定文字与正常文本高度。

4．设置上标、下标

有时，文本中还需要设置上标或下标。例如 H^2、H_2。方法是：先输入 H2，然后选定 H 后的 2，单击"开始"，打开"字体"对话框，在"字体"选项卡中勾选"上标"或"下标"即可。Word 中常用字符格式设置效果如图 3-35 所示。

图 3-35　字体、字号、字形和效果示例图

5．格式的复制和清除

（1）格式刷。

格式刷是实现快速格式化的重要工具。格式刷可以将字符和段落的格式复制到其他文本

上。使用方法如下：

1）选定已格式化好的文本块。

2）在"开始"选项卡的"剪贴板"组中，单击"格式刷"按钮 ✔格式刷 。鼠标指针变成一个带"I"字形的刷子 。

3）按住鼠标左键刷过要格式化的文本，所刷过的文本就被格式化成刚才选定的文本格式，同时鼠标指针恢复常规形状。也可用鼠标在文档选定区操作。

4）多次使用格式刷。

双击"格式刷"工具按钮，即可以反复在多处使用。若要停止使用格式刷功能，只要再次单击"剪贴板"组中的"格式刷"按钮即可。

（2）格式的清除。

1）应用"格式刷"，同样可以将不满意的格式清除为默认格式。选定 Word 默认格式的文本，将其格式用"格式刷"的形式复制到要清除格式的文本上，即可清除格式。用这种方法可以清除字符和段落格式，但不能清除页面格式。

2）选定文本后，按 Ctrl+Shift+Z 组合键，可以清除字符格式。

6．字符格式化常用快捷键

字符格式化常用快捷键如表 3-5 所示。

表 3-5　字符格式化常用快捷键

快捷键	作用
Ctrl+B	使字符变为粗体
Ctrl+I	使字符变为斜体
Ctrl+U	为字符添加下划线
Ctrl+Shift+>	增大字号
Ctrl+Shift+<	减小字号
Ctrl+]	逐磅增大字号
Ctrl+[	逐磅减小字号
Ctrl+=（等号）	应用下标格式（自动间距）
Ctrl+Shift++（加号）	应用上标格式（自动间距）
Ctrl+Shift+C	复制格式
Ctrl+Shift+V	粘贴格式

3.4.2　设置段落格式

段落格式主要包括段落的对齐方式、段落的缩进（左右缩进、首行缩进）、行距与段落间距、段落的修饰、段落首字下沉等处理。对一个段落的格式进行设置时，不用选定整个段落，只需要将光标置于该段落内即可；但如果同时对多个段落设置，在设置之前必须要先选定需要设置的段落。下面的操作均以多个段落进行描述。

1．设置段落对齐方式

在 Word 2010 文档窗口中设置段落对齐方式，先选中需要设置对齐方式的段落，然后用如下方式进行设置：

（1）在"开始"选项卡的"段落"组（如图 3-36 所示）中设置。

图 3-36　"开始"选项卡的"段落"组

选定文本，在"开始"选项卡的"段落"组中，分别单击"左对齐"、"居中对齐"、"右对齐"等按钮，可以设置各种对齐方式。

（2）在"段落对话框"中设置。

选定文本，在"段落"组中单击"段落对话框"按钮，在打开的"段落"对话框中单击"对齐方式"下拉按钮（如图 3-37 所示），在下拉列表中选择所需对齐方式，然后单击"确定"按钮。

图 3-37　"段落"对话框中设置对齐方式

2. 设置段落缩进

段落缩进，就是文档正文内容与页边距之间的距离。有左缩进、右缩进、首行缩进、悬挂缩进等方式。以设置首行缩进为例，操作方法如下：

（1）在"段落"对话框中设置。

1）选定需要设置段落缩进的文本段落。

2）在"开始"选项卡的"段落"组中单击"打开段落对话框"按钮，打开"段落"对话框。

3）选择"缩进和间距"选项卡。

4）在"缩进"选项组中单击"特殊格式"下三角按钮，在下拉列表中选择"首行缩进"选项，并设置缩进值（通常情况下设置缩进值为 2 字符）。

5）单击"确定"按钮。

在"段落"对话框的"缩进和间距"选项卡的"缩进"选项组中还可设置左缩进、右缩进。

（2）在"水平标尺"上设置。

1）选定需要设置段落缩进的文本段落。

2）单击"视图"选项卡，在"显示"组中选中"标尺"复选框，文档窗口中会显示水平标尺和垂直标尺。水平标尺上的按钮如图3-38所示。

悬挂缩进　左缩进　首行缩进　　　　　　　　　　　　　右缩进

图3-38　水平标尺中的缩进按钮

3）指向"首行缩进"按钮按住鼠标左键拖动，即可改变首行缩进。

指向其他缩进按钮，按住鼠标左键拖动，可以设置其他方式的缩进。

3．设置行距与段落间距

（1）设置行距。

行距就是指文档中行与行之间的距离。在 Word 2010 文档中可按如下方法设置行距：

方法1：在"段落"对话框中设置。

1）选中需要设置行间距的文本。

2）在"开始"选项卡的"段落"组中单击"打开段落对话框"按钮，打开"段落"对话框。

3）选中"缩进和间距"选项卡。

4）单击"行距"下三角按钮。在"行距"下拉列表中包含6种行距类型，其含义如表3-6所示。

表3-6　各种行距及其含义

"行距"下拉列表	行距种类	含义
	单倍行距	行与行之间的距离为标准的1行；默认的行距即为单倍行距
	1.5 倍行距	行与行之间的距离为标准行距的 1.5 倍
	2 倍行距	行与行之间的距离为标准行距的 2 倍
	最小值	行与行之间使用大于或等于单倍行距的最小行距值，如果用户指定的最小值小于单倍行距，则使用单倍行距，如果用户指定的最小值大于单倍行距，则使用指定的最小值
	固定值	行与行之间的距离使用用户指定的值，需要注意该值不能小于字体的高度
	多倍行距	行与行之间的距离使用用户指定的单倍行距的倍数值

5）在"行距"下拉列表中选择合适的行距，并单击"确定"按钮。

方法 2：通过"行和段落间距"按钮进行设置。

选定需要设置行间距的文本，在"开始"选项卡的"段落"组中单击"行和段落间距"按钮，弹出下拉列表，如图 3-39 所示。单击列表中的数字，即表示选择相应的行距，单击"行距选项"也会弹出"段落"对话框。

（2）设置段落间距。

段落间距是指段落与段落之间的距离，在 Word 2010 中，用户可以通过多种渠道设置段落间距。常用的方法有：

方法 1：通过"行和段落间距"按钮进行设置。

在上述打开的"行和段落间距"列表（如图 3-39）中单击"增加段前间距"和"增加段后间距"命令，可以改变段落间距。

方法 2：在"段落"对话框中设置。

选定需要设置段落间距的段落，打开"段落"对话框，在"缩进和间距"选项卡中输入"段前"和"段后"的数值，可以设置段落间距。

方法 3：在"页面布局"选项卡的"段落"组中设置。

选定需要设置段落间距的段落，切换到"页面布局"选项卡，在"段落"组中调整"段前"和"段后"间距的数值，可以设置段落间距，如图 3-40 所示，在此还可以设置左右缩进。

图 3-39　"行和段落间距"下拉列表

图 3-40　"页面布局"选项卡中的"段落"组

4．边框和底纹

在 Word 中除了可以对文字设置边框和底纹以外，对文档中的段落也可以添加边框和底纹，从而使相关段落产生特殊效果。段落边框和底纹的设置有如下方式：

（1）在"开始"选项卡的"段落"组中进行。

1）选定需要设置边框或底纹的段落。

2）单击"开始"选项卡，在"段落"组中单击"边框"按钮旁的下三角按钮，在弹出的下拉列表中选择合适的边框，单击即可设置边框；单击"底纹"按钮旁的下三角按钮，在弹出的底纹颜色面板中选择合适的颜色即可设置底纹。

（2）在"边框和底纹"对话框中设置。

上述边框列表底部有"边框和底纹"命令，单击之会打开"边框和底纹"对话框；或者单击"页面布局"选项卡，在其"页面背景"组中，单击"页面边框"按钮，也会打开"边框和底纹"对话框。在此对话框中设置边框和底纹的方法类似于为文字设置此种修饰，只需在"应用于"下拉列表框中选择"段落"选项即可。设置"段落"底纹效果如图 3-41 所示。

为段落设置底纹
在"开始"选项卡的"段落"组中单击"边框"按钮旁的下三角按钮，在展开的下拉列表中选择合适的边框，单击即可设置边框；单击"底纹"按钮旁的下三角按钮，在展开的底纹颜色面板中选择合适的颜色即可设置底纹。

图 3-41　为两段文字加上"段落"底纹

5. 设置段落首字下沉

段落的首字下沉，可以使段落第一个字放大数倍，以增强文章的可读性。设置段落首字下沉的步骤如下：

（1）将光标定位到需要设置首字下沉的段落中。

（2）切换到"插入"选项卡，在"文本"分组中单击"首字下沉"按钮，在打开的首字下沉下拉菜单中单击"下沉"或"悬挂"选项设置首字下沉或首字悬挂效果，如图 3-42 所示。

（3）如果需要设置下沉文字的字体或下沉行数等选项，可以在下沉菜单中单击"首字下沉选项"，打开"首字下沉"对话框，如图 3-43 所示。选中"下沉"或"悬挂"选项，并对"字体"和"下沉行数"等进行设置，完成后单击"确定"按钮即可。

（4）若需取消下沉，可将光标置于有首字下沉的段落，单击图 3-43 中的"无"，再单击"确定"按钮即可。

图 3-42　"首字下沉"下拉菜单

图 3-43　"首字下沉"对话框

6. 项目符号和编号

使用项目符号和编号，可以使文档有条理、层次清晰、可读性强。项目符号使用的是符号，而编号使用的是一组连续的数字或字母，均出现在段落前。

（1）使用项目符号和编号。

1）选定要添加项目符号或编号的段落。

2）单击"开始"，在"段落"分组中单击"项目符号"下三角按钮，在"项目符号"下拉列表中选中合适的项目符号，即可为所选段落添加项目符号；在"段落"分组中单击"编号"下拉三角按钮，在"编号"下拉列表中选中合适的编号，即可为所选段落添加编号。

3）添加了项目符号或编号的段落，当按下回车键时会自动产生下一个编号。如果连续按两次回车键将取消编号输入状态，恢复到 Word 常规输入状态。

（2）取消项目符号和编号。

Word 中的自动编号和项目符号有时让人很烦恼，它会打乱整个文档的布局，可以将这个功能关闭。依次单击"文件"→"选项"→"校对"→"自动更正选项"命令，打开"自动更正选项"对话框，单击"键入时自动套用格式"选项卡，取消选中"自动项目符号列表"和"自动编号列表"复选框，再单击"确定"按钮即可，如图 3-44 所示。

图 3-44　"自动更正"对话框中的"键入时自动套用格式"选项卡

7. 段落格式化常用快捷键

常用快捷键及其含义如表 3-7 所示。

表 3-7　段落格式化常用快捷键

组合键	功能
Ctrl+J	文本两端对齐
Ctrl+L	文本左对齐
Ctrl+R	使光标所在行的文本右对齐
Ctrl+E	使光标所在行的文本居中
Ctrl+1	将选中的文本行距设置为"单倍行距"
Ctrl+2	将选中的文本行距设置为"两倍行距"
Ctrl+5	将选中的文本行距设置为"1.5 倍行距"

3.4.3　版面设置

文档编辑、排版完成后（也可以在其他任何时候进行，比如排版前），还需对版面格式进行一些设置，主要包括：设置纸张大小、页边距，添加页眉、页脚、页码、分栏等版面格式设置，用以美化页面外观。文档的页面设置将直接影响文档的最后打印效果。

1. 页面设置

在新建文档时，系统对页面如纸型、页边距等使用默认的设置，用户可以根据需要修改这些设置。切换到"页面布局"选项卡，与页面设置有关的功能大多在"页面设置"组中，如图 3-45 所示。

图 3-45　"页面布局"对话框中的"页面设置"组

（1）定义纸张规格。

单击图 3-45 中的"纸张方向"，在其下拉面板中可以选择纸张横放或者竖放。

单击图 3-45 中的"纸张大小"在其下拉面板中可以选择纸张大小，也可以在面板底部单击"其他页面大小"，打开"页面设置"对话框（如图 3-46 所示），在其中的"纸张"选项卡中自定义纸张的高度和宽度。

图 3-46　"页面设置"对话框"页边距"选项卡

（2）设置页边距。

一般地，文档打印时的边界与所选页的外缘总是有一定距离的，称为页边距。页边距分上、下、左、右 4 种。设置合适的页边距，既可规范输出格式，合理使用纸张，便于阅读，便于装订，也可美化页面。

单击图 3-45 中的"页边距"按钮，在其下拉面板中可以选择各种内置页边距；也可以单击面板底部的"自定义边距"，打开"页面设置"对话框，如图 3-46 所示。在其中的"页边距"选项卡中有"页边距"选项组，可以在其中自定义上、下、左、右页边距的值。

2. 分栏

为了便于阅读，有时需要对文本进行分栏。步骤如下：

1）选定需要分栏的文本。

2）单击"页面布局"选项卡，找到"页面设置"分组。

3）单击"页面设置"组中的"分栏"按钮，在打开的分栏面板中选择分栏样式，如图 3-47 所示。

4）如果需要更多分栏及其选项，单击面板底部的"更多分栏"，打开"分栏"对话框，如图 3-48 所示，在其中可以设置分栏数、栏宽是否相等、栏间距、分隔线等更多项目。

图 3-47　"分栏"下拉面板

图 3-48　"分栏"对话框

3. 分页

Word 具有自动分页的功能，当文档满一页时系统会自动换到下一页，并在文档中插入一个软分页。除了自动分页以外，也可以人工分页，所插入的分页符为人工分页符或硬分页符。

插入硬分页，应先将光标移到需要分页的位置，然后通过以下方法实现：

1）单击"插入"选项卡，在"页"组中单击"分页"，如图 3-49 所示。

2）也可切换到"页面布局"选项卡，在"页面设置"组中单击"分隔符"，在其下拉面板中选择"分页符"即可，如图 3-50 所示。

图 3-49　"页"组　　　　　　　　　　图 3-50　"分隔符"下拉面板中的分页符

3）按 Ctrl+Enter 组合键完成分页。

4. 设置页眉页脚

有时，我们希望在每页的顶部或底部显示页码及一些其他信息，如文章标题、作者姓名、日期或某些标志。这些信息若在页的顶部，称为页眉，若在页的底部，称为页脚。

（1）插入页眉、页脚。

1）单击"插入"选项卡，在其中找到"页眉和页脚"组（在"插入"选项卡的中部）。

2）在"页眉和页脚"组中单击"页眉"，弹出的下拉面板如图 3-51 和图 3-52 所示。Word 2010 有许多内置页眉样式，可在面板中单击选定内置页眉样式。

图 3-51　"页眉"下拉面板及部分内置页眉样式　　　图 3-52　"页眉"下拉面板底部

3）此时光标自动定位于页眉"键入文字"处，如图 3-53 所示，可以在其中输入文字、插入图片、插入页码等。

图 3-53　页面虚线之上即为页眉

4）此时自动打开了"页眉和页脚工具－设计"选项卡，如图 3-54 所示。"导航"组中有页眉、页脚之间切换按钮，单击"转至页脚"按钮，光标即自动定位于页脚处，插入页脚的方法与之类似。在该选项卡中"页眉和页脚"组位于最左侧。

图 3-54 "页眉和页脚工具－设计"选项卡部分

5）单击"关闭"按钮或者双击页眉/页脚之外区域，或者按 Esc 键即可回到页眉/页脚设置状态。

（2）修改页眉/页脚。

双击文档中的页眉/页脚，即可进行修改。

（3）设置页眉/页脚格式。

输入页眉/页脚或双击页眉/页脚时，会自动打开"页眉和页脚工具－设计"选项卡，其中的"位置"分组中可以设置页眉或页脚顶端距离，"选项"组中可设置奇偶页不同等格式。对页眉、页脚内容格式的设置同于普通文本。选定页眉/页脚内容后，切换到"开始"选项卡，在其中的"字体"组和"段落"组中可以像普通文本一样设置所需要的格式。

（4）删除页眉和页脚。

要删除页眉/页脚，只需把光标移到页眉/页脚区，选定所有页眉/页脚文本，按 Del 键或选择"剪切"命令，即可删除页眉/页脚。

5．插入页码

为了便于阅读和整理文档，特别是一些长文档，需要在文档中插入页码。Word 2010 内置了许多美观的页码样式。插入页码的方法如下：

（1）切换至"插入"选项卡。

（2）单击"页眉和页脚"组中的"页码"按钮，在其下拉面板（如图 3-55 所示）中选择放置页码的位置，如"页面底端"，在"页面底端"的内置样式中单击选择一种合适的格式，即可为全文添加页码，同时自动打开了"页眉页脚工具－设计"选项卡。

（3）如果对选定的内置页码样式不太满意，此时可以单击"页眉和页脚"组中的"页码"按钮，在其下拉面板中单击"设置页码格式"，打开"页码格式"对话框（如图 3-56 所示），可以在这里对页码格式进行设置。比如单击"编号格式"右边的下三角按钮，在其下拉列表中选择喜欢的编号格式；单击"起始页码"单选按钮，可在其后的输入框中输入起始页码（默认为 1）。

图 3-55 "页码"下拉菜单

图 3-56 "页码格式"对话框

6. 水印

在 Word 2010 中可以方便地为文档添加水印作为文档的背景。操作方法如下：

（1）切换至"页面布局"选项卡，选择"页面背景"组中的"水印"按钮，在其下拉面板中单击"自定义水印"命令，打开"水印"对话框，如图 3-57 所示。

（2）选中"图片水印"单选按钮，然后单击"选择图片"按钮，可以选择需要作为水印的图片。

（3）选中"文字水印"单选按钮，单击"文字"栏后面的下三角按钮，可在其下拉列表中选择所需要的水印文字；也可以在"文字"输入框中直接输入想作为水印的文字，如"2014，永久保存"字样。

（4）在"字体"、"字号"、"颜色"和"版式"选项中还可以作进一步的设置。

（5）设置完成后，单击"确定"按钮返回编辑状态，即可看到设置的水印效果。图 3-58 为设置水印为文字"2014，永久保存"的效果。

图 3-57　"水印"对话框

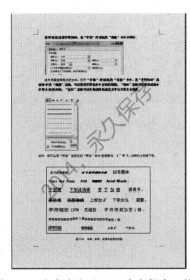

图 3-58　文字水印"2014 永久保存"效果

3.4.4　快速格式化文本

1. 应用样式

（1）样式的概念。

样式是 Word 2010 的强大功能之一，样式实际就是多个排版命令的集合。通过使用样式可以在文档中对字符、段落和版面等进行规范、快速的设置，可以极大地提高工作效率。当定义一个样式后，只要把这个样式应用到其他段落或字符，就可以使这些段落或字符具有相同的格式。尤其是，当排版完成后，如果发现某种样式不满意，只需修改样式本身，文档中应用该样式的文本就自动完成了更改。样式中的各级标题即大纲，在大纲视图中可见，在导航视图中大纲会显示在左窗格中。

（2）使用样式。

方法 1：使用快速样式。

为了简化应用样式的操作步骤，Word 2010 在"开始"选项卡的"样式"组（如图 3-59 所示）

中提供了"快速样式"库。用户可以从"快速样式"库中选择常用的样式，操作步骤如下：

图 3-59 "开始"选项卡的"样式"组

1）选中需要应用样式的段落或文本块。

2）在"开始"选项卡的"样式"组中单击"其他"按钮，打开"快速样式"面板，里面有 Word 2010 所有的快速样式。

3）在打开的"快速样式"面板中指向所需的快速样式，在 Word 文档正文中可以预览应用该样式后的效果，单击选定的快速样式即可应用该样式。

方法 2：从样式窗格中选择样式。

1）选中需要应用样式的段落或文本块。

2）在"开始"选项卡的"样式"组中单击"打开样式窗格"按钮，打开"样式"窗格。此时"样式"窗格的外观如图 3-60（a）所示，但窗格中的内容可能各不相同，默认只显示本文档中的样式。

（a）　　　　　　　　（b）

图 3-60 "样式"窗格（部分）及"样式窗格选项"对话框

3）单击"样式"窗格底部的"选项"，打开"样式窗格选项"对话框。在"选择要显示的样式"下拉列表中选择"所有样式"选项，如图 3-60（b）所示，此时，图 3-60（a）的样式窗格里会显示所有的样式而不仅仅是本文档中的样式。

4）从"样式"窗格中选择所需样式，选定的文本即可应用该样式。

（3）修改样式。

有时使用某种样式不符合我们的需要，比如，标题 3 是宋体三号字，我们需要的是仿宋小四，可以修改样式。在 Word 2010 中修改样式的步骤如下：

1）在"开始"选项卡的"样式"组中单击"打开样式窗格"按钮。

2）在打开的"样式"窗格中指向准备修改的样式，在其右边产生下三角按钮，单击该按钮，在打开的下拉菜单中选择"修改"命令，如图 3-61 所示，打开"修改样式"对话框，如图 3-62 所示。

图 3-61　在"标题 3"下拉菜单中选择修改　　　　图 3-62　"修改样式"对话框

3）在该对话框中的"格式"选项组中可以重新定义该样式的格式。

4）单击对话框左下角的"格式"按钮，打开其下拉列表（如图 3-63 所示），单击其中的"字体"可以打开"字体"对话框，单击其中的"段落"可以打开"段落"对话框，对该样式的字符格式和段落格式可以在相应的对话框中对更多选项进行调整。

（4）清除样式。

对于已经应用了样式或已经设置了格式的Word 2010文档，用户可以随时将其样式或格式清除。可以通过以下两种方法清除 Word 2010 文档中的格式或样式：

方法 1：选中需要清除样式的文本块或段落。单击"开始"，在"样式"组中单击"打开样式窗格"按钮，打开"样式"窗格。在样式列表中单击"全部清除"按钮即可清除所有样式和格式。

图 3-63　"格式"下拉列表

方法 2：选中需要清除样式或格式的文本块或段落。在"开始"选项卡单击"样式"组中的"其他"按钮，并在打开的快速样式列表中选择"清除格式"命令。

不管文本是否应用样式，用上面两种方法都可以清除文本中的样式与格式（包括字符格式和段落格式，但不能清除分栏、页面边框等页面格式），将字符与段落还原成默认格式。

2. 模板

Word 模板是指 Microsoft Word 中内置的包含固定的字符、段落格式设置以及页面版式设置的模板文件，用于帮助用户快速生成特定类型的 Word 文档。Word 2010 的通用型空白文档模板名是 Normal，扩展名是.DOTX，它的基本格式是：

（1）字体：中文为宋体，英文为 Times New Roman，字号：五号。

（2）段落两端对齐，首行缩进 2 字符，单倍行距。

（3）默认制表位为 2 字符。

（4）纸张大小为 A4，上下页边距为 2.54，左右页边距为 3.17。

除此之外，Word 2010 还内置了多种文档模板，如博客文章模板、书法模板等。另外，Office 网站还提供了证书、奖状、名片、简历等特定功能模板。借助这些模板，用户可以创建比较专业的 Word 2010 文档。

在 Word 2010 中使用模板创建文档的步骤如下：

（1）单击"文件"→"新建"按钮。

（2）在打开的"新建"面板中，选择"博客文章"、"书法字帖"等 Word 2010 自带的模板创建文档，也可以单击 Office 网站提供的"名片"、"日历"等在线模板。例如单击"样本模板"选项，打开样本模板列表。

（3）单击合适的模板（如"基本报表"）后，在"新建"面板右侧选中"文档"单选按钮，然后单击"创建"按钮。如图 3-64 所示，即根据"基本报表"模板创建了文档。

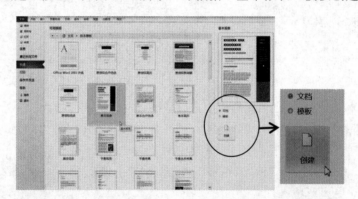

图 3-64　根据"样本模板"中的"基本报表"新建文档

所有的 Word 2010 文档都是基于模板建立的，除了使用 Word 2010 已安装的模板，还可以使用 Office 网站提供的模板，此外还可以根据自己的需要制作一些特定的模板，例如，建立自己的履历表模板，试卷、文件等模板。

3.5　Word 2010 的表格处理

表格是日常办公文档经常使用的形式，因为表格简洁明了，是一种最能说明问题的表达形式。例如，我们制作通讯录、课程表、报名表等就必须使用表格，这样既方便，又美观。Word 2010 中文版提供了强大的表格功能，用户可以非常轻松地建立和使用表格，制作出满足各种需求的复杂报表。

3.5.1　表格的建立

Word 2010 的表格由水平方向的"行"和垂直方向的"列"组成，行与列相交的方框称为单元格。在单元格中，用户可以输入文字、数字、符号以及图片等内容。

在文档中添加表格可以有两种方式：自动插入表格和手动绘制表格。

1. 插入表格

将光标置文本中需要插入表格的位置，单击"插入"选项卡，在"表格"组中单击"表格"按钮，打开表格面板，如图 3-65 所示。用以下方法都可在文档中插入表格：

（1）鼠标单击"表格区"。

当鼠标指针悬停于面板中表格区的某一位置，如图 3-65 所示，表格区上方会显示如"5×4"的字样，文本中插入点的下一行处即可见一个 5 列 4 行的表格，单击鼠标即可确定。

（2）"插入表格"对话框。

在表格面板中单击"插入表格"命令，打开"插入表格"对话框，如图 3-66 所示。在其中输入所需行列数，单击"确定"按钮即可。

图 3-65 "表格"面板，鼠标悬停于 5 列 4 行处　　　　图 3-66 "插入表格"对话框

（3）手动绘制。

在表格面板中单击"绘制表格"命令，这时鼠标指针变为一支笔，按住鼠标左键拖动可以用它在文档中绘制表格。表格绘制完成后按 Esc 键，或再次单击"插入"→"表格"→"绘制表格"命令，鼠标即恢复正常。用"绘制表格"命令可以独立绘制表格，也可与前两种方法结合进行，即用"插入表格"产生表格的基本框架，而用"绘制表格"修改局部结构。

（4）插入"快速表格"。

单击"表格"面板底部的"快速表格"命令，在打开的面板中有 Word 2010 提供的快速表格样式，选定一种样式，单击，即在光标处插入一个带有某些格式的表格（如图 3-67 所示），修改其中的文本即可。

2. 在表格中输入文本

表格中输入文本与文档中输入文本一样，把光标移到要输入文本的单元格，输入文本即可。如果输入的文本比当前单元格宽，文本会自动折行，增加该单元格所在行的高度，以保证始终把文本包含在单元格中。

在表格中操作时，经常要在表格中移动光标。表格中光标的移动有多种方法，可以使用鼠标在单元格中直接单击，也可以使用表 3-8 所示的快捷键在单元格间移动。

2005 年地方院校招生人数			
学院	新生	毕业生	更改
	本科生		
Cedar 大学	110	103	+7
Elm 学院	223	214	+9
	研究生		
Cedar 大学	24	20	+4
Oak 研究所	53	52	+1
总计	998	908	90
来源: 虚构数据, 仅作举例之用			

图 3-67　插入"带副标题 2"的快速表格

表 3-8　表格中光标移动的快捷键

快捷键	操作效果
↑	向上一行
↓	向下一行
Tab	（1）移至右边的单元格中 （2）从最右边的单元格移至下一行左边的第一个单元格 （3）选定光标所在单元格的内容
Shift+Tab	与 Tab 相反（除 3 外）
Alt+Home	移至当前行的第一个单元格
Alt+End	移至当前行的最后一个单元格
Alt+PageDown	移至当前列的最后一个单元格
Alt+PageUp	移至当前列的第一个单元格

3．编辑表格内容

在正文文档中使用的插入、修改、删除、剪切、复制和粘贴等编辑命令大多可直接用于表格中。

3.5.2　表格的编辑

建立了表格之后，经常会根据需要对表格进行适当的调整，如增加或删除行、列，表格的合并、拆分等。表格中的主要编辑操作如下：

1．表格中的选定

在对表格编辑前，先学习表格中的选定。

（1）选定一个单元格。

把鼠标指针移到该单元格的左侧，鼠标指针变成向右的黑色实心箭头，单击即可选定。

（2）选定一个单元格区域。

单击要选定的最左上角的单元格，按住鼠标左键拖动到要选择的最右下角的单元格。

（3）选定行。

1）把鼠标指针移到该行的左侧选定栏处，鼠标指针变成向右的空心箭头，单击即可选定一行。按住鼠标左键向下拖动，可以选定连续多行。

2）把鼠标指针移到该行某个单元格的左侧，鼠标指针变成向右的黑色实心箭头，双击即可选定该行。

（4）选定列。

把鼠标指针移到该列的上边缘，鼠标指针变成向下的黑色实心箭头 ↓ 时，单击鼠标即可选定一列，按住鼠标拖动，即可选定连续多列。

（5）选定不相邻的单元格、行、列、单元格区域。

先单击要选定的第一个单元格，然后按住 Ctrl 键，再单击别的单元格，可以选定不相邻的单元格。用类似方法也可以选定多个不相邻的行、列和单元格区域。

（6）选定整个表格。

1）鼠标指针移到表格左边的选定栏，按住左键从第一行拖到最后一行。

2）把鼠标指针移到第一列的上边缘，鼠标指针变成向下的黑色实心箭头 ↓ 时，按住左键一直拖到最后一列（包括表格右边的回车符）。

3）在表格左上角有带方框的十字箭头 ⊞ 标志，即表格全选标志，单击此标志即可。

4）将光标置于表格中，单击"表格工具－布局"选项卡，在其中的"表"组中单击"选择"按钮，在其下拉菜单中单击"选择表格"命令。

2. 插入行或列

（1）插入行。

在表格中插入行可以通过下列方式进行：

1）回车键：将光标置于某一行的后面（回车符处），按回车键，即可在该行的后面插入一个与之完全相同的空行。

2）Tab 键：将光标置于最后一行的最后一个单元格，按 Tab 键。

3）复制：选定一行或多行，执行"复制"命令，然后将光标置于某行的第一个单元格内，执行"粘贴"命令，可在该行前面插入刚才选定的行数，其中包含这些行所具有的格式和内容。

4）"表格工具"选项卡：将光标置于表格中，单击"表格工具－布局"选项卡，在其中的"行和列"组（如图 3-68 所示）中单击"在上方插入"或"在下方插入"按钮，即可在光标所在行的上方或下方插入一个空行；若选定多行再进行上述操作，即可一次插入多个空行。

图 3-68 "表格工具－布局"选项卡的"行和列"组与"合并"组

（2）插入列。

在表格中插入列可以通过下列方式进行：

1）复制：选定一列或多列，执行"复制"命令，然后将光标置于某列的第一个单元格内，执行"粘贴"命令，可在该列前面插入刚才选定的列数，其中包含表格中的内容。

2）"表格工具"选项卡：将光标置于表格中，单击"表格工具－布局" 选项卡，在其中的"行和列"组中单击"在左侧插入"或"在右侧插入"按钮，即可在光标所在列的左侧或右侧插入一个空列；若选定多列再进行上述操作，即可一次插入多个空列。

3．表格中的删除

（1）删除表格中的内容。

选定表格中的一部分或整个表格，按 Delete 键只能删除表格中选定部分的内容而不能删除选定部分的表格本身。

（2）删除选定部分的表格和内容。

1）选定行、列，或者整个表格后，按退格键（Backspace），可将所选定部分的表格及其内容删除。

2）选定行、列，或者整个表格后，单击"表格工具"中的"布局"，打开"表格工具－布局"选项卡，在其中的"行和列"分组中单击"删除"按钮，在其下拉菜单中进行选择，如图 3-69 所示。

图 3-69　"删除"下拉菜单

3）选定行、列，或者整个表格后，按 Ctrl+X 组合键，或单击"开始"选项卡"剪贴板"中的"剪切"按钮，可以通过剪切的方法实现将选定部分的表格及其内容删除，但同时将其放到了剪贴板上。

4．表格的合并与拆分

（1）合并单元格。

有时我们需要把相邻两个或多个单元格合并起来，可以先选定要合并的单元格，再单击"表格工具"中的"布局"，在其选项卡中的"合并"分组中单击"合并单元格"按钮即可将选定的单元格区域合并成一个单元格。

（2）拆分单元格。

有时需要把一个或多个单元格拆分成倍数于它的行或列，可以先选定要拆分的单元格，再单击"表格工具"选项卡中的"布局"，在其中的"合并"组中单击"拆分单元格"按钮，打开"拆分单元格"对话框，在其中输入需要拆分成的行、列数，单击"确定"按钮即可。

（3）拆分表格。

有时需要将一个表拆分成两个独立的表，这时需要用到拆分表格。将光标定位于要拆分为下一个表的第一行中，按 Ctrl+Shift+Enter 组合键，或者打开"表格工具－布局"选项卡，在其中的"合并"组中单击"拆分表格"按钮，即可实现表格的拆分。

3.5.3　设置表格的格式

表格中文本格式如字体、字号、颜色、行距等，同于普通正文格式的设置，不在此重复。以下仅对表格本身的格式设置进行描述。

1．调整列宽和行高

（1）在表格中直接拖动。

1）将鼠标指针移到该行的下线上，当鼠标指针变成上下箭头 ╪ 的形状时，按住鼠标左键上下拖动就可以调整该行行高。

2）将鼠标指针移到列线上，当鼠标指针变成左右箭头 ╫ 的形状时，按住鼠标左键左右拖动就可以调整列宽，如图 3-70 所示。

（2）在标尺上拖动。

将光标置于表格中，表格中的每一根纵向线在水平标尺上都有一个对应的滑块，同理，在垂直标尺上也有相应的标志,鼠标指针指向滑块按住左键拖动,可以改变对应的列宽或行高。如图 3-71 所示。

图 3-70　鼠标拖动调整列宽　　　　图 3-71　用鼠标拖动水平标尺上的滑块改变列宽

（3）在功能选项卡中调整列宽和行高。

1）先选定需要调整行高的行,单击"表格工具－布局"选项卡,在"单元格大小"组中的"高度"输入框中输入所需行高值,如图 3-72 所示,按回车键即可;或者单击"高度"输入框后的微调按钮,直到满意为止。用类似的方法,在"宽度"输入框中可以设置列宽。

图 3-72　"表格工具－布局"选项卡中的"单元格大小"组

2）有时需要几行等高或者几列等宽,也可以在选项卡中进行。选定多行,在图 3-72 所示的"单元格大小"组中单击"分布行"按钮,会将所选行平均分布行高;选定多列,单击"分布列"按钮,会将所选列平均分布列宽。

（4）在表格属性对话框中调整列宽和行高。

选定需要设置的行、列,或者整个表格,单击"表格工具－布局"选项卡,单击"单元格大小"组右下角的"打开表格属性对话框"按钮,打开"表格属性"对话框,如图 3-73 所示。在其中的"行"、"列"选项卡中,勾选"指定高度"和"指定宽度"复选框,可在后面的输入框中输入所需要的数值,对选定行、列的高度和宽度进行设置。

图 3-73　"表格属性"对话框

2. 表格的对齐方式

（1）表格在页面的对齐方式。

对整个表格相对于页面进行对齐设置，需要在表格的宽度比当前文本宽度小时，才能看出效果。操作时，首先选定整个表格（包含行后面的回车符，否则会是针对表中的文本在单元格中对齐），然后单击"开始"选项卡"段落"组中的各种对齐按钮，如图 3-74 所示，可设置表格在页面左对齐、居中、右对齐等对齐方式。图 3-75 为设置表格在页面居中的效果。

图 3-74　"段落"组中的"对齐"按钮　　　图 3-75　表格在页面居中效果

（2）表格内容的对齐方式。

设置表格内容在单元格对齐，可以针对一个单元格、一行、一列、一个区域、几个区域或整个表格进行。方法是先选定表格中需要设置对齐方式的区域，单击"表格工具"的"布局"选项卡，在其中的"对齐方式"组中有"水平居中"等九种对齐方式，如图 3-76 所示，可以设置表格中的文本在单元格中的对齐方式。

3. 给表格加边框和底纹

为了美化、突出表格，可以适当地给表格加边框和底纹。

（1）绘制表格边框。

步骤如下：

1）选定整个表格。

2）选定线条样式：单击"表格工具－设计"选项卡，在其中有"绘图边框"组，如图 3-77 所示，单击"笔样式"右边的下三角按钮，可在下拉列表中选择边框样式，如波浪线，如图 3-78 所示。

图 3-76　表格内容的九种对齐方式　　　图 3-77　"绘图边框"与部分"表格样式"组

3）选定线条粗细：单击图 3-77 中的"笔画粗细"右边的下三角按钮，在下拉列表中选择边框粗细，如 0.75 磅。

4）选定线条颜色：单击图 3-77 中的"笔颜色"右边的下三角按钮，在下拉面板中选定边框颜色，如红色。

5）选定画哪个部位的框线：在该选项卡"表格样式"组的最右边有"边框"按钮，如图 3-77 所示。单击"边框"按钮，打开下拉列表，如图 3-79 所示，在其中选择所要设置的边框种类，如"内部框线"。

图 3-78　"笔样式"下拉面板

图 3-79　"边框"下拉列表

完成以上步骤，可将表格的内部框线设成"波浪线，红色，0.75 磅"。第 5 步中若选"外侧框线"，则将表格的外框设成"波浪线，红色，0.75 磅"；第 5 步中选择"所有框线"，则整个表格线条都为"波浪线，红色，0.75 磅"。若选择"无框线"则是取消表格线。

如果只选定表格的一部分，那么上述的"外侧框线"、"内部框线"、"无框线"或其他选项就是相对于选定区域而言的。

选好线型、粗细、颜色之后，也可以单击图 3-77 中的"绘制表格"按钮，鼠标指针变成一支笔型，可以用"笔"画其中的一条线、一段线，或者所有表格线。

（2）添加底纹。

步骤如下：

1）选定需要添加底纹的区域。

2）单击"表格工具—设计"选项卡，在其中的"表格样式"组（如图 3-77 所示）中单击"底纹"旁边的下三角按钮，打开如图 3-80 所示的"底纹"下拉面板，可在其中选择设置底纹颜色。

（3）更加丰富的边框和底纹。

在图 3-79 中打开的下拉列表底部有"边框和底纹"命令，执行此命令可以打开"边框和底纹"对话框，在其中可以对边框和底纹进行更丰富的设置。

4. 设置表头格式

（1）斜线表头。

Word 2010 中如果需要斜线表头，可以使用以下方法：

图 3-80　"底纹"下拉面板及用底纹修饰表格后的效果

1）单击图 3-77 中的"绘制表格"按钮，然后用笔绘制一条斜线。

2）执行"边框"下拉列表中的"斜下框线"命令。

用上述两种方法都只能向一个单元格添加一条斜线，并且可以用普通方法向该单元格内添加表头文字。

3）应用"形状"面板中的斜线。用这种方法可以在一个单元格内添加 2 条以上的斜线，表头文字可用文本框或自绘图形添加，而不能用普通的文本输入方式。

（2）标题行重复。

如果表格很长，跨页，甚至好几页，而表头却只有一个，有时希望每页都有这样一个表头。操作方法如下：

1）将光标置于标题行中，或者选定所需要重复的行（可以是多行）。

2）打开"表格工具－布局"选项卡。

3）单击如图 3-81 所示的"数据"组中的"重复标题行"按钮。

上述操作也可以在"表格属性"对话框的"行"选项卡中进行，选中"在各页顶端以标题行形式重复出现"复选框即可，如图 3-82 所示。

图 3-81　"表格工具－布局"选项卡中的"数据"组

图 3-82　勾选该复选框使标题行重复

在浏览和打印设置了标题行重复的表格时，每一页表格都有表头；当表的行数改变时，标题行还会自动调整位置，始终保持在每页的开头。但表中实际只有第一页中有标题行，不影响表格计算。需要取消标题行重复时，只需在表格的第一页选定标题行，或将光标放在该行，再单击"重复标题行"按钮；或取消"表格属性"对话框中上述复选框的勾选即可。

5．应用与修改表格样式

Word 2010 中，有非常丰富的内置表格样式。将光标置于表格中，单击"表格工具－设计"，在该选项卡中单击"其他"按钮，打开"表格样式"面板，可以看到全部内置样式。图 3-83 所示是面板底部极少部分的样式。将鼠标指针悬停在"表格样式"组中的某个样式上，可以看到该样式在所选表格上的应用，单击即可应用该样式。

图 3-83 "表格样式"面板底部

如果对所选样式不满意，可以单击"表格样式"面板底部的"修改表格样式"命令，在其"修改样式"对话框中可以对各个项目进行修改。应用表格样式后的表格可以像普通表格一样进行修改。

3.5.4 表格中的数据处理

1．表格内容排序

Word 2010 具有对数据排序的功能。在排序时，可以按数字、笔划、拼音或日期的升序或降序进行。排序前先将光标移至表格中，单击"表格工具－布局"选项卡，在"数据"组中单击"排序"按钮，打开"排序"对话框，如图 3-84 所示。在其中选择主要关键字、次要关键字（主要关键字的值相同时才显示出效果，也可以不填）、排序类型（笔划、数字、拼音或日期）及升序/降序。单击"确定"按钮后，表格中各行即按设定重新进行了排列。

图 3-84 "排序"对话框，按主要关键字"总分"、次要关键字"高等数学"降序排列

2．表格内容计算

（1）单元格命名规则。

Word 2010 具有对表格数据进行简单计算的功能。要进行数据运算，首先要了解表格中单元格的命名方式。单元格的列用英文字母表示，从左至右依次为：A，B，C……，称为列标；行用阿拉伯数字表示，从上至下依次为：1，2，3……，称为行号。列标在前，行号在后的组合即为单元格的名称，如 A1，A2，B1，D4 等等。以表 3-9 为例，高等数学的成绩放在 C2 至

C5 的单元格中，可用 C2:C5 来表示（通常称为单元格区域）；谢俊强和贺祥久的各科成绩放在 B2 至 E3 的单元格中，可用 B2:E3 表示此二人的成绩所在的区域。

表 3-9　学生成绩表

学生姓名	大学英语	高等数学	法律基础	电路分析	总分
谢俊强	78	71	77	75	301
贺祥久	66	60	77	60	
秦志伟	71	71	81	66	
胡长林	69	75	82	78	

（2）表格的计算。

在 Word 2010 中的表格计算有两种方式。

方法 1：应用函数。

例：计算表 3-9 中各位同学的总分，操作步骤如下：

1）将光标移至 F2 单元格中，打开"表格工具－布局"选项卡。

2）单击"数据"组中的"公式"按钮，打开"公式"对话框，如图 3-85 所示。

图 3-85　"公式"对话框以及"粘贴函数"下拉列表

3）在"粘贴函数"列表框中选择函数 SUM，在"公式"输入框的函数内输入求和范围，从而得到公式"=SUM(B2:E2)"，或默认的 "=SUM(LEFT)"（LEFT 表示左边单元格，ABOVE 表示上方单元格），单击"确定"按钮后，F2 单元格显示 301。

4）将光标移至 F3 单元格中，用同样的方法计算下一位同学的总分，但在此时"公式"文本框中默认的是"=SUM(ABOVE)"，可以输入"=SUM(B3:E3)"，或"=SUM(LEFT)"。

5）依次求其余各位同学的总分。

如果求和范围使用的是 LEFT，计算完一个同学的总分后，将光标移至 F3，可以按快捷键 Ctrl+Y，或按 F4 功能键，即可计算下一位同学的总分。其他函数命令的使用与求和命令方法类似。

方法 2：输入表达式。

如上例中，计算谢俊强的总分，可将光标置于 F2 单元格中，单击"数据"组中的"公式"按钮，打开"公式"对话框，在图 3-85 所示对话框的"公式"输入框中输入"=B2+C2+D2+E2"，单击"确定"按钮即可。若需计算谢俊强的平均分，则应输入"=(B2+C2+D2+E2)/4"。

3. 表格计算后数据更新

Word 2010 具有对表格计算后的数据进行更新的功能。如果表格中的原始数据发生了变化，那么选定需要更新的公式所在的单元格或单元格区域，按功能键 F9，即可完成相应的更新。

3.5.5　文本与表格的转换

1. 文本转换成表格

有时，我们在输入文本内容的同时就已经将表格的内容一并输入了，并且用制表位或其他符号将内容排成了行列整齐的形式。这时可以用 Word 2010 的转换功能将文本转换成表格。选定用制表位或其他符号分隔的文本，在"插入"→"表格"→"文本转换成表格"中进行，如图 3-86 所示。

2. 将表格转换成文本

反之，表格也可以转成文本。比如，从网上下载或直接复制内容到 Word 文档中，有时，这样的文本就会套在一个表格甚至是层层表格中，这时就需要用表格转文本的方法将它转为普通文本。选定表格，在"表格工具－布局"选项卡中的"数据"组中单击"转换为文本"按钮，弹出的"表格转换成文本"对话框如图 3-87 所示，在其中进行相关设置。

图 3-86　"将文字转换成表格"对话框

图 3-87　"表格转换成文本"对话框

3.5.6　应用举例

【例 1】将下面用中文逗号分隔的文本转换为表格。

项目，世界纪录，创造纪录日期，创造纪录地点

男子 50 米，27.18，2002 年 8 月 2 日，柏林

男子 100 米，59.30，2004 年 7 月 8 日，加利福尼亚

男子 200 米，2:09.04，2004 年 7 月 8 日，加利福尼亚

女子 50 米，30.57，2002 年 7 月 30 日，曼彻斯特

女子 100 米，1:06.37，2003 年 7 月 21 日，巴塞罗那

女子 200 米，2:22.99，2001 年 4 月 13 日，杭州

分析：

Word 可以将用制表位或其他符号分隔并排列整齐的文本转化成表格，其他符号包括逗号、空格、段落标记，及其他字符，可以在如图 3-86 所示的对话框中选择文字分隔符即可，比如选择逗号。

但是，这段文字的分隔符是中文逗号。对话框中的逗号实际是英文逗号，若在对话框中选择逗号作为分隔符的话，实际转化结果是表格只有一列（行末的段落标记）。

可以选择"其他字符"单选按钮，但此时在其后的输入框中用键盘是无法输入中文逗号的。所以，可以在选定待转换成表格的文本之前，先选定文中的中文逗号，并将其放到剪贴板上，届时粘贴即可。

操作步骤：

（1）选定文中用来作为分隔的逗号，然后按 Ctrl+C 组合键，将其放到剪贴板上。

（2）选定用中文逗号分隔的文本。

（3）单击"插入"选项卡，在"表格"组中单击"表格"按钮，在其下拉菜单中单击"文本转换成表格"命令，弹出如图 3-86 所示的对话框。

（4）在对话框中输入列数，在"文字分隔位置"选项组中，选中"其他字符"单选按钮，光标置于其后的输入框中，按 Ctrl+V 组合键，将先前置于剪贴板上的中文逗号粘贴至输入框中。在固定列宽选项中输入适当列宽，默认为"自动"。

（5）单击"确定"按钮，则产生如表 3-10 所示的表格。

表 3-10　蛙泳世界纪录一览表

项目	世界纪录	创造纪录日期	创造纪录地点
男子 50 米	27.18	2002 年 8 月 2 日	柏林
男子 100 米	59.30	2004 年 7 月 8 日	加利福尼亚
男子 200 米	2:09.04	2004 年 7 月 8 日	加利福尼亚
女子 50 米	30.57	2002 年 7 月 30 日	曼彻斯特
女子 100 米	1:06.37	2003 年 7 月 21 日	巴塞罗那
女子 200 米	2:22.99	2001 年 4 月 13 日	杭州

【例 2】制作如表 3-11 所示的个人简历表。

要求：A4 纸，左右页边距为 2cm。标题三号字，表格内五号字。外框线及分组线为双实线，内框线为细实线。其余用默认值。

分析：

● 整个表格加上标题约一整页。

● 表格约分为 4 组：第 1 组"姓名"至"现工作单位"共 7 行，第 2 组"主要简历"共 6 行，第 3 组"业务专长"1 行，第 4 组"通信"、"电话"共 2 行。

● 除第 3 组外，所有行高相等，第 3 组大约为其他行高的 3 倍，即 3 行，所以整个表格共有 18 行。

● 以第 1 组列最多，共 7 列，所以可以绘制一个 7 列 18 行的表格。

● 每组单元格的宽度各不相同，可以用选定单元格后拖动表格线的方法实现。

操作步骤：

（1）在"页面布局"选项卡的"页面设置"组中选择纸张大小为 A4 纸，并将左右页边距设为 2cm，其余用默认值。

（2）输入表格标题，将其设为三号，居中。

（3）单击"插入"→"表格"→"插入表格"命令，在弹出的"插入表格"对话框中输入 7 列 18 行，确定后生成一个 7 列 18 行的表格。

（4）调整表格约为一整页：鼠标指针指向表格最后一行的下方横线，鼠标指针变成上下方向的双向箭头时，向下拖动鼠标，到距下边距约 0.5cm 处即可。注意不能太满，否则部分表格将出现在下一页中。

（5）设置行高：选定所有行，单击"表格工具－布局"选项卡，在"单元格大小"组中单击"分布行"按钮，使所有行等高。

表 3-11 个人简历表

姓名		性别		出生年月		照片	
身份证号码			民族				
现户口所在地			健康状况				
婚姻状况		裸眼视力		身高			
政治面貌		所学专业			学历		
最后毕业学校		毕业时间			技术职称		
现工作单位		参加工作时间			现从事专业		

主要简历	起止年月	在何单位（学校）	任何职务

业务专长及工作成果	

通信地址		邮政编码	
联系电话		Email 地址	

（6）设置单元格内容居中：选定整个表格，在"开始"选项卡中设置字号为五号；单击"表格工具－布局"选项卡，在"对齐方式"组中将其设为"水平居中"；输入第一行中的内容（此时输入表中文字的目的是为了大致确定列宽。为了叙述方便，此处还输入了"身份证号码"等几个单元格的内容）。

下面仅以第 1 组为例，叙述方法和步骤。

（7）调整列宽：选定"姓名"及其下方 6 个单元格，将鼠标指针指向选定区域右侧的列线上，鼠标指针变成左右方向的双向箭头，如图 3-88 所示，按住鼠标左键拖动，可改变所选区域的列宽，用同样的方法将各列宽调整成合适宽度。

图 3-88　选定单元格后拖动列线调整列宽

选定"学历"及下方 2 个单元格，拖动左右列线成为如图 3-89 所示。

图 3-89　合并单元格，以及选定单元格后拖动列线调整列宽

（8）合并：选定"身份证号码"右侧的 3 个单元格，单击"表格工具－布局"选项卡，在"合并"组中单击"合并单元格"按钮，将其合并为一个单元格；选定"照片"所占的 4 个单元格，合并；选定"所学专业"右侧 2 个单元格，合并；……即可将表格线条调整成如图 3-89 所示。

上述调整列宽与合并单元格的方法同样应用于第 2、3、4 组。

（9）画外框线及分组线：选定整个表格，单击"表格工具－设计"选项卡，在"绘图边框"组中的"笔样式"下拉列表中选择"双实线"；在"表格样式"组中的"边框"下拉列表中选择"外侧框线"命令，表格外框线即成为双实线。

单击"绘图边框"组中的"绘制表格"按钮，鼠标指针变成一支笔，用笔绘制各组之间的分隔线。

（10）输入表格内容，并选定"主要简历"单元格，单击"表格工具－布局"选项卡，在"对齐方式"组中单击"文字方向"，将其设置为纵向。

3.6　Word 2010 的图形处理

利用 Word 2010 提供的图文混排功能,用户可以按需要在文中插入多种格式的图片,制作出图文并茂的文档,使文档更加美观、生动。

3.6.1　插入图片

1. 插入图形文件或剪贴画

向 Word 2010 的文档中插入图片的方法有:

(1)在"插入"选项卡中插入图形文件,步骤如下:

1)将光标定位于要插入图形的位置。

2)单击"插入"选项卡"插图"组中的"图片"按钮,打开"插入图片"对话框,如图3-90 所示。

3)在对话框中选定所需要的图形文件,同时可以在预览框中观察到选定的图形。

4)单击"插入"按钮。

(2)在"插入"选项卡中插入剪贴画,步骤如下:

1)将光标定位于要插入剪贴画的位置。

2)单击"插入"选项卡"插图"组中的"剪贴画"按钮,打开"剪贴画"任务窗格,如图 3-91 所示。

图 3-90　"插入图片"对话框

图 3-91　"剪贴画"任务窗格

3)在"搜索文字"输入框中输入所需剪贴画大致类型,如"运动",然后单击"搜索"按钮,在任务窗格下方即出现与运动相关的剪贴画,找到所需图片,单击,即将选定的剪贴画插到光标处。

(3)通过剪贴板粘贴图片。

可以在别的文件或程序中,选定所需图片或图片的一部分,复制至剪贴板,再用"粘贴"命令将图片粘贴到文档中。

2. 图片的处理

图片插入到文档中以后，不一定完全符合我们的要求，可以根据需要对图片进行一些调整。一般的文档中，对图片调整常用的有以下操作：

（1）调整图片大小。

单击所要操作的图片，图片的四周会出现 8 个控制点，如图 3-92 所示，表明此图片已经被选定。选定图片后，以下操作均可调整图片的大小：

1）将鼠标指针放置在控制点上，鼠标指针变成双箭头形↔、↕ 或斜向的双箭头形↖↘，按住鼠标左键拖动即可调整图片的大小和形状。

2）单击"图片工具－格式"选项卡，在"大小"组中单击"高度"后面的下三角按钮，增加或减少图片的高度，或者在"高度"输入框中输入所需高度。用同样的方法可以在"宽度"输入框中调整图片的宽度。

3）单击"大小"组右下角的"大小"按钮，打开"布局"对话框，在对话框中的"大小"选项卡中设置图片尺寸。

（2）裁剪图片。

在"图片工具－格式"选项卡的"大小"组中，选择"裁剪"工具，可对图片进行裁剪。在 Word 2010 中对图片可以进行如下剪裁：

1）修剪图片：单击"图片工具－格式"选项卡，选择"大小"组中"裁剪"列表中的"裁剪"命令，选定的图片四周的控制点即变为如图 3-93 所示，将鼠标指针移到控制点上，鼠标指针形状将发生改变，如移至右下角变为▄，移到右边变为┠……，此时按住鼠标左键拖动可以对图片进行剪裁。

图 3-92　选定图片

图 3-93　单击"裁剪"后图片四周的控制点

2）将图片裁剪为形状：选择"裁剪"列表中的"裁剪为形状"命令，在出现的形状面板（如图 3-94 所示）中选择一种形状，单击，可将图片剪裁为列表中的任意形状。如果裁剪后的图片不符合要求，单击"调整"组中的"重设图片"按钮可以恢复图片的原始尺寸。

图 3-94　将图片剪裁为菱形

（3）调整图片颜色、亮度、对比度。

在 Word 2010 中，对图片亮度、对比度以及颜色等的调整非常直观，可以十分方便地将不太满意的图片处理得更合我们的心意。在"更正"面板（如图 3-95 所示）中有"锐化和柔化"、"亮度和对比度"选项组；"颜色"下拉面板（如图 3-96 所示）中有"颜色饱和度"、"色调"、"重新着色"选项组。只需将鼠标指针悬停于某个选项上，文本中选定的图片就改变为该选项的设置，如果满意，单击即可。

图 3-95　"更正"下拉面板（部分）　　　图 3-96　"颜色"下拉面板（部分）

（4）压缩图片。

如果图片的尺寸过大，会使Word 文档的文件变得很大。即使在 Word 文档中改变图片的尺寸或对图片进行裁剪，保存为文件时图片所占的存储容量也不会改变。Word 2010 可以对文档中的所有图片或选中的图片进行压缩，这样可以有效地减小图片的容量大小，同时也会有效减小文件的大小。在 Word 2010 文档中压缩图片的步骤如下：

1）选中需要压缩的图片。如果有多个图片需要压缩，则可以在按住 Ctrl 键的同时单击多个图片。

2）打开"图片工具－格式"选项卡，在"调整"组中单击"压缩图片"按钮。

3）打开"压缩图片"对话框，如图 3-97 所示，选中所有压缩选项的复选框，并根据需要更改分辨率设置，完成后单击"确定"按钮即可。

（5）应用图片样式。

在 Word 2010 文档窗口中插入一张图片后，单击选中该图片，会自动打开"图片工具－格式"选项卡。在"格式"选项卡的"图片样式"组中，可以使用 Word 2010 预置的样式快速设置图片的格式。当鼠标指针悬停在一个图片样式上方时，Word 2010 文档中的图片会即时预览实际效果，单击即可应用此样式，如图 3-98 所示。也可在"样式图片"组右侧的"图片边框"、"图片效果"等命令按钮中自行设置。

图 3-97　"压缩图片"对话框　　　图 3-98　应用"棱台形椭圆，黑色"图片样式的效果预览

3．图片在文中的位置以及与文字的环绕

插入到文档中的图片默认是嵌入型的。嵌入型的对象只能放置到文档插入点的位置，而不能任意放置到页面其他位置，不能与其他对象组合，可以与正文一起排版，但不能实现环绕。文字与图片的关系除了嵌入型外，还有非嵌入型，如四周型、紧密型、上下型、衬于文字下方等方式，可以根据需要加以选用。

（1）移动图片的位置。

无论是嵌入型还是非嵌入型的图片，当鼠标指针移至图中时，指针形状即变成十字箭头状，按住鼠标左键拖动均可改变图片在文本中的位置。嵌入型的图片在移动时，鼠标指针变为，同时光标变为一条虚点的竖线，松开后可将图片像一个字符一样嵌在光标处。而非嵌入型的图片可以非常方便地移到页面任意位置。

（2）设置文字对图片的环绕方式。

设置文字对图片的环绕方式可以使用以下几种方法：

方法1："自动换行"中设置。

鼠标指针置于图片上，单击，选取图片，单击"图片工具－格式"选项卡，在"排列"组中单击"自动换行"，打开其下拉面板，如图3-99所示，在其中选择所需的环绕方式。

方法2：对话框中设置。

选定图片，在"图片工具－格式"选项卡的"排列"组中，单击"自动换行"或"位置"，在其下拉面板中单击"其他布局选项"，打开"布局"对话框，如图3-100所示，在其中的"文字环绕"选项卡中设置环绕方式。

图3-99 "自动换行"下拉列表

图3-100 "布局"对话框中的"文字环绕"选项卡

方法3："位置"中设置。

Word 2010内置了10种图片位置，如图3-101所示。用户可以通过选择这些内置的图片位置来确定图片在文档中的准确位置。在"图片工具－格式"选项卡的"排列"组中，单击"位置"，在其下拉面板中选择图片在页面中的位置。通过这种方式确定的位置，无论文字和段落位置如何改变，图片在页面的位置都不会发生变化。比如，选择"中间居右，四周文字环绕"，则图片始终在页面中间的右侧。

图 3-101　　"位置"下拉面板

3.6.2　应用艺术字

Word 2010提供了更加丰富的艺术字效果，艺术字富有艺术色彩，例如产生弯曲、倾斜、旋转、拉长、发光和阴影等效果。可以使用艺术字作为标题，也可以让文档中某些文字以更加生动活泼、更加美观更加突出的方式显示。

1.　插入艺术字

（1）光标置于文本某处，单击"插入"选项卡，在"文本"组中单击"艺术字"，在其下拉面板（如图 3-102 所示）中选择一种艺术字样式，单击，则在文本上方出现艺术字文字编辑框，如图 3-103 所示，可在其中输入所需要的艺术字，此时艺术字与普通文字的关系为"浮于文字上方"。设置艺术字与文字环绕关系的方法同于图片。

图 3-102　　"艺术字样式"下拉面板

图 3-103　艺术字文字编辑框

（2）在文中选定需要设为艺术字的文本，单击"插入"选项卡"文本"组中的"艺术字"，并在下拉面板中选择一种艺术字样式，单击，则所选文字从正文文档中消失，变为艺术字，且与文字的关系为"四周型环绕"。

2.　修饰艺术字

（1）设置艺术字的形状。

选中需要设置形状的艺术字文字，在打开的"绘图工具－格式"选项卡中，单击"艺术字样式"组中的"文本效果"按钮，打开文本效果下拉菜单，鼠标指针指向"转换"选项，在打开的转换面板（如图 3-104 所示）中列出了多种形状可供选择。例如，选择"上弯弧"，应用形状的效果如图 3-105 所示。

图 3-104 "文本效果"下拉列表及艺术字形状 　　　图 3-105 应用"上弯弧"形状的效果

（2）改变艺术字的大小。

在 Word 2010 中改变艺术字的大小需要注意以下几点：

1）Word 2010 的艺术字，包含艺术字本身和艺术字背景。

2）如果没有将艺术字转换为某种形状，那么选定艺术字，将鼠标指针放在控制点上，变为双向箭头时按住鼠标左键拖动，只会改变艺术字背景的大小，而改变不了艺术字的大小。同样地，在"绘图工具—格式"选项卡的"大小"组中，改变"高度"和"宽度"的结果，也只改变了背景的高度和宽度。

3）如果将艺术字转换为某种形状，那么选定艺术字，在控制点上按住鼠标左键拖动，会改变艺术字本身及其背景的大小，艺术字会自动改变大小甚至折行来适应背景，但若背景缩得太小会减少艺术字的个数来适应背景。

4）无论转换与否，在 Word 2010 中都可以按普通文本的方法设置艺术字的大小。方法是：先选定需要设置的艺术字，单击"开始"选项卡，在"字体"组中选择合适的字号即可。甚至也可像普通文本一样设置字符格式和段落格式，如字体、字号、颜色、下划线、对齐方式、首行缩进等格式，参见 3.4.1 和 3.4.2 节。

（3）修饰艺术字的轮廓与填充。

在"艺术字样式"组中的"文本填充"和"文本轮廓"按钮中，可分别对艺术字的笔画轮廓和笔画内部填充进行设置和修饰，方法如下：

1）单色填充。

选定要进行修饰的艺术字，单击"绘图工具—格式" 选项卡，在"艺术字样式"组中单击"文本填充"右边的下三角按钮，在打开的下拉面板（如图 3-106 所示）中可以选择主题颜色和标准色中的颜色作为艺术字笔画的填充色。也可以单击"其他填充颜色"，打开"颜色"对话框，可选择"标准"选项卡中的颜色（如图 3-107 所示），也可以在"自定义"选项卡中输入红、绿、蓝三原色的值进行自定义（如图 3-108 所示）。

2）渐变填充。

选定要进行修饰的艺术字后，在"绘图工具—格式"选项卡的"艺术字样式"组中打开

"文本填充"的下拉面板，在打开的下拉面板中选择"渐变"→"其他渐变"命令，打开"设置文本效果格式"对话框，如图 3-109 所示。

图 3-106　"文本填充"下拉面板　　　图 3-107　"标准"颜色　　　图 3-108　"自定义"颜色

　　在"文本填充"选项组中选中"渐变填充"单选按钮，单击"预设颜色"后面的下三角按钮，在其下拉面板中选择一种预设样式如"彩虹出岫"（如图 3-109 所示）；单击"类型"后面的下三角按钮选择类型，比如"线性"（如图 3-110 所示）；单击"方向"后面的下三角按钮可以选择各种方向的变形，比如"线性向右"（如图 3-111 所示）。在此对话框中还可以对预设样式的"角度"、"颜色"、"亮度"、"透明度"等选项进行调整。

图 3-109　渐变填充：预设颜色选择"彩虹出岫"　　　图 3-110　渐变填充："类型"选择"线性"

图 3-111　渐变填充："方向"选择"线性向右"

　　3）设置艺术字的轮廓。

　　选中需要设置轮廓的艺术字文字，在打开的"绘图工具－格式"选项卡中，单击"艺术字样式"组中的"文本轮廓"旁边的下三角按钮，打开如图 3-112 所示的下拉面板，在其中可以设置艺术字轮廓的线型、粗细和颜色。

（4）在"艺术字样式"组中的"文本效果"下拉列表
（见图 3-104）中，还可对艺术字设置"阴影"、"发光"、"棱
台"、"三维旋转"等效果，也可以在"设置文本效果格式"
对话框（见图 3-109）中进行这些设置。

（5）设置艺术字背景。

在 Word 2010 中可以对艺术字后面的背景进行设置。
将光标置于艺术字中，单击"绘图工具－格式"选项卡，
在"形状样式"组（如图 3-113 所示）中单击"形状填充"，
可在其下拉面板（如图 3-114 所示）中选择对背景用"单色"、

图 3-112　"文本轮廓"下拉面板

"渐变"、"图片"、"纹理"等方式进行填充。图 3-115 为对艺术字背景用"水滴"进行填充的
效果。在"形状样式"组中还可以对背景的轮廓和形状效果进行设置。

图 3-113　"绘图工具－格式"选项卡中的"形状样式"组　　　图 3-114　"形状填充"下拉面板

图 3-115　将艺术字背景设为"水滴"后的效果

3.6.3　插入自绘图形

1．绘制图形

有时文中需要绘制箭头、矩形、线条、标注、流程图等，可在 Word 2010"插入"选项卡
的"插图"组中进行。

单击"插图"组中的"形状"按钮，打开"形状"下拉列表，如图 3-116 所示。在列表中
选择一种形状类型，在其中的子类型中选定自己需要的形状，此时鼠标指针变成＋形状。将
鼠标指针定位到需要绘制图形的位置，按住鼠标左键拖动，完成后松开即可。此时 Word 2010
自动打开"绘图工具－格式"选项卡，对于绘制图形的轮廓、填充、形状效果，以及大小、与
文字环绕关系的设置同于图片与艺术字。

2．添加文字

鼠标指针指向绘制的图形（封闭的），右击，在弹出的快捷菜单中选择"添加文字"选项，
可以向绘制图形中添加文字。

3．对象的排列与组合

（1）对象的层次。

当文中有两个或两个以上的对象时，无论是图片，艺术字、自绘图形等，都存在上下层次的不同，当它们有部分重叠时就显现出来了，可以选定对象，在"图片工具－格式"或"绘图工具－格式"选项卡的"排列"分组中用"上移一层"或"下移一层"按钮来调整其层次。如图 3-117 中，有图片、自绘菱形和艺术字三个对象，其中图片在最底层，选定艺术字后，将艺术字置于顶层。

图 3-116　"形状"下拉面板　　　　　　　　图 3-117　将艺术字置于顶层

（2）选定多个对象。

单击需要选定的第一个对象，若要继续选定对象，应按住 Shift 键，再用鼠标单击需要选定的其他对象。

（3）对象的对齐与分布。

选定需要排列的多个对象之后，在"排列"分组中，单击"对齐"按钮，在下拉菜单中可以选择多种对齐方式，如图 3-118 所示，还可选择各对象之间均匀分布。图 3-119 为选择"上下居中"和"横向分布"后的对齐效果。

图 3-118　"对齐"下拉菜单　　　　图 3-119　选择"上下居中"、"横向分布"后的对齐效果

（4）组合与取消组合。

多个对象的位置确定好以后，可以使它们组合成一个整体，便于移动，缩放。操作如下：

1）选定需要组合的对象。

2）单击"图片工具－格式"或"绘图工具－格式"选项卡"排列"组中的"组合"按钮即可组合。

3）选定组合对象，单击"图片工具－格式"或"绘图工具－格式"选项卡"排列"组中的"取消组合"按钮即可取消组合。

4）嵌入型的对象不能与非嵌入型对象一起选定，当然也不能实现排列、对齐、分布等操作。也不能用按住 Shift 键的方法来选定多个嵌入型对象。

3.6.4　插入 SmartArt 图形

1. 插入 SmartArt 图形

SmartArt 图形是一系列已经成型的表示某种关系的逻辑图或组织结构图，实际就是一系列形状和艺术字的组合。Word 2010 提供了插入 SmartArt 图形的功能，用户可以在文档中插入更加丰富多彩、表现形式灵活的 SmartArt 图形。操作步骤如下：

（1）切换至"插入"选项卡。

（2）在"插图"组中单击 SmartArt 按钮，打开如图 3-120 所示的对话框。

图 3-120　"选择 SmartArt 图形"对话框

（3）在打开的对话框中单击左侧的类别名称选择合适的类别，如"循环"，然后在右侧选择所需要的 SmartArt 图形，如"射线循环"，单击"确定"按钮，即在文档中插入了选中的图形，如图 3-123（a）所示。

（4）在插入的 SmartArt 图形中可单击文本占位符输入合适的文字，此处的文字为艺术字。

2. 修改 SmartArt 图形

对已经插入的 SmartArt 图形可以根据需要删除或添加形状

（1）删除形状：鼠标单击要删除的形状，选定该形状，按 Delete 键即可删除所选形状。

（2）增加形状：指向 SmartArt 图形的某个形状，右击，在弹出的快捷菜单中指向"添加形状"，在其下级菜单中选择，如单击"在后面添加形状"（如图 3-121 所示），即可在选定形状的后面或右边添加形状。

（3）更改形状：指向 SmartArt 图形的某个形状，右击，在弹出的快捷菜单中指向"更改形状"，在其下级面板（如图 3-122 所示）中选择想要改成的形状，如"泪滴形"，单击即可。将顶部形状更改为"泪滴形"后的效果如图 3-123（b）所示。

图 3-121　添加形状

图 3-122　更改形状

3. 设置 SmartArt 图形格式

（1）设置 SmartArt 图形整体样式：选定图形整体，单击"SmartArt 工具－设计"选项卡，在"SmartArt 样式"组中选择所需要的样式及颜色。图 3-123（c）为将图形整体应用"优雅"样式，颜色为"彩色范围强调文字颜色 3 至 4"的效果。

（a）插入"射线循环"图

（b）将顶端形状改为"泪滴"

（c）更改样式为"优雅"，更改颜色为
"彩色范围强调文字颜色 3 至 4"

图 3-123　插入 SmartArt 图形

（2）设置 SmartArt 图形单个形状样式。

选定某个形状，单击"SmartArt－格式"选项卡，在"形状样式"组中可对选定的形状重新设置格式，方法同于自绘图形；在其"艺术字样式"组中可对选定形状中的艺术字重新设置格式，方法同于艺术字。

3.6.5　插入文本框

文字、表格、图片，都可以放在文本框中，只要被装进了文本框，就如同装进了一个容器。文本框是一个独立的对象，其大小可以任意调整，也可以任意移动位置，使得文档中的各部分可以更加灵活地安排在页面的不同位置上，而不必受到段落格式、页面设置等因素的影响。

1. 插入文本框

单击"插入"选项卡，在其中的"文本"组中单击"文本框"按钮，打开内置文本框面板后，进行如下操作均可插入文本框：

（1）使用内置样式。

Word 2010 内置有多种样式的文本框供用户选择，在打开的文本框面板中选择一种内置文本框类型，如图 3-124 所示，单击选中"奥斯汀提要栏"类型，即返回 Word 2010 文档窗口，所插入的文本框处于编辑状态，直接输入用户的文本内容即可。

图 3-124 "文本框"下拉面板及面板底部选项

（2）在其下拉面板中选定"绘制文本框"或"绘制竖排文本框"命令，鼠标指针变成十字形状。按住鼠标左键拖动即可绘制出横排或竖排的文本框。

2．文本框格式设置

插入的文本框与文本的关系默认为"浮于文字上方"。文本框中可输入文字或插入图片，文本框中文字格式的设置可按普通文本的格式设置方法进行。

文本框也可看作是一种自绘图形，可按自绘图形的方法对其进行格式设置。选定文本框、改变大小、移动位置、文本框的线条、填充等项目以及格式的设置，文字环绕、对齐、组合等操作，均同于自绘图形。

3．文本框的链接

文中有多个文本框时，可以为文本框之间创建链接，这样第一个文本框中显示不完的内容会自动显示到第二个文本框中，第二个依然显示不完，可以显示到第三个文本框中……方法如下：

（1）将光标置于第一个文本框，单击"绘图工具－格式"选项卡，选择"文本"组中的"创建链接"，如图 3-125 所示，此时鼠标指针变成图中[1]形；将光标移至第二个文本框中（第二个文本框必须是空的），鼠标指针变成图中[2]形，单击，即创建了第一与第二文本框的链接。

图 3-125 创建链接

（2）将光标置于第二个文本框中，选择"文本"组中的"创建链接"；将鼠标指针移至第三个文本框中，单击，即创建了第二与第三个文本框的链接……

（3）将光标置于某一个与下级文本框有链接的文本框中，单击"绘图工具－格式"选项卡，此时在其"文本"组中会有"断开链接"命令按钮，单击，会断开与其下级所有文本框的链接。

3.6.6 应用举例

【例】制作如图 3-126 所示的宣传刊物页面。

要求：A4 纸，上下左右页边距 2cm。艺术字标题字体为"方正大黑简体"；文本框内的标题字体为小二号、小四。正文为宋体，小四；行距 22 磅。

图 3-126　"交通安全常识"宣传刊物

由于内容较多，为了叙述方便，我们将页面分解成三个部分，也将本例分解成三个子例：

例 1-1：页面上段，刊头、标题及页面设置。

例 1-2：页面中段，文本框。

例 1-3：页面下段，流程图。

下面进行案例分析。

【例 1-1】页面上段，刊头、标题及页面设置。

分析：

页面上段由下列要素组成：图片："随大流"；艺术字："交通安全常识"；自绘图形。案例中页面边框在上下左右页边距之内，这不是普通的"页面边框"，而是用自绘图形绘制的矩形边框。

操作步骤：

（1）页面设置。

设置纸张和页边距：单击"页面布局"，在"页面设置"分组中选择纸张大小为 A4 纸，并将上下左右页边距设为 2cm，其余用默认值。

（2）页面边框。

1）绘制矩形：单击"插入"→"插图"→"形状"命令，在弹出的下拉面板中选择"矩形"，鼠标指针变为十字形，将鼠标指针置于左上角的页边距处，按住鼠标左键拖动至右下角的页边距处，绘制一个矩形。

2）设置矩形内部透明：选定该矩形，切换至"绘图工具－格式"选项卡，单击"形状样式"组中的"形状填充"，在弹出的下拉面板中选择"无填充色"。

3）设置矩形轮廓线条：在上述组中单击"轮廓"，在弹出的下拉面板中选择"橄榄色，强调文字颜色 3，深色 25%"；在该面板的"粗细"中选择 3 磅；在"粗细"的下级面板中单击"其他线条"，打开"设置形状格式"对话框，在其"线型"下拉面板中选择"复合类型"中的"双线"。

（3）插入图片。

1）插入图片：单击"插入"→"插图"→"图片"命令，在弹出的对话框中选择图片"随大流"插入，调整大小，并移动到合适的位置。

2）设置环绕：选定图片，单击"图片工具－格式"选项卡，在"排列"组中单击"自动换行"，在弹出的下拉面板中选择"浮于文字上方"。

（4）插入艺术字。

1）单击"插入"→"文本"→"艺术字"命令，在打开的下拉面板中任选一种类型，在艺术字编辑框中输入"交通安全常识"。

以下操作均需选定艺术字，每一步中不再重复描述。

2）设置字体：单击"开始"，在"字体"组中将其设为"方正大黑简体"。

3）设置艺术字笔画填充、轮廓与转换：在"艺术字样式"组中将"文本填充"设为"深蓝，文字 2，淡色 60%"；"文本轮廓"设为"深蓝，文字 2，深色 25%"，并在"文本轮廓"下拉面板中选择"粗细"为 1.5 磅；在"文字效果"中将其转换为"正方形"。

4）调整艺术字大小：将鼠标指针置于艺术字四周的控制点上，按住鼠左键拖动控制点，调整艺术字大小至合适，并将其移动到合适的位置上。

【例 1-2】页面中段，文本框。

分析：

页面中段包含 2 个文本框组成的标题，以及用文本框组成的正文。正文为什么不用分栏而用文本框呢？因为如果用分栏不好处理左下方的标题，而该标题完全属于别的部分。用文本框的链接恰好处理这样的文本。

操作步骤：

（1）插入正文文本框。

1）插入文本框[1]：单击"插入"选项卡，在"文本"组中单击"文本框"→"绘制文本框"命令，鼠标指针变成十字形。按住鼠标左键拖动，画一个文本框，输入所有文字"1、忌单手……无需紧急刹车"。

2）设置文本框字体、字号：鼠标单击文本框四周的边线，选定整个文本框，单击"开始"，在"字体"组中将其设为"宋体"，小四；在"段落"组中单击"打开对话框"按钮，在打开的"段落"对话框中将行距设为"固定值"，22 磅。

3）缩小文本框[1]，创建文本框[2]：将鼠标指针指向文本框[1]的边线上，单击，选定整个文本框，将鼠标指针指向四周的控制点上，鼠标指针成为双向箭头，按住鼠标左键拖动，调整文本框大小至合适，此时只能显示部分文本，然后绘制文本框[2]。

4）创建链接：将鼠标指针置于文本框[1]中，单击"绘图工具－格式"选项卡，在"文本"组中单击"链接"按钮，鼠标指针变为水杯形；然后将鼠标指针移到文本框[2]中，鼠标指针变为倾斜往外倒的水杯形状。单击文本框[2]，可以看到文本框[1]中没显示完的内容显示到文本框[2]中。

5）调整两个文本框的大小，并移动到合适的位置上。

6）绘制文本框轮廓线：选定文本框，单击"绘图工具－格式"→"形状样式"→"轮廓"命令，在弹出的下拉面板中指向"虚线"，在其下级面板中选择"短划线"。

（2）用类似的方法制作另外两个标题文本框，设置字体为"方正大黑简体"，小二号，红色。文本框轮廓为"无轮廓"。

【例 1-3】页面下段，流程图。

分析：

该流程图由一个图片加多个自绘图形组成。自绘图形包括椭圆与箭头，在 Word 2010 中用编辑顶点可以改变箭头形状得到尖尾箭头。自绘图形中的文字用文本框（也可用艺术字），因为用自绘图形本身添加文字的话，自绘图形不能做得很小。

操作步骤：

（1）绘制椭圆[1]与文本框[1]。

1）绘制椭圆：单击"插入"→"插图"→"形状"命令，在弹出的下拉面板中选择"椭圆"，按住鼠标左键拖动，绘制一个椭圆。

2）设置椭圆格式：选定该椭圆，单击"绘图工具－格式"选项卡，在"形状样式"组中单击"形状填充"，在弹出的下拉面板中选择"蓝色"；在"轮廓"下拉面板中选择"无轮廓"。

3）插入文本框：单击"插入"→"文本"→"文本框"→"绘制文本框"命令，按住鼠标左键拖动，画一个文本框。将文本框移到椭圆上，输入"受案、记录、出警"，将文字设成小四，黑体，白色；并将文本框设成"无轮廓"，如图 3-127 所示。

图 3-127　将文本框拖到椭圆上方

4）调整文本框及椭圆的大小到满意为止，下方的椭圆最好不要完全被文本框遮盖住（便于选定，也便于后面还要单独拖动文本框或椭圆以改变其形状和大小），然后选定这两个对象，将它们组合起来。

（2）复制椭圆[1]与文本框[1]的组合。

选定椭圆[1]与文本框[1]的组合，用鼠标指针指向它并且按住 Ctrl 键拖动到别处，松开鼠标，即复制了一个组合，修改其中的文字，调整椭圆与文本框的形状和大小，即可完成组合[2]……

（3）插入箭头。

单击"插入"→"插图"→"形状"命令，在弹出的下拉面板中选择"箭头总汇"中的"左箭头"（或右箭头），按住鼠标左键拖动，绘制一个适当大小的左箭头，并移到合适的位置上。

（4）制作尖尾箭头。

1）单击"插入"→"插图"→"形状"→"箭头总汇"→"上弧形箭头"命令，按住鼠标左键拖动，绘制一个上弧形箭头。

2）编辑顶点：右击绘制的上弧形箭头，在弹出的菜单中选择"编辑顶点"，箭头上产生默认的顶点，如图 3-128（a）所示，鼠标指针置于箭头尾部右侧的顶点上时变成图中所示的形状，此时右击，弹出快捷菜单如图3-128（b）所示，选择"删除顶点"。——删除箭头后半截的顶点，如图3-128（c）所示，得到图3-128（c）中最下面的尖尾箭头。

（a）　　　　　　　　　　（b）　　　　　　（c）

图 3-128　编辑顶点

3）旋转箭头：选定尖尾箭头，将鼠标指针指向控制点上方的绿圈上，鼠标指针形状如图3-129（b）所示，按住鼠标左键，鼠标指针形状如图3-129（c）所示，拖动鼠标使之旋转，如图3-129（d）所示，得到旋转成各方向的箭头，如图3-129（e）所示。

（a）　　　（b）　　　（c）　　　（d）　　　（e）

图 3-129　旋转对象得到不同方向的箭头

（5）插入图片"交警"。

（6）组合对象。

1）组合：将椭圆、文本框、箭头、图片移到各自合适的位置上后，先选定一个对象，如图片，然后按住 Shift 键用鼠标一一单击其余对象，即可选定上述所有对象。单击"绘图工具－格式"选项卡，在"排列"组中将对象组合。

2）设置对象环绕方式：选定组合对象，单击"绘图工具－格式"选项卡，在"排列"组中单击"自动换行"，在弹出的下拉面板中选择"浮于文字上方"，并拖动到合适的位置。

3.7　Word 2010 文档的打印与保护

3.7.1　打印文档

1. 打印预览

在文档正式打印之前，一般先要进行打印预览。打印预览可以预先在屏幕上浏览打印的效果，可在一个缩小的尺寸范围内显示全部页面内容，从而避免不适当打印而造成的纸张和时间的浪费。

单击快速工具栏"打印预览"按钮 🔍，或选择"文件"→"打印"命令，窗口右侧即为打印预览显示，如图3-130所示。在打印预览窗口中可以预览排版的效果，不满意可以单击"开始"返回到编辑状态继续修改。可以通过调整预览区下面的滑块改变预览视图的大小。

2. 打印设置

预览后觉得满意，需要打印时，单击"文件"→"打印"命令，在打印面板中单击"设

置"下方的选项，打开"设置"下拉面板，如图 3-131 所示。在其中可以选择"打印所有页"、
"打印当前页"、"打印所选内容"等，选择"打印自定义范围"，可以指定要打印的页，如"1，
3，5-9"等。在"设置"下拉面板底部还有"仅打印奇数页"和"仅打印偶数页"选项，选定
"仅打印奇数页"，打印完成后将已打印的纸张翻面，重新放进打印机，选定"仅打印偶数页"
打印，这样可以通过人工手动实现双面打印。

图 3-130　"打印预览"窗口

图 3-131　"打印"面板

3. 打印文档

单击"文件"→"打印"命令，在打印面板中单击"打印机"下方的选项，在弹出的下
拉列表中选定要输出的打印机，然后单击打印面板顶部的"打印"按钮即可。

3.7.2　保护文档

有时为了防止误操作，或者只允许指定的用户查看文档内容，或者根据不同的浏览者对

文档的修改有一定的限制时，需要对文档进行保护。在 Word 2010 中，单击"文件"→"信息"→"保护文档"命令，其下拉面板如图 3-132 所示。其中有五种保护措施，常用的有：

图 3-132 "保护文档"下拉面板

1. 设置为"只读"

单击"保护文档"下拉面板中的"标记为最终状态"命令，会打开如图 3-133 所示的对话框，单击"确定"按钮，随后会弹出另一个对话框，再次确定，即将文档标记为最终版本，并将其设置为"只读"。

2. 用密码进行加密

单击"保护文档"下拉面板中的"用密码进行加密"命令，会弹出如图 3-134 所示的对话框，在其中可以输入密码，确定后，会为文本加上打开密码。保存文本并退出编辑状态，下次打开时会弹出"密码"对话框，必须输入正确的密码才能打开文本。

图 3-133 "标记为终稿"对话框

图 3-134 "加密文档"对话框

3. 限制编辑

（1）单击"保护文档"下拉面板中的"限制编辑"，打开"限制格式和编辑"任务窗格，如图 3-135 所示。

（2）勾选"限制对选定的样式设置格式"复选框，单击"设置"，在弹出的"格式设置限制"对话框中，勾选"限制对选定的样式设置格式"复选框，单击对话框中的"全部"按钮，设置允许使用的样式，然后单击"确定"按钮。这时会弹出对话框，提示该文档可能包含不允许的格式，并询问是否将其删除，选择"否"。

（3）在"编辑限制"区域的下拉列表框中（如图 3-136 所示）可选择允许在文档中进行的编辑（要先勾选上面的复选框），比如"批注"，将来这个受保护的文本即可以允许插入批注。

图 3-135　"限制格式和编辑"任务窗格　　　　图 3-136　"编辑限制"下拉列表

（4）如果文档中有部分文本可以允许改动，比如合同中的签名位置，则可以在图 3-135 中的"例外项（可选）"中勾选"每个人"。

（5）在任务窗格中单击"是，启动强制保护"按钮，弹出"启动强制保护"对话框，在 "新密码"和"确认新密码"输入框中输入相同的密码，单击"确定"按钮即开始对文档进行 保护，这个保护是限制用户对 Word 2010 文档内容进行修改（例外项除外）。

习题三

单选题

1. 如果想保存一个正在编辑的文档，但希望以不同文件名存储，可用（　　）命令。

A．保存　　　　　　B．另存为　　　　　C．比较　　　　　　D．限制编辑

2. 在 Word 2010 中，默认保存后的文档格式扩展名为（　　）。

A．DOC　　　　　B．DOCS　　　　　C．DOCX　　　　　D．DOT

3. 保存 Word 文档的快捷键是（　　）。

A．Ctrl+N　　　　B．Ctrl+O　　　　C．Ctrl+C　　　　D．Ctrl+S

4. 在 Word 中，如果在输入的文字或标点下面出现红色波浪线，表示（　　），可用"审 阅"功能区中的"拼写和语法"来检查。

A．拼写和语法错误　　　　　　B．句法错误

C．系统错误　　　　　　　　　D．其他错误

5. 在 Word 中，要将行距设为 1.25 倍，应该使用"段落"对话框中的（　　）。

A．单倍行距　　　　　　　　　B．多倍行距

C．1.25 倍行距　　　　　　　　D．固定值

6. 在 Word 2010 中，将行距设为 24 磅，应该在（　　）进行。

A．"段落"分组中的"行与间距"按钮

B．"段落"对话框中的"固定值"

C．页面布局

D．以上都不能

7. Word 的格式刷可以复制（　　）。

    A. 字符和段落格式　　　　　　　　B. 图形格式

    C. 页面设置格式　　　　　　　　　D. 以上都可以

8. 有关 Word 的字号，下列说法正确的是（　　）。

    A. 五号比 5 大　　　　　　　　　　B. 五号与 5 一样大

    C. 五号比四号大　　　　　　　　　D. 以上都不对

9. 关于 Word 的页码，下列说法正确的是（　　）。

    A. 可以用插入艺术字的方法为文档设置艺术字页码

    B. 在"页面布局"中进行

    C. 页码插入后不能删除

    D. 默认页码从 1 开始

10. 下面有关 Word 2010 表格功能的说法，不正确的是（　　）。

    A. 可以通过表格工具将表格转换成文本

    B. 表格的单元格中可以插入表格

    C. 表格中可以插入图片

    D. 不能设置表格的边框线

11. 在 Word 中，通过（　　）可以看到文档打印效果。

    A. 放大镜　　　　　　　　　　　　B. 显示比例

    C. 页面布局　　　　　　　　　　　D. 打印预览

12. 设置表格的边框和底纹，可以在（　　）中进行。

    A."表格工具－设计"　　　　　　　B."页面布局"中的"页面边框"

    C. A、B 皆可　　　　　　　　　　D. A、B 都不能

13. 在 Word 2010 中对表格中的数据进行了计算之后，如果单元格的数据又发生了改变，计算的结果可以更新。方法是，选定计算公式的单元格，然后按（　　）键。

    A. F4　　　　　　B. Alt+F4　　　　　　C. Caps Lock　　　　　　D. F9

14. 按 Ctrl+Shift+Z 组合键，可以清除（　　）。

    A. 字符格式　　　　B. 段落格式　　　　C. 页面格式　　　　D. 图形格式

15. 删除表格中行、列或整个表格，应该先选定，然后按（　　）键。

    A. Caps Lock　　　　　　　　　　B. Backspace

    C. Print Screen　　　　　　　　　D. Tab

16. 下面的操作方法或位置中，不可能改变表格列宽的有（　　）。

    A. 按住鼠标拖动列线　　　　　　　B. 水平标尺

    C."表格工具"功能区面板　　　　　D."表格属性"对话框

    E."分布列"　　　　　　　　　　　F. 垂直标尺

17. Word 2010 中不存在可能与文字有环绕关系的是（　　）。

    A. 页面边框　　　　　　　　　　　B. 表格

    C. 艺术字　　　　　　　　　　　　D. 文本框与 SmartArt 图形的组合

18. 如果需要把文本中的各级标题设成大纲，正确的操作是（　　）。

    A. 在"字体"和"段落"组中设置，将标题字号设成比正文大，且各级标题字号、

      行距等也应该不同

B．在大纲视图中设置各级标题

C．在样式窗格中设置各级标题

D．在页面视图中设置各级标题

19．取消页面边框的正确方法是（　　）。

A．单击"快速工具栏"中的"撤消"按钮

B．在"样式窗格"中单击"全部清除"

C．应用格式刷

D．在"页面边框"中取消

20．关于页眉/页脚，下列说法错误的是（　　）。

A．页眉/页脚中也可以插入自绘图形

B．页眉/页脚可以象普通文本一样设置字符和段落格式

C．页码也可以设置奇偶页不同的格式

D．页眉/页脚设置完成后，可以按 Esc 键或退格键返回编辑状态

第 4 章　Excel 2010 的应用

4.1　Excel 2010 概述

Excel 2010 是微软公司推出的 Office 2010 办公系列软件的一个重要组成部分，主要用于电子表格处理，可以高效地完成各种表格和图表的设计，进行复杂的数据计算和分析，广泛应用于财务、行政、金融、经济、统计和审计等众多领域，大大提高了数据处理的效率。本章主要介绍 Excel 2010 的常用功能和基本操作。

4.1.1　Excel 2010 启动与退出

1．Excel 2010 的启动

启动 Excel 2010 和启动 Office 2010 中的任何一种应用程序的方法相同，方法如下：

（1）用"开始"菜单启动。

单击任务栏上的"开始"按钮，选择"所有程序"→Microsoft Office→Microsoft Excel 2010 命令，即可启动 Excel 2010。

（2）用快捷方式启动。

双击桌面上的 Microsoft Excel 2010 快捷方式图标，即可启动 Excel 2010。

（3）利用现有的 Excel 文档。

双击任何 Excel 文档或 Excel 文档的快捷方式，即可启动 Excel 2010。

2．退出 Excel 2010

退出 Excel 2010 也有多种方法：

（1）单击窗口右上角的"关闭"按钮。

（2）单击"文件"选项卡，选择"退出"命令。

（3）单击窗口左上角的应用程序图标，选择"关闭"命令。

（4）双击窗口左上角的应用程序图标。

（5）按快捷键 Alt+F4。

4.1.2　Excel 2010 窗口组成

Excel 2010 启动后，打开 Excel 2010 应用程序工作窗口，如图 4-1 所示。各组成部分的功能和作用如下：

1．标题栏

标题栏位于 Excel 2010 窗口的最上方，用于显示当前正在编辑的电子表格和程序名称。右端有"最小化"、"最大化/还原"和"关闭"按钮。最左端有应用程序控制图标，控制图标的右侧是快速访问工具栏。

2．快速访问工具栏

快速访问工具栏默认位于标题栏左端，用于快速执行一些操作。使用过程中用户可根据需要，单击快速访问工具栏右侧的下拉列表按钮，自定义快速访问工具栏及设置工具栏的位置，默认情况下，快速访问工具栏中包括三个按钮，分别是"保存"、"撤消"和"恢复"按钮。

图 4-1　Excel 2010 窗口

3. 选项卡

标题栏下方是选项卡，各选项卡内均含有若干命令，主要包括"文件"、"开始"、"插入"、"页面布局"、"公式"、"数据"、"审阅"、"视图"等选项卡；根据操作对象的不同，还会增加相应的选项卡，用它们可以进行绝大多数 Excel 2010 操作。使用时，先单击选项卡名称，然后在命令组中选择所需命令，Excel 2010 将自动执行该命令。通过 Excel 2010 帮助可了解选项卡大部分功能。

4. 功能区

功能区用于显示与选项卡相对应的命令按钮，一般对各种命令分组显示，每个组由若干功能相应的按钮和下拉列表组成。例如，单击"开始"选项卡，其功能区将按"剪贴板"、"字体"、"对齐方式"、"数字"、"样式"、"单元格"、"编辑"等分组，分别显示各组操作命令。

5. 编辑栏

编辑栏位于工作表区的上方，包括名称框、 *fx* 及公式编辑栏，其主要功能是显示或编辑所选单元格中的内容，用户可以在编辑栏中对单元格中的数值进行函数计算等操作。名称框用来显示当前选定单元格的地址。单击 *fx* ，弹出"插入函数"对话框，可以选择函数插入到选定的单元格中。

6. 工作表区

工作表区位于 Excel 2010 窗口的中间，是 Excel 2010 主体窗口，用于存放用户数据，由单元格组成，每个单元格由其地址来标识。一般缺省设置为 3 个工作表，可以在"文件"选项卡的"选项"中更改缺省的工作表数量。

工作表标签显示工作表及名称，Excel 2010 将每个工作表自动命名为 Sheet1、Sheet2、Sheet3….Sheetn，在工作表标签上右击，会弹出快捷菜单，可以进行删除、移动、重命名、复制等操作。

7. 行号和列标

行号：行的编号，顺序是 1，2，3，…，1048576 行。

列标：列的编号，顺序是 A，B，…，Y，Z，AA，AB，…，AZ，BA，BB，…，BZ，…，IA，IB，…，IU…，共有 16384 列。

8．全选框

用于选择当前工作表的所有单元格。

9．滚动条

有水平滚动条和垂直滚动条，用以调整编辑的工作表的显示位置。

10．状态栏

状态栏位于 Excel 2010 窗口的底部，它可以显示工作表中单元格的状态信息，在其右侧还有"视图切换"按钮和"显示比例调节"按钮，通过单击"视图切换"按钮，可选择工作表的视图模式。"显示比例调节"按钮可改变显示比例。

4.1.3　Excel 2010 基本概念

Excel 2010 的工作方式是为用户提供一个工作簿，每一个工作簿包含若干个工作表，用户在工作表中完成自己的各种表格数据处理，最后将工作簿以文件的形式保存或打印输出。

1．工作簿

工作簿即 Excel 2010 中用来存储和处理数据的文件，默认的主文件名为"工作簿1"（当再次新建时，其默认的主文件名依次为"工作簿2"、"工作簿3"、……，用户在保存时，可更改主文件名），默认的扩展名为".xlsx"。每个工作簿可以包含一张或多张工作表，默认情况下，一个工作簿包含 3 张工作表。

2．工作表

工作表是工作簿的重要组成部分，用于存储和处理数据。每张工作表由行和列构成，行和列交叉形成的方格称为单元格，每张工作表都有一个工作表标签，工作表标签上显示的是工作表的名称，默认的工作表名为 Sheet1、Sheet2、Sheet3，若要编辑某张工作表时，只需单击对应的工作表标签，此时选定的工作表称为活动工作表或当前工作表，其工作表标签成反白显示。

3．单元格

单元格是 Excel 2010 处理数据时的最基本单位。为了方便数据处理，每个单元格都有一个唯一的名称，称为单元格地址。单元格地址由列标和行号组成，如单元格 A4，就是指位于第 A 列第 4 行交叉点上的单元格。

Excel 2010 启动之后，光标自动定位在工作表 Sheet1 的 A1 单元格中。如果用鼠标指针（空心十字形状）单击某单元格，使它呈现黑色的边框，这个单元格就是活动单元格，用户输入、编辑数据都需要在活动单元格中进行。

4．单元格区域

多个连续的单元格组成的矩形区域称为单元格区域，其表示方法由单元格区域左上角和右下角单元格地址间加"："组成，如 A1:C4。

4.1.4　Excel 2010 帮助系统

在使用 Excel 2010 过程中，可以通过"帮助"系统来获得相关的帮助信息。可单击"文件"选项卡的"帮助"命令，或使用 F1 键，使用方法与 Office 其他应用程序类似。

4.2　Excel 2010 基本操作

4.2.1　创建工作簿

当 Excel 2010 启动时，系统会自动为用户建立一个名为"工作簿 1.xlsx"的空工作簿，并预置 3 张空白工作表，其中将 Sheet1 置为当前工作表。如果用户需要建立一个新的工作簿，可用如下方法创建：

（1）单击"文件"选项卡中的"新建"命令，在"可用模板"区域内的"空白工作簿"选项中，单击"创建"按钮，如图 4-2 所示，即可建立一个新的空白工作簿。

图 4-2　创建新的空白工作簿

（2）按快捷键 Ctrl+N，可快速创建空白工作簿。

（3）Excel 2010 还提供了用模板创建工作簿的方法，当需要创建一个相似的工作簿时，利用模板创建可以减少很多重复性工作。用户可以使用 Excel 2010 自带模板，也可以根据个人工作需要，自己创建模板，如图 4-3 所示。

图 4-3　利用模板创建工作簿

4.2.2 保存工作簿

当工作簿建立好后，就要及时进行保存。可用如下几种方法：

（1）单击"文件"选项卡，选择"保存"命令。

（2）单击"快速访问工具栏"中的"保存"按钮。

（3）使用快捷键 Ctrl+S。

若当前工作簿是未命名的新工作簿文件，则自动转为"另存为"命令，系统弹出一个"另存为"对话框，如图 4-4 所示。用户在"另存为"对话框中选择要保存工作簿的位置，以及输入保存的文件名，然后单击"保存"按钮。

图 4-4 "另存为"对话框

4.2.3 打开工作簿

Excel 2010 允许同时打开多个工作簿。在 Excel 2010 中，还可以打开其他类型的文件，如 Dbase 数据库文件、文本文件等。打开工作簿方法有：

（1）单击"文件"选项卡中的"打开"命令，在"打开"对话框中，选择所需打开的工作簿名，单击"打开"按钮。

（2）按快捷键 Ctrl+O。

如需打开最近使用过的工作簿，可单击"文件"选项卡中的"最近所用文件"命令，在"最近使用的工作簿"区域内选择需要打开的工作簿名即可。

4.2.4 关闭工作簿

关闭工作簿的方法有如下几种：

（1）单击"文件"选项卡，选择"关闭"命令。

（2）单击窗口右上角的"关闭"按钮。

（3）双击窗口左上角的应用程序图标。

4.3　建立和编辑工作表

4.3.1　工作表数据的输入

Excel 2010 中的数据类型包括字符型、数值型、日期型、时间型和逻辑型，还可以在单元格中输入公式。当向单元格中输入数据时，一般不需要特别指明输入数据的类型，Excel 2010 会自动识别数据类型，并对不同的数据类型按不同的对齐方式显示。

1. 单个单元格数据的输入

选定单元格输入数据，数据会出现在选择的单元格和编辑栏中，用回车（Enter）键、Tab 键，或单击编辑栏上的"✓"按钮 3 种方法确认输入。如果要放弃输入的内容，可用鼠标单击编辑栏上的"✕"按钮或按键盘上的 Esc 键。

（1）输入数值型数据。

输入数值型数据时默认方式靠右对齐，如果输入的数值位数达到 12 位或以上，系统会自动将输入的数值用科学记数法来显示（如：3.23456677E+14）。输入正数时，正数的符号可以省略；负数输入时直接在数字前输入负号，或者也可用一对圆括号代替负号，如"-100"或"（100）"；分数输入时必须以零为开头，然后输入一个空格键，再输入分数，如"0 3/5"，否则 Excel 2010 会把它处理为日期数据（例如：3/5 处理为 3 月 5 日）。

（2）输入文本型数据。

输入文本时默认方式靠左对齐。如果输入的文本长度超过了单元格的宽度，确认输入后，若右侧相邻的单元格中没有任何数据，则超出的文本会延伸到右侧单元格中，直到完全显示；若右侧相邻的单元格中已有数据，则超出的文本会隐藏，只需增大列宽或设置自动换行。如果需要在单元格中输入多行文本，可在输入时按 Alt+Enter 组合键，进行强制换行。

如果需要把数字作为文本型数据输入（如：电话号码、身份证号等），除了事先设置单元格的数据类型为文本外，还可以在第一个数字前先输入一个"'"（英文状态下的单引号），再输入数字，如："'081712233445"。

（3）输入日期和时间。

输入日期时用"/"或"-"来分隔年、月、日，如"2014-1-3"或"2014/1/3"，输入时间时用":"来分隔时、分、秒，如"12:11:20"。若需要输入系统当前日期，可按快捷键 Ctrl+;来快速完成。若需要输入系统当前时间，可按快捷键 Ctrl+Shift+;来快速完成。

（4）公式输入。

在 Excel 2010 工作表中，若某个单元格中的数据可以通过计算得到，则可以为该单元格输入一个公式。输入公式的方法是：先输入一个等号"="，再输入公式内容（如："=A1+A2"），然后单击"✓"按钮或按 Enter 键确认，即可在单元格中显示计算结果，其中，A1 和 A2 是单元格地址，在编辑栏中显示该单元格的公式。有关公式的内容，将在"公式与函数"部分具体介绍。

2. 序列填充

在向工作表输入数据时，有时会出现有规律的序列数据，如："一月，二月，……，十二月；1，2，3，……"等。Excel 2010 提供了序列数据自动填充输入功能，用户使用该功能可以快速地完成序列数据的输入，而不需要一个一个地输入这些数据。

（1）填充相同数据。

如果要在工作表的某一个区域输入相同的数据，可选定需输入数据的区域，在任意单元格输入数据，按 Ctrl+Enter 组合键即可完成；也可先在一个单元格中输入数据，再水平或竖直方向拖曳该单元格填充柄到达目标区域时松开鼠标左键。

（2）填充已定义的序列数据。

如果要在工作表某一个区域输入有规律的数据，可以使用 Excel 2010 的数据自动填充功能。它是根据输入的初始数据，然后到 Excel 2010 自动填充序列登记表中查询，如果有该序列，拖曳填充柄，则按该序列填充。

例如：单击一个单元格输入初始数据"一月"，然后将鼠标移至填充柄上，鼠标指针会变成小黑十字形，此时按住鼠标左键在要填充序列的区域向下或向右拖动，到达目标区域时松开鼠标左键，自动填充后继项，即依次填入"二月"、"三月"、……、"十二月"。当然也可以向上或向左拖动填充柄，则自动填充前续项。

（3）智能填充。

1）利用填充柄输入序列。

单击单元格输入初始值，鼠标移至填充柄上，按住鼠标左键在要填充序列的区域上拖曳填充柄，到达目标区域时松开鼠标左键，在数据实现填充后，被填充的区域最下方会出现"自动填充选项"按钮，单击该按钮，从弹出的下拉菜单中选择要进行的操作。另外，也可在相邻的两个单元格中先分别输入序列的前两个数，再选定这两个单元格区域，然后水平或竖直方向拖动区域填充柄至目标单元格即可填充。

例如：填充输入数据"1、2、3、…、10"，可单击一个单元格，输入 1，然后向下拖曳填充柄到第 10 个单元格的区域松开鼠标，单击区域最下方出现的"自动填充选项"按钮，从弹出的下拉菜单中选择"序列填充"，即快速完成数据的输入，如图 4-5 所示。

2）利用"序列"对话框输入序列。

在填充区域的第一个单元格中输入初始值，然后选择整个填充区域，在"开始"选项卡的"编辑"组中，单击"填充"按钮，选择"系列"命令，弹出"序列"对话框，如图 4-6 所示。选中"行"或"列"单选按钮，确定序列产生的方向，选择序列类型，设置对应的参数，单击"确定"按钮完成序列填充。

图 4-5　填充柄输入序列

图 4-6　"序列"对话框

（4）自定义序列。

用户也可以根据自己的需求来创建自定义序列，其操作步骤如下：

1）单击"文件"选项卡中的"选项"命令，弹出"Excel 选项"对话框，在"高级"选项卡的"常规"属性设置中，单击"编辑自定义列表"按钮，弹出"自定义序列"对话框，如图 4-7 所示。

图 4-7　"自定义序列"对话框

2）单击"自定义序列"列表框中的"新序列"选项，则在"输入序列"文本框中出现闪烁光标，在光标处输入自定义的序列项，每项末尾按 Enter 键进行分隔。

3）序列输入完毕后，单击"添加"按钮，则新定义的填充序列将添加到"自定义序列"列表框中，单击"确定"按钮，即完成自定义序列。

4.3.2　工作表的操作

默认情况下，Excel 2010 为用户预置 3 张工作表，用户可以添加和删除工作表，重命名工作表。还可以将一张工作表的内容复制到其他工作表，以及移动工作表到其他位置或其他工作簿中。

1. 选择工作表

（1）单击工作表标签即可选择该工作表，被选中的工作表变为活动工作表。

（2）选择相邻的多张工作表：单击第一张工作表标签，然后按住 Shift 键，单击准备选择的工作表的最后一张工作表标签。

（3）选择不相邻的多张工作表：单击第一张工作表标签，然后按住 Ctrl 键，同时单击准备选择的多张工作表标签。

（4）选择所有的工作表：右击任意一张工作表标签，在弹出的快捷菜单中选择"选定全部工作表"命令，即可完成所有工作表的选择。

2. 重命名工作表

方法 1：右击重命名的工作表标签，在弹出的快捷菜单中选择"重命名"命令，此时需要重命名的工作表标签呈高亮显示，输入新的工作表名，按 Enter 键即可。

方法 2：双击需重命名的工作表标签，在呈高亮显示的工作表标签处，删除原名，输入新的工作表名，按 Enter 键即可。

方法 3：选定需重命名的工作表，在"开始"选项卡的"单元格"组中，单击"格式"按钮，选择"重命名工作表"命令，在呈高亮显示的工作表标签处，删除原名，输入新的工作表名，按 Enter 键即可。

3. 插入工作表

方法 1：选定工作表，在"开始"选项卡的"单元格"组中，单击"插入"，选择"插入工作表"命令，则在当前工作表之前插入一张新工作表。

方法 2：右击某工作表标签，选择快捷菜单中的"插入"命令，打开"插入"对话框，选择"常用"选项卡中的"工作表"，单击"确定"按钮，则在选定工作表之前插入一张新工作表。

方法 3：单击工作表标签位置处的"插入工作表"图标，则在现有工作表后插入一张新的工作表（Excel 2010 新增了"插入工作表"图标）。

4. 删除工作表

选定需删除的工作表，在"开始"选项卡的"单元格"组中，单击"删除"按钮，选择"删除工作表"命令。或右击需删除的工作表标签，在弹出的快捷菜单中选择"删除"命令。

注意：Excel 2010 删除的工作表是不可恢复的，为永久删除。

5. 移动和复制工作表

（1）利用鼠标在工作簿内移动或复制工作表。

1）移动工作表。

在一个工作簿内移动工作表，可以改变工作表在工作簿中的先后顺序。其操作方法为：

选择要移动的工作表标签，按住鼠标左键向左或右拖动工作表标签，拖动时会出现黑色小箭头，当黑色小箭头指向要移动到的目标位置时，放开鼠标，完成工作表的移动。

2）复制工作表。

复制工作表可以为已有的工作表建立一个备份。其操作方法为：

复制工作表和移动工作表的操作类似，只是在拖动工作表标签的同时按住 Ctrl 键，当鼠标指针移到要复制的目标位置时，先放开鼠标，再松开 Ctrl 键即可。

（2）利用对话框在不同的工作簿之间移动或复制工作表。

1）分别打开两个工作簿（源工作簿和目标工作簿），使源工作簿成为当前工作簿。

2）在当前工作簿选定要复制或移动的一个或多个工作表标签。

3）右击，在弹出的快捷菜单中选择"移动或复制工作表"命令，弹出"移动或复制工作表"对话框，如图 4-8 所示。

图 4-8 "移动或复制工作表"对话框

4）在"工作簿"下拉列表框中，选择要复制或移动到的目标工作簿。

5）在"下列选定工作表之前"的列表框中，选择要插入的位置。

6）如果是移动工作表，需取消选中"建立副本"复选框；如果是复制工作表，则选中"建立副本"复选框，单击"确定"按钮，则完成将工作表移动或复制到目标工作簿。

6．工作表窗口冻结与拆分

（1）冻结。

冻结窗格可以实现选择滚动工作表时始终保持某些可见的数据。例如在滚动时保持行标题或列标题可见。选择要冻结的单元格，在"视图"选项卡的"窗口"组中，单击"冻结窗格"按钮，选择合适的冻结选项即可，如图 4-9 所示。

（2）拆分。

工作表建立好后，有的工作表比较大，由于显示器的屏幕大小有限，往往只能看到一部分数据，此时说明数据含义的部分就可能未在显示器上显示出来。为了便于对数据的准确理解，可以将工作表窗口拆分为几个窗口，每个窗口都显示同一张工作表，通过每个窗口的滚动条移动工作表，使需要的部分分别出现在不同的窗口中，这样便于查看时理解表中的数据。拆分窗口方法为：

单击"视图"选项卡"窗口"组中的"拆分"按钮，或用鼠标直接拖曳工作簿窗口中的"水平拆分"按钮或"垂直拆分"按钮。"水平拆分"按钮（在竖直滚动条的上方）可将工作簿窗口拆分为上下两个窗口，"垂直拆分"按钮（在水平滚动条的右边）可将工作簿窗口拆分为左右两个窗口，最多可将窗口拆分为 4 个窗格，如图 4-10 所示。

图 4-9　"冻结窗格"子菜单

图 4-10　工作表窗口拆分

（3）取消冻结、拆分。

1）取消冻结：在"视图"选项卡的"窗口"组中，单击"冻结窗格"，选择"取消冻结窗格"命令，即取消窗口冻结。

2）取消拆分：单击"视图"选项卡"窗口"组中的"拆分"按钮，或双击拆分条也可取消拆分窗口。

4.3.3　单元格的操作

编辑工作表是指以单元格信息为基本的编辑处理，包括对单个单元格、单元格区域中输入的数据进行修改、删除、移动和复制等操作。

1．单元格的选定

（1）选择一个单元格。

方法 1：直接单击单元格。

方法 2：利用键盘的移动键，移至该单元格。

方法 3：在名称框中输入单元格地址，按 Enter 键。如输入 A6，按 Enter 键后，则快速定位到 A6 单元格。

（2）选择多个连续的单元格。

方法 1：选定需要选择的单元格区域左上角的单元格，然后按住鼠标左键不放并拖动，当拖动到需要选择的单元格区域右下角的单元格，释放鼠标即可，如图 4-11 所示。

▲	A	B	C	D	E	F	G	H
1				学生成绩表				
2	学号	姓名	英语	数学	计算机基础	总分	平均分	
3	1204103101	李小秋	73	82	90	245	81.67	
4	1204103102	程功	84	60	75	219	73.00	
5	1204103103	李心一	74	57	85	216	72.00	
6	1204103104	钱刚	92	88	72	252	84.00	
7	1204103105	张蕾蕾	77	69	56	202	67.33	
8	1204103106	王红海	63	81	75	219	73.00	
9	1204103107	赵文书	52	90	84	226	75.33	
10	1204103108	马婷艳	66	79	89	234	78.00	
11	1204103109	王智	47	61	70	178	59.33	
12	1204103110	宁小兵	81	72	68	221	73.67	
13								
14								

图 4-11　选择连续的单元格

方法 2：选定需要选择的单元格区域左上角的单元格，然后按住 Shift 键，并单击单元格区域右下角的单元格。

方法 3：在单元格名称框中输入需要选择的单元格区域的地址，例如 A1:C5，按 Enter 键。

方法 4：单击该区域中左上角的第一个单元格，按 F8 键，使用键盘移动键扩展选定区域。要停止扩展选定区域，再次按 F8 键。

（3）选择多个不连续的单元格或单元格区域。

方法 1：选择第一个单元格或单元格区域，然后按住 Ctrl 键的同时选择其他单元格或区域，如图 4-12 所示。

▲	A	B	C	D	E	F	G	H
1				学生成绩表				
2	学号	姓名	英语	数学	计算机基础	总分	平均分	
3	1204103101	李小秋	73	82	90	245	81.67	
4	1204103102	程功	84	60	75	219	73.00	
5	1204103103	李心一	74	57	85	216	72.00	
6	1204103104	钱刚	92	88	72	252	84.00	
7	1204103105	张蕾蕾	77	69	56	202	67.33	
8	1204103106	王红海	63	81	75	219	73.00	
9	1204103107	赵文书	52	90	84	226	75.33	
10	1204103108	马婷艳	66	79	89	234	78.00	
11	1204103109	王智	47	61	70	178	59.33	
12	1204103110	宁小兵	81	72	68	221	73.67	
13								
14								

图 4-12　选择不连续的单元格区域

方法 2：选择第一个单元格或单元格区域，然后按一下 Shift+F8 组合键，再单击其他的单元格或单元格区域，若要停止向选定区域中添加单元格或单元格区域，再次按 Shift+F8 组合键。

（4）选择单元格中的文本。

方法 1：选中并双击该单元格，再选取其中的文本或部分文本。

方法 2：选中单元格，在编辑栏选取文本或部分文本。

（5）选择行。

选择一行：将鼠标指针指向需要选择的行对应的行号处，当鼠标指针呈→状时，单击鼠标可选中该行。

选择连续的多行：选中需要选择的起始行号，然后按住鼠标左键不放，拖动至需要选择的末行行号处，释放鼠标即可。

选择不连续的多行：按住 Ctrl 键不放，然后依次单击需要选择的行对应的行号。

（6）选择列。

选择一列：将鼠标指针指向需要选择的列对应的列标处，当鼠标指针呈 ↓ 状时，单击鼠标可选中该列。

选择连续的多列：选中需要选择的起始列标，然后按住鼠标左键不放，拖动至需要选择的末列列标处，释放鼠标即可。

选择不连续的多列：按住 Ctrl 键不放，然后依次单击需要选择的列对应的列标。

（7）选择工作表中的所有单元格。

方法 1：单击行号和列标交汇处的"全选"按钮，可选中当前工作表中的所有单元格。

方法 2：按快捷键 Ctrl+A。

2．插入单元格、行和列

（1）插入单元格。

选取要插入新空白单元格的单元格，在"开始"选项卡的"单元格"组中，单击"插入"按钮，选择"插入单元格"命令，或右击所选单元格，在弹出的快捷菜单中选择"插入"命令，弹出"插入"对话框，如图 4-13 所示。选择要移动单元格的方式，单击"确定"按钮。

（2）插入行和列。

选择要在其上方或左边插入新行或列的行或列，在"开始"选项卡的"单元格"组中，单击"插入"按钮，选择"插入工作表行"或"插入工作表列"命令。或右击选中的行或列，在弹出的快捷菜单中选择"插入"命令。

3．删除单元格、行和列

（1）删除单元格。

选择要删除的单元格，在"开始"选项卡的"单元格"组中，单击"删除"按钮，选择"删除"命令，或右击选中的单元格，在弹出的快捷菜单中选择"删除"命令，弹出"删除"对话框，如图 4-14 所示。选择要移动周围单元格的方式，单击"确定"按钮。

　　图 4-13　"插入"对话框　　　　　　　图 4-14　"删除"对话框

注意：按 Delete 键只删除所选单元格的内容，而不会删除单元格本身。

（2）删除行、列。

选择要删除的行或列，在"开始"选项卡的"单元格"组中，单击"删除"按钮，或右击选定的行或列，在弹出的快捷菜单中选择"删除"命令。

4．移动或复制单元格

移动或复制单元格时，将移动或复制整个单元格，包括公式及其结果值、单元格格式和批注。

（1）利用鼠标移动或复制。

1）移动。

选定要移动的单元格或单元格区域，将鼠标指针移动到所选区域的边框上，呈左向上空心箭头时拖动鼠标至目标位置，释放鼠标左键即可。

2）复制。

选定要复制的单元格或单元格区域，将鼠标指针移动到所选区域的边框上，呈左向上空心箭头时，按住 Ctrl 键，拖动鼠标至目标位置，先释放鼠标左键，再松开 Ctrl 键即可。

（2）利用剪贴板移动或复制。

1）移动。

选定要移动的单元格或单元格区域，单击"开始"选项卡"剪贴板"组中的"剪切"按钮，或按 Ctrl+X 快捷键，选定粘贴的目标单元格或单元格区域，在"开始"选项卡的"剪贴板"组中，单击"粘贴"按钮或按 Ctrl+V 快捷键即可。

2）复制。

选定要复制的单元格或单元格区域，在"开始"选项卡的"剪贴板"组中，单击"复制"按钮，或按 Ctrl+C 快捷键，选择粘贴的目标单元格或单元格区域，在"开始"选项卡的"剪贴板"组中，单击"粘贴"按钮或按 Ctrl+V 快捷键即可。

5. 选择性粘贴

在 Excel 2010 中除了能够复制选定的单元格外，还可以有选择地复制单元格数据，数据复制时往往只需复制它的部分特性。"选择性粘贴"命令可用于将复制单元格中的公式或数值与粘贴区域单元格中的公式或数值合并，也可将复制单元格中的公式或数值与粘贴区域单元格的内容进行加、减、乘或除等运算。

"选择性粘贴"还具有求"转置"功能。所谓"转置"就是对行、列数据的位置转换。例如，把一行数据转换成工作表的一列数据，当粘贴数据改变其方位时，复制区域顶端行的数据出现在粘贴区域左列处，左列数据则出现在粘贴区域的顶端行上。"选择性粘贴"选项的含义如表 4-1 所示。

表 4-1　"选择性粘贴"选项

粘贴选项	含义
全部	粘贴全部单元格内容和格式
公式	仅粘贴编辑栏中输入的公式
数值	仅粘贴单元格中显示的值
格式	仅粘贴单元格格式
批注	仅粘贴附加到单元格的批注
有效性验证	将复制的单元格的数据有效性规则粘贴到粘贴区域
所有使用源主题的单元	使用应用于源数据的主题粘贴所有单元格内容和格式
边框除外	粘贴应用到复制数据的文档主题格式中的全部单元格内容
列宽	将一列或一组列的宽度粘贴到另一列或一组列
公式和数字格式	仅粘贴选定单元格的公式和数字格式选项
值和数字格式	仅粘贴选定单元格的值和数字格式选项

使用"选择性粘贴"的操作步骤如下：

（1）先对选定区域执行复制操作并指定粘贴区域。

（2）执行"粘贴"命令中的"选择性粘贴"选项，弹出"选择性粘贴"对话框，如图 4-15 所示。

（3）在"粘贴"选项组中选择所要的粘贴方式，单击"确定"按钮，即可完成。

6．单元格数据的清除

如果希望单元格保留位置，只是删除其内容、批注或格式等，可以使用清除命令。操作方法如下：

（1）选定想要清除的单元格或单元格区域。

（2）在"开始"选项卡的"编辑"组中，单击"清除"按钮，在其下拉菜单中选择合适的"清除"命令，如图 4-16 所示。

图 4-15 "选择性粘贴"对话框

图 4-16 "清除"命令选择

（3）如选择"全部清除"命令，则清除选定区域内的所有内容。

7．编辑单元格数据

（1）利用单元格编辑的步骤。

1）双击要编辑数据的单元格，出现闪烁的光标。

2）调整光标的位置，对单元格数据进行修改。

3）单击编辑栏中"√"按钮，或按 Enter 键，完成编辑操作；若不需要修改数据，则单击"×"按钮。

（2）利用编辑栏编辑的步骤。

1）单击要编辑数据的单元格。

2）在编辑栏中定位光标的位置，修改编辑栏中的数据。

3）单击编辑栏中"√"按钮，或按 Enter 键，完成编辑操作；若不需要修改数据，则单击"×"按钮。

8．单元格数据的查找与替换

在"开始"选项卡的"编辑"组中，单击"查找和选择"按钮，选择"替换"命令（或按 Ctrl+H 快捷键），弹出"查找和替换"对话框，如图 4-17 所示。单击"选项"按钮可扩展对话框。在对话框中可输入需查找和替换的数据，然后单击相应的选项按钮，即可完成数据的查找与替换。

图 4-17   "查找和替换"对话框

9．单元格批注

单元格添加批注，即给单元格添加一些说明性的文字，以便于更好地理解单元格的内容。批注内容不显示在单元格中。当鼠标指针指向单元格时将显示批注。如图 4-18 所示。

	A	B	C	D	E	F	G	H
1				学生成绩表				
2	学号	姓名	英语	数学	计算机基础	总分	平均分	
3	1204103101	李小秋	73	82	90	User:		
4	1204103102	程功	84	60	75	优秀		
5	1204103103	李心一	74	57	85			
6	1204103104	钱刚	92	88	72			
7	1204103105	张蕾蕾	77	69	56	202	67.33	
8	1204103106	王红海	63	81	75	219	73.00	
9	1204103107	赵文书	52	90	84	226	75.33	
10	1204103108	马婷艳	66	79	89	234	78.00	
11	1204103109	王智	47	61	70	178	59.33	
12	1204103110	宁小兵	81	72	68	221	73.67	
13								
14								

图 4-18   E3 添加批注

添加批注的方法：执行"审阅"选项卡"批注"组中的"新建批注"命令，或右击，在弹出的快捷菜单中选择"插入批注"命令，在"批注"输入框中输入批注内容，然后单击任意单元格即可。

4.3.4   应用举例

【例】"学生成绩表"的建立与编辑。

创建一个名为"学生成绩表.xlsx"的工作簿，在工作表 Sheet1 中输入如图 4-19 所示的数据，然后编辑工作表：在学生"张蕾蕾"之前添加学生"钱刚"，其数据为"钱刚，92，88，72"；删除学生"林子"行；将学生"王智"和"程功"两行交换位置；在"姓名"列前插入"学号"列，用填充方法输入学号，并为文本类型，第一条记录的学号为"1204103101"；在第一行之前插入表标题"学生成绩表"；将学生"宁小兵"的英语"71"更改为"81"；复制工作表 Sheet1，并将复制的工作表重命名为"学生成绩表"。

	A	B	C	D	E
1	姓名	英语	数学	计算机基础	
2	李小秋	73	82	90	
3	王智	47	61	70	
4	李心一	74	57	85	
5	张蕾蕾	77	69	56	
6	林子	89	75	87	
7	王红海	63	81	75	
8	赵文书	52	90	84	
9	马婷艳	66	79	89	
10	程功	84	60	75	
11	宁小兵	71	72	68	
12					
13					

图 4-19   初始数据

分析与操作：

1. 启动 Excel，在空白工作表 Sheet1 中输入如图 4-19 所示的数据

（1）双击桌面 Excel 2010 快捷图标或单击任务栏"开始"按钮，选择"所有程序"→Microsoft Office→Microsoft Excel 2010 命令，启动 Excel 2010。

（2）选定工作表 Sheet1，单击 A1 单元格使其成为活动单元格，并输入列标题"姓名"，按 Tab 键激活 B1 单元格，输入"英语"，同样方法依次输入"数学"、"计算机基础"。

（3）单击 A2 单元格，输入"李小秋"后按回车键，依次输入其他学生姓名。并按上述同样方法输入表中各科成绩。

2. 插入行，输入学生"钱刚"数据

（1）单击"张蕾蕾"所在行行号，选择行。

（2）在"开始"选项卡的"单元格"组中，单击"插入"按钮，选择"插入工作表行"命令，或右击"张蕾蕾"所在行号，在弹出的快捷菜单中，选择"插入"命令，即在"张蕾蕾"前插入新的行。

（3）在插入的空白行中，依次输入数据"钱刚，92，88，72"。

3. 删除学生"林子"行

（1）单击"林子"所在行的任一单元格。

（2）在"开始"选项卡的"单元格"组中，单击"删除"按钮，选择"删除工作表行"命令，或右击"林子"所在行号，在弹出的快捷菜单中，选择"删除"命令。

4. 交换学生"王智"和"程功"两行位置

（1）单击"王智"所在行的行号，选定该行。

（2）将鼠标指针移到该行底部，当指针形状变为 ✛ 时，按住 Shift 键的同时拖动鼠标到"程功"所在行。

（3）单击"程功"所在行的行号，选定该行。

（4）将鼠标指针移到该行底部，当指针形状变为 ✛ 时，按住 Shift 键的同时拖动鼠标到原"王智"所在行，则两行位置相互交换。

5. 插入"学号"列

（1）选定"姓名"列。

（2）在"开始"选项卡的"单元格"组中，单击"插入"按钮，选择"插入工作表列"命令，或右击"姓名"所在列号，在弹出的快捷菜单中，选择"插入"命令，即在"姓名"列之前插入空白列（A 列）。

6. 使用填充柄，快速输入文本类型"学号"

（1）单击 A1 单元格，输入"学号"。

（2）单击 A2 单元格，先输入英文状态的单引号"'"，再输入学号"1204103101"。

（3）将鼠标指针移到 A2 单元格右下角的填充柄处，当指针形状变为 ✚ 时，向下拖动鼠标，完成对其他学号的快速输入，如图 4-20 所示。

7. 插入表标题

（1）右击 A1 单元格的行号，在弹出的快捷菜单中，选择"插入"命令，即在首行之前插入空行。

（2）在空白行中输入表标题"学生成绩表"。

8. 修改"宁小兵"成绩数据

单击"宁小兵"英语成绩所在单元格（C12），直接在单元格中输入更改的成绩"81"即可。

9. 复制 Sheet1 工作表

单击 Sheet1 工作表标签，按住 Ctrl 键，拖曳鼠标至 Sheet1 工作表标签之后，先松开鼠标，再释放 Ctrl 键，得到复制工作表 Sheet1（2）。

10. 工作表更名

双击 Sheet1（2）工作表标签，将工作表更名为"学生成绩表"。

11. 保存工作簿

（1）单击"文件"选项卡中的"保存"按钮，或单击"快速访问工具栏"上的"保存"按钮，弹出"另存为"对话框。

（2）在对话框中选择保存位置（如 E:\应用举例），在"文件名"下拉列表框中输入文件名"学生成绩表"。

（3）单击"保存"按钮，完成工作簿的保存。"学生成绩表"操作结果如图 4-20 所示。

图 4-20　学生成绩表

4.4　工作表格式化

当工作表的数据建立好后，就可以利用格式化编辑命令，对工作表中的数据进行如数据格式、字体、表格边框、单元格格式和行高列宽等设置。

4.4.1　设置列宽和行高

默认情况下，工作表的每个单元格具有相同的列宽和行高，但由于输入单元格的内容形式多样，用户可以自行设置列宽和行高。

1. 使用鼠标设置

（1）设置列宽。

将鼠标指针指向要调整列宽的列标分割线上，鼠标指针变成水平双向箭头形状，按住鼠标左键并左右拖动鼠标，直至将列宽调整到合适宽度，放开鼠标即可。

（2）设置行高。

将鼠标指针指向要调整行高的行号分割线上，鼠标指针变成垂直双向箭头形状，按住鼠标左键并上下拖动鼠标，直至将行高调整到合适高度，放开鼠标即可。

2．使用选择卡精确设定列宽和行高

（1）设置列宽。

选定需要设置列宽的区域，在"开始"选项卡的"单元格"组中，单击"格式"按钮，选择"列宽"，弹出"列宽"对话框，如图 4-21 所示。输入需要的列宽，单击"确定"按钮。

（2）设置行高。

选定需要设置行高的区域，在"开始"选项卡的"单元格"组中，单击"格式"按钮，选择"行高"，弹出"行高"对话框，如图 4-22 所示，输入需要的行高，单击"确定"按钮。

图 4-21　"列宽"对话框　　　　　　　图 4-22　"行高"对话框

4.4.2　单元格的格式设置

1．设置数字格式

Excel 2010 提供了多种数字格式，可以设置不同小数位数、百分号、货币符号等，这时屏幕上的单元格呈现的是格式化后的数字，编辑栏中呈现的是系统实际存储的数据。

数字格式化的操作步骤为：

（1）选定要格式化数字的单元格或单元格区域。

（2）在"开始"选项卡的"数字"组中，单击"打开对话框"按钮，或右击，在弹出的快捷菜单中选择"设置单元格格式"命令，在弹出的"设置单元格格式"对话框中单击"数字"选项卡，如图 4-23 所示。

图 4-23　"数字"选项卡

（3）在"分类"列表中选择一种分类格式（如"数值"），在对话框的右侧按要求进行设置（如设置小数位数为 2），可从"示例"栏中查看效果。

（4）单击"确定"按钮。

2. 字体的设置

在缺省情况下，输入的字体为"宋体"，字形为"常规"，字号为 11。用户可重新设置字体、字形和字号，还可以添加下划线以及改变字体的颜色。

对字体进行格式化的操作步骤为：

（1）选定所要格式化的单元格或单元格区域。

（2）在"开始"选项卡的"数字"组中，单击"打开对话框"按钮，或右击，在快捷菜单中选择"设置单元格格式"命令，在弹出的"设置单元格格式"对话框，选择"字体"选项卡，如图 4-24 所示。

（3）选择需设置的"字体"、"字号"、"下划线"、"颜色"等。

（4）单击"确定"按钮。

图 4-24 "字体"选项卡

3. 设置对齐方式

默认情况下，输入单元格的数据是按照文字左对齐、数字右对齐、逻辑值居中对齐的方式来进行的。可以通过有效的设置对齐方法，使版面更加美观。

设置对齐方式的操作步骤为：

（1）选定需对齐的单元格区域。

（2）在"开始"选项卡的"数字"组中，单击"打开对话框"按钮，在弹出的"设置单元格格式"对话框中单击"对齐"选项卡，如图 4-25 所示。

（3）在对话框中，选择水平和垂直对齐方式，在"方向"列表框中改变单元格内容的显示方向。若选中"自动换行"复选框，当单元格中的内容宽度大于列宽时，则自动换行。若要在单元格内强行换行，可按 Alt+Enter 组合键。

（4）设置完成后，单击"确定"按钮，即可完成对齐方式的设置。

4. 设置边框

初始创建的工作表没有实线，工作窗口中的表格线是为方便用户创建表格数据而设置的，要想打印出具有实线的表格，用户可为单元格添加边框，这样能使工作表更加直观、清晰。

设置方法如下：

图 4-25　"对齐"选项卡

（1）选择要添加边框的单元格或单元格区域。

（2）在"开始"选项卡的"数字"组中，单击"打开对话框"按钮，在弹出的"设置单元格格式"对话框中单击"边框"选项卡，如图 4-26 所示。

图 4-26　"边框"选项卡

（3）在"预置"选项组中选取适当的边框形式；在"样式"列表框中选取线条样式，可为边框的各边设置不同的线型；单击"颜色"下拉列表框右侧的下三角按钮，在调色板中给边框加上不同的颜色；在"边框"选项组中选取不同位置的边框线，可以设置边框线的位置。

（4）单击"确定"按钮。

5．设置底纹

若需要突出显示某些单元格或单元格区域，可为这些单元格设置背景色和图案。设置方法为：

（1）选择要添加底纹的单元格或单元格区域。

（2）在"开始"选项卡的"数字"组中，单击"打开对话框"按钮，在弹出的"设置单元格格式"对话框中单击"填充"选项卡，如图 4-27 所示。

图 4-27 "填充"选项卡

（3）在"背景色"选项组下选取需要的颜色或图案。

（4）单击"确定"按钮。

4.4.3 设置条件格式

条件格式是使数据在满足条件时，显示不同的字体、颜色或底纹等数字格式。

设置条件格式的方法为：

选取需要设置特殊格式的单元格区域，在"开始"选项卡的"样式"组中，单击"条件格式"按钮，在其下拉面板中选择合适的选项，如图 4-28 所示。

各选项功能：

- 突出显示单元格规则：让 Excel 2010 单元格区域中的某几个单元格突出显示。
- 项目选取规则：一般用于统计数据，可以很容易地突出数据范围内高于或低于平均值的数据，或按百分比来找出数据。
- 数据条：用数据条来设置条件格式。也就是说，把颜色换成代表长短的数据条。
- 色阶：通过颜色的变化让用户直观地查看数据的变化，在 Excel 2010 中内置了两种颜色刻度来设置条件格式。

图 4-28 "条件格式"选项

- 图标集：用图标来设置条件格式，也就是在单元格中用图标来标示需要看到的内容。

例如，对"学生成绩表"中的英语、数学和计算机基础各科成绩中大于 85 分的成绩，设置为红色字体、加粗，图案灰色的格式。操作方法如下：

（1）选择设置条件格式的单元格区域 C3:E12。

（2）在"开始"选项卡的"样式"组中，单击"条件格式"按钮，选择"突出显示单元格规则"操作，打开"大于"对话框。

（3）在对话框中输入 85，单击"设置为"列表框中的"自定义"按钮，弹出"设置单元格格式"对话框，在"字体"选项卡中设置字形加粗、字体红色，并在"填充"选项卡中选择灰色。

（4）单击"确定"按钮，即大于 85 分的成绩以设置的格式突出显示，如图 4-29 所示。

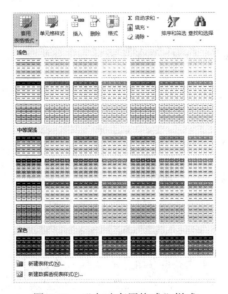

图 4-29　"条件格式"突出显示

4.4.4　自动套用格式

自动套用格式是把 Excel 2010 提供的显示格式自动套用到用户指定的单元格区域，可以使表格更加美观，主要有简单、古典、会计序列和三维效果等格式。

操作步骤如下：

（1）选定要套用格式的单元格区域。

（2）在"开始"选项卡的"样式"组中，单击"套用表格格式"按钮，选择其中的某一"样式"，如图 4-30 所示，即完成表格格式的自动套用。

图 4-30　"自动套用格式"样式

表格自动套用格式完成后，单击表格任意区域，则功能区中会自动添加"表格工具－设计"选项卡，可以对表格样式做进一步设置。

4.4.5　使用样式

Excel 2010 样式是单元格字体、字号、对齐、边框和图案等一个或多个设置特性的组合，将这样的组合加以命名和保存以供用户使用。应用样式即应用样式名的所有格式设置。

样式包括内置样式和自定义样式，内置样式是 Excel 2010 内部自定义的样式，用户可以直接使用，自定义样式是用户根据需要自定义的组合设置，设置需定义的样式名，使用"开始"选项卡中的"样式"命令组设置。

4.4.6 格式的复制和删除

在 Excel 2010 中，如需要对格式进行复制，可使用格式刷来实现。

1. 复制格式

格式刷操作步骤：

（1）选定已设置格式的单元格。

（2）单击"开始"选项卡"剪贴板"组中的"格式刷"按钮，然后在要复制格式的单元格上单击，即可将选中单元格的格式复制到目标单元格。

若双击"格式刷"按钮，则可在多个单元格或单元格区域连续复制格式。再次单击格式刷"按钮可取消连续复制。

2. 删除格式

删除格式操作步骤：

（1）选定要删除格式的单元格。

（2）在"开始"选项卡的"编辑"组中，单击"清除 "按钮，选择"清除格式"命令。

4.4.7 应用举例

【例】"学生成绩表"格式化。

打开"学生成绩表.xlsx"工作簿，对学生成绩表工作表进行格式化：设置表标题字体为楷体 24 号、跨列居中、黄色底纹、行高 30；设置列标题字体为黑体 16 号；数据区域字体为仿宋 16 号、蓝色底纹；将表格所有数据居中，调整合适的行高和列宽；将所有成绩小于 60 分的设置为浅红填充色、深红色文本；添加外框线为红色双实线、内框线单细线；将工作表重命名为"成绩表格式化"；按原名保存工作簿。

分析与操作：

1. 打开"学生成绩表.xlsx"工作簿

双击"学生成绩表.xlsx"工作簿图标，即打开文件，选择"学生成绩表"工作表标签。

2. 设置表标题格式

（1）选中表标题文本"学生成绩表"。

（2）在"开始"选项卡的"字体"组中，选择字体为楷体、字号为 24 号。

（3）选定单元格区域 A1:E1，在"开始"选项卡的"对齐方式"组中，单击"合并后居中"按钮。

（4）在"开始"选项卡的"字体"组中，单击"填充"按钮，选择黄色。

3. 设置表标题行高

（1）选定表标题行。

（2）在"开始"选项卡的"单元格"组中，单击"格式"按钮，选择"行高"命令，在弹出的"行高"对话框中输入 30，单击"确定"按钮。

4．设置列标题字体

（1）选定列标题单元格区域 A2:E2。

（2）在"开始"选项卡的"字体"组中，选择字体为黑体、字号为 16 号。

5．设置数据区域格式

（1）选定单元格区域 A2:E12，在"开始"选项卡的"字体"组中，选择字体为仿宋字体、字号为 16；单击"填充"按钮，填充蓝色。

（2）在"开始"选项卡的"单元格"组中，单击"格式"按钮，选择"自动调整行高"命令，同样方法选择"自动调整列宽"命令。

（3）右击，选择快捷菜单中的"设置单元格格式"命令，在弹出的对话框中，单击"对齐"选项卡，在"文本对齐方式"选项组中的"水平对齐"和"垂直对齐"下拉列表框中选择"居中"选项，单击"确定"按钮。

6．设置条件格式

（1）选定单元格区域 C3:E12。

（2）在"开始"选项卡的"样式"组中，单击"条件格式"按钮，选择"突出显示单元格规则"操作，打开"小于"对话框，在对话框中输入 60，在"设置为"下拉列表框中选择"浅红填充色深红色文本"，单击"确定"按钮。

7．设置边框

（1）选中单元格区域 A1:E12。

（2）在"开始"选项卡的"字体"组中，单击"打开对话框"按钮，在弹出的"设置单元格格式"对话框中，单击"边框"选项卡，在"线条"样式中指定线型为双实线，在"颜色"下拉列表框中指定表格边框线的颜色为"红色"，单击"外边框"按钮。

（3）在"线条"样式中指定表格线型为单实线，在"颜色"下拉列表框中指定表格边框线的颜色为"黑色"，单击"内部"按钮。设置结果如图 4-31 所示。

图 4-31　"学生成绩表"格式化

8．重命名工作表

右击该工作表标签，选择快捷菜单中的"重命名"命令，将工作表重命名为"成绩表格式化"。

9．保存工作簿

单击"快速访问工具栏"中的"保存"按钮，或按快捷键 Ctrl+S。

4.5　公式与函数

Excel 2010 的数据计算是通过公式来实现的，它既可以对工作表中的数据进行加、减、乘、除等运算，也可以对字符、日期型数据进行字符的处理和日期的运算。对一些复杂而常用的计算，Excel 2010 还提供了函数供用户使用，从而减少了用户创建计算公式的麻烦。

Excel 2010 的公式以"="开头，后面是用运算符连接对象组成的表达式。表达式中可以使用圆括号"（）"改变运算优先级。公式中的对象可以是常量、变量、函数以及单元格地址引用，如："=D2+D7"、"=SUM(E2:E8)"等。当工作表中的数据发生变化时，公式的计算结果也会自动更改。

4.5.1　公式的使用

1. 公式中的运算符

Excel 2010 公式中的运算符，有算术运算符、文本运算符、比较运算符和单元格引用运算符。

（1）算术运算符。

算术运算符，主要完成对数值型数据进行加、减、乘、除等数学运算，Excel 2010 提供的算术运算符如表 4-2 所示。

表 4-2　算术运算符

算术运算符	含义	示例	值（若 A1=1、B1=2）
+	加法运算	=A1+B1	3
-	减法运算	=A1-B1	-1
*	乘法运算	=A1*B1	2
/	除法运算	=A1/B1	0.5
%	百分号	=30%	0.3
^	乘方运算	=3^2	9

（2）文本运算符。

&是 Excel 2010 的文本运算符，它可以连接一个或多个字符串生成一个新的文本，如表 4-3 所示。

表 4-3　文本运算符

运算符	含义	示例	值（若 A1="12"、B1="34"）
&	连接文本	=A1&B1	1234

注意：在公式中直接输入文本时，必须用英文方式的双引号（""）把输入的文本引起来。

（3）比较运算符。

Excel 2010 比较运算符可以完成两个运算对象的比较，并产生逻辑值 TRUE（真）或 FALSE（假），如表 4-4 所示。

表 4-4　比较运算符

比较运算符	含义	示例	值（若 A1=1、B1=2）
=	等于	=A1=B1	FALSE
<	小与	=A1<B1	TRUE
>	大于	=A1>B1	FALSE
<>	不等于	=A1<>B1	TRUE
<=	小于等于	=A1<=B1	TRUE
>=	大于等于	=A1>=B1	FALSE

（4）单元格引用运算符。

在进行计算时，常常要对工作表单元格区域的数据进行引用，通过使用引用运算符可告知 Excel 2010 在单元格中查找公式中要用的数值。引用运算符及含义如表 4-5 所示。

表 4-5　引用运算符

引用运算符	含义	示例	引用单元格个数
:	区域运算符，引用区域内全部单元格	=SUM(A1:B5)	10 个
,	联合运算符，引用多个区域内的全部单元格	=SUM(A1:B5,D1:D5)	15 个
空格	交叉运算符，只引用交叉区域内的单元格	=SUM(A1:D5 B2:E5)	12(B2:D5)个

2．公式的输入

（1）选定要输入公式的单元格，在单元格或编辑栏中先输入"="。

（2）在"="后面输入公式表达式，如"=A3+B3"。

（3）按 Enter 键或单击编辑栏中的✓按钮确认，若输入公式错误，通常使用编辑栏的×按钮来取消公式的输入。在该单元格中显示计算的结果，在编辑栏中显示输入的公式。

3．运算符的优先级

当公式中同时用到多个运算符时，就应该考虑到运算符的优先顺序，如表 4-6 所示。

表 4-6　运算符优先级

运算符	含义	优先级
-	负号	高
%	百分号	
^	乘方	
*、/	乘、除	
+、-	加、减	
&	文本运算符	
=、<、>、>=、<=、<>	比较运算符	低

4.5.2　函数的使用

函数由函数名和用圆括号括起来的参数组成，是一个预先定义好的内置公式。Excel 2010

提供了十几类函数,每一类又包含若干个函数。恰当地使用函数可以大大提高表格计算的效率。

1. 函数的输入

（1）直接在单元格内输入函数。

对于比较简单的函数,可以直接在单元格内输入函数名及其参数值。如：直接在 H3 中输入 "=SUM(C3:E3)"，确认后，在单元格中显示结果值。

（2）通过"插入函数"对话框选择函数。

对于比较复杂的函数，可采用下面的方法进行输入：

1）选中要插入函数的单元格。

2）在"公式"选项卡的"函数库"组中，单击"插入函数"按钮 f_x，或单击编辑栏的 f_x 按钮，这时单元格中自动出现"="，并弹出"插入函数"对话框，如图 4-32 所示。

图 4-32 "插入函数"对话框

3）在"选择函数"列表框中选择所需的函数名（如：AVERAGE），单击"确定"按钮。

4）在弹出的"函数参数"对话框中，显示了该函数的函数名和它的每个参数，以及参数的描述和函数的功能，根据提示输入每个参数值。

5）单击"确定"按钮，完成函数的使用。

2. 常用函数介绍

Excel 2010 的公式和函数功能较强，其提供的函数较多，下面将对部分常用的函数进行简要介绍，其中包含求和，求平均值、最大值等，如表 4-7 所示。

表 4-7 Excel 2010 常用函数

函数名	函数类型	功能
ABS	数学函数	返回参数的绝对值。如 "= ABS(-5)"
INT	数学函数	返回参数的最大整数。如 "=INT(1.65)"
SUM	数学函数	返回参数的和。如 "=SUM(A2:F2)"
SUMIF	数学函数	返回参数中满足条件的单元格的和。如 "=SUMIF(B3:B20,"讲师",E3:E20)"
ROUND	数学函数	返回参数的四舍五入值。如 "=ROUND(34.56,1)"
AVERAGE	统计函数	返回参数的平均值。如 "=AVERAGE(A2:F2)"
MAX	统计函数	返回参数中的最大值。如 "=MAX(D2:D7)"

续表

函数名	函数类型	功能
MIN	统计函数	返回参数中的最小值。如"=MIN(D2:D7)"
COUNT	统计函数	返回包含数字以及包含参数列表中数字的单元格个数。如"=COUNT(B2:D4)"
COUNTIF	统计函数	返回参数中满足给定条件的单元格的个数。如"=COUNTIF(C3:E12,"<60")"
RANK	统计函数	返回一个数值在一组数值中的排位。如"= RANK(D1,$D$1:$D$9)"
IF	逻辑函数	执行逻辑判断，根据逻辑表达式的真假，返回不同的结果。如"=IF(F2>=60,"及格","不及格")"
LEN	文本函数	返回文本串的字符数。如"=LEN("ABD")"
REPLACE	文本函数	将一个字符串中的部分字符用另一个字符替换。如"=REPLACE("ABKY",3,2,"CDF")"
TODAY	日期时间函数	返回系统当前日期。如"=TODAY()"
NOW	日期时间函数	返回当前日期和时间。如"=NOW()"
WEEKDAY	日期时间函数	返回某日期的星期数。如"= WEEKDAY(TODAY(),2)"

3. 函数应用举例

（1）求和函数 SUM。

格式：SUM(number1,number2,…)

参数说明：number1、number2……为 1 到 30 个需要求和的数值（包括逻辑值及文本表达式）、区域或引用。

注意：参数表中的数字、逻辑值及数字的文本表达式可以参与计算，其中逻辑值被转换为 1、文本被转换为数字。如果参数为数组或引用，只有其中的数字将被计算，数组或引用中的空白单元格、逻辑值、文本或错误值将被忽略。

实例：如果 A1=1、A2=2、A3=3，则公式"=SUM(A1:A3)"返回 6；公式"=SUM("3",2,TRUE)返回 6，因为"3"被转换成数字 3，而逻辑值 TRUE 被转换成数字 1。

（2）条件求和函数 SUMIF。

格式：SUMIF(range,criteria,sum_range)

参数说明：range 为用于条件判断的单元格区域，criteria 是由数字、逻辑表达式等组成的判定条件，sum_range 为需要求和的单元格、区域或引用。

实例：某单位统计工资报表中职称为"初级"的员工工资总额。假设工资总额存放在工作表的 E 列，员工职称存放在工作表的 B 列。则公式为"=SUMIF(B2:B50,"初级",E2:E50)"，其中"B2:B50"为提供逻辑判断依据的单元格区域，"初级"为判断条件，即仅仅统计 B2:B50 区域中职称为"初级"的单元格，E2:E50 为实际求和的单元格区域。

（3）求平均值函数 AVERAGE。

格式：AVERAGE(number1,number2,…)

参数说明：number1、number2……是计算平均值的 1~30 个参数。

实例：计算学生成绩表中的平均分，假设平均分存放在工作表的 G 列，则公式为"=AVERAGE(C3:E3)"，用填充方法即可求出所有同学的平均分。

（4）四舍五入函数 ROUND。

格式：ROUND(number,num_digits)

参数说明：number 是要四舍五入的数字，num_digits 为指定的位数。若此参数为负数，则在小数点左侧按指定位数四舍五入；若此参数为零，则四舍五入到最接近的整数。

实例：如果 A1=35.25，则公式"=ROUND(A1,1)"返回 35.3；公式="ROUND(32.25,0)"返回 32；公式"=ROUND(32.5,-1)"返回 30。

（5）统计计数函数 COUNT。

格式：COUNT(value1,value2,...)

参数说明：value1、value2……是包含或引用各种类型数据的参数（1～30 个），其中只有数字类型的数据才能被统计。

实例：如果 A1=50、A2="人数"、A3=" "、A4=100、A5=36，则公式"=COUNT(A1:A5)"返回 3。

（6）条件函数 IF。

格式：IF(logical_test,value_if_true,value_if_false)

参数说明：logical_test 计算结果为 TRUE 或 FALSE 的任何表达式。value_if_true 是表达式为 TRUE 时函数的返回值，如果 logical_test 为 TRUE 并且省略了 value_if_true，则返回 TRUE；而且 value_if_true 可以是一个表达式。value_if_false 是表达式为 FALSE 时函数的返回值，如果 logical_test 为 FALSE 并且省略了 value_if_false，则返回 FALSE；value_if_false 也可以是一个表达式。

实例：将学生成绩表中的计算机基础成绩表示为及格或不及格，存放在工作表的 H 列，则公式"=IF(E3>=60,"及格","不及格")"。

该函数广泛用于需要进行逻辑判断的场合。

（7）条件统计函数 COUNTIF。

格式：COUNTIF(range,criteria)

参数说明：range 为需要统计的符合条件的单元格数目的区域；criteria 为参与计算的单元格条件，其形式可以为数字、表达式或文本（如 36、">160"和"女"等）。其中数字可以直接输入，表达式和文本必须加引号。

实例：假设工作表 D2:D6 区域内存放的文本分别为男、女、男、女、女，则公式"=COUNTIF(D2:D6,"女")"返回 3（即统计出性别为女的人数）。

注意：只能对给定的数据区域中满足一个条件的单元格统计个数，若对一个以上的条件统计单元格的个数，用数据库函数 DCOUNT 或 DCOUNTA 实现。

（8）排位函数 RANK。

格式：RANK(number,ref,order)

参数说明：number 是需要计算其排位的一个数字；ref 是包含一组数字的数组或引用（其中的非数值型参数将被忽略）；order 为一数字，指明排位的方式。若 order 为 0 或省略，则按降序排列的数据清单进行排位。若 order 不为零，则 ref 按升序排列的数据清单进行排位。

实例：如果 A1=78、A2=85、A3=90、A4=12、A5=85，则公式"=RANK(A1,$A$1:$A$5)"返回 4，且这组数排位结果为：4、2、1、5、2。

注意：

1）函数 RANK 对重复数值的排位相同。但重复数的存在将影响后续数值的排位。如实例中整数 85 出现两次，其排位为 2，则 78 的排位为 4（没有排位为 3 的数值）。

2）Excel 2010 新增 2 个排位函数 RANK.EQ 和 RANK.AVG。RANK.EQ 和原来的 RANK 函数功能完全一样，没有差异。但 RANK.AVG 不同，当多个值具有相同的排位，则将返回平均排位，而不是 RANK 和 RANK.EQ 中的首次排名。如实例中若用公式"=RANK.AVG(A1，$A$1:$A$5)"，返回 4，且这组数的排位结果为：4、2.5、1、5、2.5。

（9）替换函数 REPLACE。

格式：REPLACE(old_text,start_num,num_chars,new_text)

参数说明：old_text 是要替换其部分字符的文本；start_num 是要用 new_text 替换的 old_text 中字符的位置；num_chars 是希望 new_text 替换 old_text 中字符的个数。

实例：用"****"替换手机号码的部分数字，实现手机号码的不完全显示。假设 A1=19920123456，A2=****，则公式"=REPLACE(A1,5,4,A2)"返回 1992****456。

4. 自动求和

Excel 2010 在"公式"选项卡的"函数库"组中为用户提供了一个"自动求和"按钮 Σ，它可以快速地求出行或列的和。

操作步骤如下：

（1）首先选择求和的单元格区域。如果有行方向的求和，应在选取的单元格区域右边多选一列。如果还有列方向的求和，则应在选取的单元格区域下边多选一行。

（2）在"公式"选项卡的"函数库"组中，单击"自动求和"按钮。此时各行、列数据之和分别显示在选择的单元格区域最右边一列和最下面一行中，如图 4-33 所示。

图 4-33　自动求和

4.5.3　单元格地址的引用

单元格地址的引用是告诉 Excel 2010 计算公式，如何从工作表中提取有关单元格数据的方法。公式通过单元格地址的引用，既可以取出当前工作表中单元格的数据，也可以取出其他工作表中单元格的数据。Excel 2010 单元格地址的引用分为相对地址引用、绝对地址引用和混合地址引用 3 种。

1. 相对地址引用

相对地址引用是指在公式复制时，目标单元格地址相对于源单元格地址发生的变化。相对地址引用，直接用单元格地址表示，如 A3。

例如，把单元格 F2 的公式"=A1+B2+C3"复制到单元格 G4 中，复制后的公式将随目标单元格地址的变化相应变化为"=B3+C4+D5"。这是由于目标位置相对源位置发生了右移 1 列、下移 2 行的变化，导致参加运算的对象分别作了相应的变化。

2. 绝对地址引用

在行号和列标的前面均加上"$"符号，则代表绝对地址引用。在公式复制时，绝对地址引用单元格将不随改变。即不论公式被复制到哪里，公式中引用的单元格地址都不变。

例如：把 F2 单元格中的公式改为"=$A$1+$B$2+$C$3"，复制到 G4 单元格，则 G4 的值与 F2 相同，复制后的公式仍为"=$A$1+$B$2+$C$3"。符号"$"就像一把"小锁"，锁住了参加运算的单元格，使它们不会因为移动或复制目标位置的变化而变化。

3. 混合地址引用

单元格地址引用中，既有绝对地址引用，也包含相对单元格地址引用，称为混合地址引用。例如，$B1 或 B$1。如果"$"符号在行号前，则表明该行位置是绝对不变的，而列的位置随其目标位置变化而变化。反之，如果"$"符号在列标前，则表明该列位置是绝对不变的，而行的位置将随其目标位置的变化而变化。

4. 跨工作表的单元格地址引用

在 Excel 2010 中还可以引用同一工作簿中不同工作表中的单元格地址，也可以引用不同工作簿中工作表的单元格地址，一般格式为"=[工作簿名]工作表名!单元格地址"。在引用时可以省略当前工作簿名和当前工作表名。

例如：公式"=Sheet2!$A$1+[Book2] Sheet1!B3"，则表示将当前工作簿中 Sheet2 工作表中的 A1 单元格的数据与 Book2 工作簿中 Sheet1 工作表中的 B3 单元格的数据相加，放入某个目标单元格中。前者为绝对地址引用，后者为相对地址引用。

4.5.4　错误信息

当公式或函数表达不正确时，系统将显示出错误信息，错误信息一般以"#"号开头，错误信息产生的原因如表 4-8 所示。

表 4-8　错误信息

错误信息	含义
#####!	单元格中公式产生的结果太长，单元格宽度不够，增加单元格的列宽可以解决
#DIV/O!	除数为 0
#VALUE!	在需要数字或逻辑值时输入了文本，或者在对需要赋单一数据的运算符或函数时，却赋给了一个数值区域等
#NAME?	使用了不能识别的文本
#NUM!	在需要数字参数的函数中使用了不能接受的参数
#NULL!	使用了不正确的区域运算或不正确的单元格使用
#REF!	该单元格引用无效
#N/A	函数或公式中使用不存在的名称，以及名称的拼写错误

4.5.5　应用举例

【例】"学生成绩表"数据统计。

计算"学生成绩表"工作表中各学生的总分和平均分，并将平均分保留 2 位小数；统计总分的最高分和最低分，分别放在 F16、F17 单元格中；分别统计英语、数学成绩大于等于 85 分的人数，计算机基础成绩小于 60 分的人数；将计算机基础成绩转换为等级，存放于 H 列（转换条件：90 分为优，80~89 为良，70~79 为中，60~69 为及格，60 以下为不及格）；利用排位函数 RNAK 将总分降序排名，结果存放到 I 列中。

分析与操作：

1. 计算总分和平均分

（1）选定"学生成绩表"工作表，在"计算机基础"列的右边增加"总分"和"平均分"两列，即在 F2 中输入"总分"；在 G2 中输入"平均分"。

（2）单击 F3 单元格，输入公式"=SUM(C3:E3)"，按 Enter 键。

（3）选择 F3 单元格，向下拖动填充柄，完成总分的计算。

（4）单击 G3 单元格，输入公式"=AVERAGE(C3:E3)"，按 Enter 键。

（5）选择 G3 单元格，向下拖动填充柄，完成平均分的计算。

2. 设置平均分的小数位数

（1）选择单元格区域 G3:G12。

（2）在"开始"选项卡的"数字"组中，单击"打开对话框"按钮　，在弹出的"设置单元格格式"对话框中，选择"数字"选项卡，在"分类"列表中选择"数值"，在"小数位数"文本框中输入 2，单击"确定"按钮。或单击"数字"组中的"增加小数位数"按钮，将小数增加到 2 位即可。

3. 计算总分的最高分和最低分

（1）单击 E16 单元格，输入"总分最高分"，在单元格 F16 中输入公式"=MAX(F3:F12)"，按 Enter 键。

（2）单击 E17 单元格，输入"总分最低分"，在 F17 单元格中输入公式"=MIN(F3:F12)"，按 Enter 键。

4. 统计英语、数学成绩大于等于 85 分的人数，计算机基础成绩不及格人数

（1）单击 E19 单元格，输入"英语>=85 人数"，在 F19 单元格中输入公式"=COUNTIF(C3:C12,">=85")"，按 Enter 键。

（2）单击 E20 单元格，输入"数学>=85 人数"，在 F20 单元格中输入公式"=COUNTIF(D3:D12,">=85")"，按 Enter 键。

（3）单击 E21 单元格，输入"计算机基础<60 人数"，在 F21 单元格中输入公式"=COUNTIF(E3:E12,"<60")"，按 Enter 键。

5. 计算机基础成绩等级转换

（1）单击 H2 单元格，输入"计算机基础成绩等级"。

（2）单击 H3 单元格，输入公式"=IF(E3>89,"优",IF(E3>79,"良",IF(E3>69,"中",IF(E3>59,"及格","不及格"))))"，按 Enter 键。

（3）选择 H3 单元格，向下拖动填充柄，完成计算机基础成绩的等级转换。

6. 利用排位函数 RNAK 将总分降序排名

（1）单击 I2 单元格，输入"总分排名"。

（2）单击 I3 单元格，输入公式"= RANK(F3,$F$3:$F$12)"，按 Enter 键。

（3）选定 I3 单元格，向下拖动填充柄，完成总分的排名。操作结果如图 4-34 所示。

	A	B	C	D	E	F	G	H	I	J
1					学生成绩表					
2	学号	姓名	英语	数学	计算机基础	总分	平均分	计算机基础等级	总分排名	
3	1204103101	李小秋	73	82	90	245	81.67	优	2	
4	1204103102	程功	84	60	75	219	73.00	中	6	
5	1204103103	李心一	74	57	85	216	72.00	良	8	
6	1204103104	钱刚	92	88	72	252	84.00	中	1	
7	1204103105	张蕾蕾	77	69	56	202	67.33	不及格	9	
8	1204103106	王红海	63	81	75	219	73.00	中	6	
9	1204103107	赵文书	52	90	84	226	75.33	良	4	
10	1204103108	马婷艳	66	79	89	234	78.00	良	3	
11	1204103109	王智	47	61	70	178	59.33	中	10	
12	1204103110	宁小兵	81	72	68	221	73.67	及格	5	
13										
14										
15										
16					总分最高分	252				
17					总分最低分	178				
18										
19					英语>=85人数	1				
20					数学>=85人数	2				
21					计算机基础<60人数	1				
22										
23										

图 4-34　"学生成绩表"统计

4.6　图表

当用户需要对工作表中的数据进行分析，可以利用 Excel 2010 提供的图表功能对工作表中的数据生成直观的图形。将单元格中的数据以各种统计图表的形式显示，可使繁杂的数据更加生动，可以直观清晰地显示不同数据间的差异。当工作表中的数据发生变化时，图表中对应项的数据也自动更新。

Excel 2010 中图表分为嵌入图表和独立图表两种。嵌入图表与数据源放置在同一张工作表中，是工作表中的一个图表对象，可以放置在工作表中的任意位置，与工作表一起保存和打印；独立图表是独立的图表工作表，打印时与数据分开打印。

Excel 2010 图表的类型有很多，主要包括柱形图、条形图、折线图、饼图和 XY（散点图）等，默认图表类型是柱形图。

4.6.1　创建图表

创建图表可以使用"自动绘图"和选项卡两种方法来创建。

1. 使用"自动绘画"创建

操作步骤如下：

（1）打开或创建一个需要创建图表的工作表（如"学生成绩表"）。

（2）在工作表中选定要制作图表的数据区域，如图 4-35 所示。

（3）按 F11 键，即快速创建默认柱形图类型的独立图表，如图 4-36 所示。

图 4-35　图表数据区域

图 4-36　"柱形图"独立图表

2.　使用选项卡创建

操作步骤如下：

（1）打开或创建一个需要创建图表的工作表（如"学生成绩表"）。

（2）选择创建图表的数据区域，如图 4-35 所示。

（3）单击"插入"选项卡，在"图表"组中选择一种图表类型（如"柱形图"），如图 4-37 所示，则选定数据在工作表中创建了一个数据图表，如图 4-38 所示。

图 4-37　图表类型选择

图 4-38　选择"柱形图"创建图表

4.6.2　编辑图表

当图表建立好之后，有时需要修改图表的源数据。在 Excel 2010 中，工作表中的图表源数据与图表之间存在着链接关系，当修改了工作表中的数据后，图表将会随之调整以反映源数据的变化。

1.　图表的移动和缩放

单击图表，图表边框呈加粗状态显示，此时图表处于编辑状态，将鼠标定位在图表上，通过拖动鼠标，可以将图表移动到需要的位置。将鼠标定位在图表边、角上，拖动鼠标可以调整图表的大小。

2.　图表类型的更改

创建图表后，如果对图表类型不满意，不必重新建立图表，只需修改图表类型即可。操作步骤如下：

（1）选定需要修改的图表。

（2）单击"图表工具－设计"选项卡"类型"组中的"更改图表类型"按钮，或右击图表空白处，在弹出的快捷菜单中选择"更改图表类型"命令，弹出"更改图表类型"对话框，如图 4-39 所示。

（3）单击需要的图表类型，如"折线图"，单击"确定"按钮，如图 4-40 所示。

3.　修改图表源数据

（1）向图表中添加源数据。

操作方法为：选定图表，在"图表工具－设计"选项卡的"数据"组中，单击"选择数据"按钮，或右击图表绘图区，选择快捷菜单中的"选择数据"命令，在弹出的"选择数据源"对话框中，如图 4-41 所示，选择图表所需添加的数据（如添加"英语"系列），即可完成向图表中添加源数据。

图 4-39　"更改图表类型"对话框

图 4-40　"折线图"图表

（2）删除图表数据。

从工作表中删除数据，图表将自动更新。在图表中单击要删除的数据系列，然后按 Delete 键，图表中该数据系列将被删除，而工作表中的数据并未被删除。利用"选择数据源"对话框"图例项（系列）"栏中的"删除"按钮，也可以进行图表数据删除。

（3）设置图表选项。

为使图表更加直观清晰，用户可以在图表中添加标题、数据标志等元素。

1）添加图表标题。

给图表添加标题的方法为：选定图表，在"图表工具－布局"选项卡的"标签"组中，单击"图表标题"按钮，选择某一标题选项，如图 4-42 所示，在图表标题框中输入图表标题即可。

图 4-41　"选择数据源"对话框

图 4-42　图表标题选项

2）添加坐标轴标题。

在"图表工具－布局"选项卡的"标签"组中，单击"坐标轴标题"按钮，可分别选择"主要横坐标轴标题"和"主要纵坐标轴标题"，如图 4-43 所示。选择所需选项后，可在图表中依次输入主要横坐标轴标题和主要纵坐标轴标题。

3）添加数据标签。

用户可以为图表中的数据系列、单个数据点或所有数据点添加数据标签。操作方法为：在"图表工具－布局"选项卡的"标签"组中，单击"数据标签"按钮，选择所需选项后，即可在图表中显示对应的数值，如图 4-44 所示。

其他显示项的设置方法基本与上述相同，都是利用"图表工具－布局"选项卡中的命令组来完成。

图 4-43　坐标轴标题设置

图 4-44　添加数据标签

4. 修饰图表

（1）设置数据系列格式。

选择图表中某一数据系列，单击"图表工具－格式"选项卡"当前所选内容"组中的"设置所选内容格式"命令，或右击图表中的某一数据系列，在弹出的快捷菜单中，选择"设置数据系列格式"，弹出"设置数据系列格式"对话框，如图 4-45 所示。在该对话框中可以对系列进行"系列选项"、"填充"、"边框颜色"、"边框样式"、"阴影"、"发光和柔化边缘"、"三维格式"等设置。

（2）设置图表标题格式。

双击图表标题，弹出"设置图表标题格式"对话框，如图 4-46 所示，或右击图表标题，在弹出的快捷菜单中选择"设置图表标题格式"命令，在对话框中，可进行"填充"、"边框颜色"、"边框样式"、"阴影"、"发光和柔化边缘"、"三维格式"、"对齐方式"等设置。

图 4-45　"设置数据系列格式"对话框

图 4-46　"设置图表标题格式"对话框

（3）图例的设置。

图例是用于标识图表中数据系列的名称。图例的内容不能修改，图例的格式设置与图表标题的格式设置方法基本相同。双击图例，弹出"设置图例格式"对话框，如图 4-47 所示。在该对话框中可以对图例进行"图例选项"、"填充"、"边框颜色"、"边框样式"、"阴影"、"发光和柔化边缘"等设置。

（4）坐标轴及格式设置。

选择图表，在"图表工具－布局"选项卡的"坐标轴"组中，单击"坐标轴"按钮，选择"主要横坐标轴"或"主要纵坐标轴"命令，可对图表中的坐标轴进行设置。另外在"设置坐标轴格式"对话框中，还可以对坐标轴进行"坐标轴选项"、"数字"、"填充"、"线条颜色"、"线型"、"阴影"、"发光和柔化边缘"、"三维格式"、"对齐方式"等设置，如图 4-48 所示。

图 4-47 "设置图例格式"对话框

图 4-48 "设置坐标轴格式"对话框

（5）图表区格式设置。

图表区域是指除了图形区域以外的所有区域，可以对其进行"填充"、"边框颜色"、"边框样式"、"阴影"、"发光和柔化边缘"、"三维格式"、"大小"、"属性"、"可选文字"等格式的设置。操作方法如下：

选中需要修饰的图表，右击图表区的空白处，在弹出的快捷菜单中，选择"设置图表区域格式"命令，或在"图表工具－格式"选项卡的"当前所选内容"组中，单击"设置所选内容格式"命令，弹出"设置图表区格式"对话框，如图 4-49 所示。在对话框中选择所需设置即可。

（6）绘图区格式设置。

绘图区是指图表的图形区域，可以为图形区域添加背景颜色和填充背景图案等。操作方法为：将鼠标指针指向图形区域，右击，在弹出的快捷菜单中，选择"设置绘图区格式"命令，弹出"设置绘图区格式"对话框，如图 4-50 所示，在对话框中，可以对其进行"填充"、"边框颜色"、"边框样式"、"阴影"、"发光和柔化边缘"、"三维格式"等格式的设置。

图 4-49 "设置图表区格式"对话框

图 4-50 "设置绘图区格式"对话框

4.6.3 应用举例

【例】"学生成绩表"图表制作。

选取"学生成绩表"工作表的姓名、英语、数学、计算机基础四列数据，在当前工作表中创建嵌入式的"柱形－簇状柱形图"图表，并将图表放置在 A15:G30 区域中；图表标题为"学生成绩图表"；分类轴标题为"姓名"，数值轴标题为"成绩"；图例放入底部位置。将图表标题设置为隶书、字号 18、加粗、蓝色；将分类轴和数值轴标题设置为楷体、字号 12、深红。设置图表区的边框为圆角边框、阴影、红色、线宽 3 磅。为图表中数学的数据系列添加以值显示的数据标签，并添加多项式趋势线。

分析与操作：

1．选择图表数据区域，创建图表

单击"学生成绩表"工作表标签，选定 B2:E12 单元格区域，在"插入"选项卡的"图表"组中，单击"柱形图"按钮，选择"簇状柱形图"类型。

2．调整图表位置和大小

选定图表，拖动图表边框调整图表大小，并移动到 A15:G30 区域。

3．设置图表标题

选定图表，在"图表工具－布局"选项卡的"标签"组中，单击"图表标题"按钮，选择"图表上方"选项，在图表标题框中输入"学生成绩图表"。

4．添加坐标轴标题

选定图表，在"图表工具－布局"选项卡的"标签"组中，单击"坐标轴标题"按钮，选择"主要横坐标轴标题"的"坐标轴下方标题"选项，输入"姓名"；再次单击"坐标轴标题"按钮，选择"主要纵坐标轴标题"的"竖排标题"选项，输入"成绩"。

5．图例位置设置

右击图例，在弹出的快捷菜单中，选择"设置图例格式"命令，在"设置图例格式"对话框中，选择图例位置"底部"。

6．设置图表标题、坐标轴标题格式

（1）右击图表标题，在弹出的快捷菜单中选择"字体"选项，弹出"字体"对话框，分别选择隶书、字号 18、加粗、蓝色。

（2）右击坐标轴标题，在弹出的快捷菜单中选择"字体"选项，弹出"字体"对话框，分别选择楷体、字号 12、深红。

7．设置图表边框为圆角、阴影、红色、线宽 3 磅

（1）右击图表区空白处，在弹出的快捷菜单中，选择"设置图表区格式"选项，弹出"设置图表区格式"对话框。

（2）单击"边框颜色"，选择实线、红色。

（3）单击"边框样式"，宽度选择 3 磅、"联接类型"选择"圆形"，并单击"圆角"单选按钮。

（4）单击"阴影"，选择一种阴影颜色。

8．为数学添加数据标签及趋势线

（1）右击图表中的"数学"系列，在弹出的快捷菜单中，选择"添加数据标签"命令。

（2）右击图表中的"数学"系列，在弹出的快捷菜单中选择"添加趋势线"命令，弹出"设置趋势线"对话框，在"趋势线选项"中选择"多项式"，单击"关闭"按钮，完成设置。操作结果如图 4-51 所示。

图 4-51　学生成绩图表

4.7　数据管理和分析

Excel 2010 除了具有数据计算功能，还提供了数据库管理功能，使用它们可以对表格中数据进行排序、筛选、分类汇总等操作。

4.7.1　数据清单的建立和编辑

Excel 2010 中数据清单的基本概念建立在关系模型的基础上，用二维表的形式编辑数据。数据清单可以像一般工作表一样进行建立和编辑，还可以对记录进行增加、修改、删除和检索等。

1．数据清单

数据清单是由单元格构成的矩形区域，即一张二维表，也称为数据列表，如一张学生成绩表，可以包含学号、姓名、性别、数学、英语、总分等多列数据。

数据清单具有如下特点：

（1）清单中的每一列为一个字段，存放相同类型的数据。

（2）每一列的列标题为字段名，如：序号、姓名、性别等。

（3）每一行为一个记录，即由各字段值组成，存放相关的一组数据。

（4）在数据清单中，列之间、行之间必须相邻，不能有空行或空列。

（5）一般情况下，一张工作表内，最好只建立一个数据清单。

与工作表不同，数据清单是一个没有表标题，没有空白行和空白列的连续表格，它不包含表格以外的其他信息，如图 4-52 所示，选定区域就是一个数据清单。

2．向快速访问工具栏添加"记录单"命令

Excel 2010 中创建数据记录单的快捷访问工具栏按钮平时是隐藏的，可以进行添加。其操作方法为：

（1）单击"文件"选项卡中的"选项"按钮。

（2）在弹出的"Excel 选项"对话框中找到"记录单"命令，然后单击"添加"按钮，

将其添加到快速访问工具栏中，如图 4-53 所示。

图 4-52　数据清单示例

图 4-53　自定义快速访问工具栏

3.　数据记录单的使用

数据记录单是用来对大量数据进行管理的。它采用在一个对话框中展示出一个数据记录所有字段内容的方式，并且提供了增加、修改、删除及检索记录的功能。使用数据记录单的具体操作步骤如下：

（1）将光标放在数据清单所在工作表中任一单元格内。

（2）单击"快速访问工具栏"上的"记录单"按钮，弹出该工作表的记录单对话框。在记录单中，首先显示的是数据表中的第一条记录的基本内容，如图 4-54 所示。

图 4-54　记录单对话框

（3）使用"上一条"或"下一条"按钮或按滚动条，可以快速查看记录。

（4）单击"关闭"按钮，关闭记录单。

4．增加记录

向数据表中增加记录的方法有两种：一是直接在工作表的数据区输入新记录；二是通过记录单进行。通过记录单增加记录的操作步骤为：

（1）单击"快速访问工具栏"上的"记录单"按钮。

（2）在弹出的记录单对话框中，单击"新建"按钮，屏幕上将出现一个空记录单，按 Tab 键（或 Shift+Tab 组合键）依次输入各项，如图 4-55 所示。

图 4-55　在记录单对话框中增加记录

注意：记录单中的公式项是不能输入或修改的，第一条记录的公式必须在工作表中输入。在记录单中新增的记录会自动显示公式计算结果。

（3）所有的记录添加完毕后，单击"关闭"按钮，将在数据表中显示新记录。

5．删除记录

在记录单对话框中，选中要删除的记录，单击"删除"按钮，确认后再单击"关闭"按钮，即完成操作。

4.7.2　数据排序

新建立的数据清单是按输入记录的先后顺序排列的，我们可以利用数据清单的排序功能对其进行重新排序。

在日常工作中，我们经常会遇到要将工作表中的数据按某一列进行排序的问题。Excel 2010 提供的数据排序功能即可解决此类问题。

1．简单排序

若只需按数据表中的某一列对数据进行排序，最简单的方法是利用"升序"按钮或"降序"按钮。操作步骤如下：

（1）单击数据表中需要排序列中的任一单元格（如：对学生成绩表"总分"列进行降序排序，则单击"总分"列中的任一单元格）。

（2）单击"数据"选项卡"排序和筛选"组中的"降序"按钮，工作表中的数据将按照关键字（如"总分"）进行降序排列，如图 4-56 所示。

2．多重排序

当所排序的字段出现相同值时，可以使用 Excel 2010 提供的多重排序功能，其操作步骤如下：

（1）在需要排序的数据清单中，单击任一单元格。

（2）单击"数据"选项卡"排序和筛选"组中的"排序"按钮，弹出"排序"对话框，如图 4-57 所示。

图 4-56　"总分"按降序排列

图 4-57　"排序"对话框

（3）在"列"中的"主要关键字"下拉列表中，选择排序的主要关键字（如"姓名"），在"次序"中选择"升序"或"降序"（如"升序"）。

（4）单击"添加条件"按钮，在新增的"次要关键字"下拉列表中，选择排序的次要关键字（如"总分"），在"次序"中选择"升序"或"降序"（如"降序"）。

（5）单击"确定"按钮，即可完成多条件排序，如图 4-58 所示。

3. 自定义排序

如果用户对数据的排序有特殊要求，可以在"排序"对话框（如图 4-57 所示）中单击"选项"按钮，弹出"排序选项"对话框，如图 4-59 所示，在此对话框中对是否区分大小写、排序方向、排序方法等进行自定义排序。

图 4-58　多重排序

图 4-59　"排序选项"对话框

4.7.3　数据筛选

如果需要从工作表中选择满足条件的数据，可用筛选数据功能将不需要的数据记录暂时隐藏起来，只显示满足条件的数据记录。Excel 2010 提供了两种筛选命令，即自动筛选和高级筛选。

1. 自动筛选

自动筛选指按简单的比较条件快速筛选工作表中的数据，并将满足条件的数据集中显示在工作表上。

（1）使用自动筛选。

根据筛选条件的不同，自动筛选可以利用列标题的下拉列表，也可以利用"自定义自动筛选方式"对话框进行自动筛选，操作方法如下：

1）选定数据清单中的任意单元格。

2）单击"数据"选项卡"排序和筛选"组中的"筛选"按钮，工作表中数据清单的列标题全部变成下拉列表，如图 4-60 所示。

	A	B	C	D	E	F	G	H
1				学生成绩表				
2	学号 ▼	姓名 ▼	英语 ▼	数学 ▼	计算机基础 ▼	总分 ▼	平均分 ▼	
3	1204103101	李小秋	73	82	90	245	81.67	
4	1204103102	程功	84	60	75	219	73.00	
5	1204103103	李心一	74	57	85	216	72.00	
6	1204103104	钱刚	92	88	72	252	84.00	
7	1204103105	张蕾蕾	77	69	56	202	67.33	
8	1204103106	王红海	63	81	75	219	73.00	
9	1204103107	赵文书	52	90	84	226	75.33	
10	1204103108	马婷艳	66	79	89	234	78.00	
11	1204103109	王智	47	61	70	178	59.33	
12	1204103110	宁小兵	81	72	68	221	73.67	
13								
14								
15								

图 4-60 "自动筛选"下拉列表

3）单击列标题下拉列表按钮（如"数学"列），在下拉列表中选择相应的选项，如选择"数字筛选"选项中的"自定义筛选"命令，则打开"自定义自动筛选方式"对话框，在其中输入筛选条件。

例如，筛选数学成绩在 80～89 分的学生记录。

4）在对话框中第一行的下拉列表框中选择"大于或等于"，在右侧的输入框中输入"80"，选中"与"单选按钮，然后在第二行的下拉列表框中选择"小于"，在右侧的输入框中输入"90"，如图 4-61 所示。

图 4-61 "自定义自动筛选方式"对话框

5）单击"确定"按钮，完成自动筛选。

（2）取消筛选。

单击"数据"选项卡"排序与筛选"组中的"清除"按钮，可恢复显示所有数据。如再次单击"筛选"命令，则取消全部列标题的下拉列表按钮。

2．高级筛选

对于复杂的筛选条件，可以使用"高级筛选"命令。使用"高级筛选"的关键是如何设置用户自定义的复杂组合条件，这些组合条件常常是放在一个称为条件区域的单元格区域中。

（1）筛选的条件区域。

条件区域包括两个部分：标题行（也称字段名行或条件名行）和条件行（一行或多行）。条件区域的创建步骤如下：

1）在数据清单记录的下面准备好一个空白区域作条件区域，该条件区域与数据清单区域不能连接，需用空行隔开（间隔一行或多行）。

2）在此空白区域的第一行输入字段名作为条件名行。

3）在字段名的下一行开始输入条件。

（2）筛选的条件。

"与"关系的条件必须在同一行内表示。例如：在学生成绩表中筛选出满足条件为"英语和计算机基础成绩大于或等于 60 分"的学生记录，条件区域表示为：

英语	计算机基础
>=60	>=60

"或"关系的条件将在不同行内表示。例如：在学生成绩表中筛选出满足条件为"英语或计算机基础成绩小于 60 分"的学生记录，条件区域表示为：

英语	计算机基础
<60	
	<60

（3）高级筛选。

高级筛选的操作步骤如下：

1）建立条件区域，例如筛选学生成绩表中，数学和计算机基础成绩高于 80 分的记录，建立条件区域为 D15:E16，如图 4-62 所示。

2）选定数据清单中的任意单元格。

3）单击"数据"选项卡"排序和筛选"组中的"高级"按钮，弹出"高级筛选"对话框，如图 4-63 所示。

图 4-62　高级筛选　　　　　图 4-63　"高级筛选"对话框

4）在"高级筛选"对话框中，选中"在原有区域显示筛选结果"单选按钮。

5）分别单击"列表区域"和"条件区域"右侧的下拉按钮，确定"列表区域"的数据清单区域和"条件区域"的筛选条件区域。

6）单击"确定"按钮，即筛选出符合条件的记录，如图 4-62 所示。

若要取消高级筛选操作，可单击"数据"选项卡"排序和筛选"组中的"清除"命令，恢复全部记录的显示。

如果不希望筛选结果存放到原数据区域，则可在"高级筛选"对话框中，选中"将筛选结果复制到其他位置"单选按钮，单击"复制到"右侧的下拉按钮，确定"复制到"的目标区域，即筛选结果将存放到目标区域。

4.7.4　数据分类汇总

分类汇总是在数据库表格或者数据清单中快捷地汇总数据的方法，通过分级显示分类汇总，可以从大量的数据信息中按照某些特殊的需要提取有用的信息。分类汇总为汇总数据提供了非常灵活的方法。

1．创建分类汇总

在分类汇总之前，必须先对分类字段进行排序。以图 4-64 所示的销售表数据清单为例，按"店名"汇总商品的销售额。其操作步骤如下：

（1）单击数据清单分类汇总字段（如"店名"）列的任一单元格，在"数据"选项卡的"排序和筛选"组中，单击"升序"或"降序"按钮（如"升序"），即对关键字（"店名"）进行排序。

（2）单击"数据"选项卡"分级显示"组中的"分类汇总"按钮，弹出"分类汇总"对话框，如图 4-65 所示。

图 4-64　销售表　　　　图 4-65　"分类汇总"对话框

（3）在"分类字段"下拉列表框中，选择分类字段（如"店名"）。

（4）在"汇总方式"下拉列表框中，选择汇总计算方式（如"求和"）。

（5）在"选定汇总项"下拉列表框中，选择汇总项（如"销售额"）。

（6）单击"确定"按钮。操作结果如图 4-66 所示。

图 4-66　分类汇总结果

2．删除分类汇总

删除分类汇总就是取消分类汇总，还原数据清单到原来的样子。操作方法为：

（1）在含有分类汇总的数据清单中，单击任意单元格。

（2）单击"数据"选项卡"分级显示"组中的"分类汇总"按钮，弹出"分类汇总"对话框（如图 4-65 所示）。

（3）在"分类汇总"对话框中，单击"全部删除"按钮即可。

3．分类汇总数据的分级显示

在分类汇总结果中，工作表左边列表树中有"-"和"1"、"2"、"3"按钮，如图 4-66 所示，利用这些按钮可以实现数据的分级显示。单击"-"按钮，则将数据折叠隐藏，仅显示汇总的总计，单击"+"按钮展开还原数据的显示；若单击左上方的"1"按钮，表示一级显示，仅显示汇总总计，单击"2"按钮，表示二级显示，显示各类别的汇总数据；单击"3"按钮，表示三级显示，显示汇总的全部明细信息。

4.7.5　数据合并

数据合并可以将来自不同的数据区域的数据进行汇总，并进行合并计算，合并计算的数据源区域可以是同一工作表中的，也可以是同一工作簿不同工作表中的，还可以是不同工作簿的工作表中的数据区域。利用"数据"选项卡"数据工具"组中的命令，可以完成"数据合并"、"数据有效性"、"模拟分析"等操作。

例如：现有在同一工作簿中的不同工作表"一分店"和"二分店"的销量表，如图 4-67 所示。现需新建工作表，计算出两分店每月销量总和，操作步骤如下：

	A	B	C	D	E
1	一分店销售量表				
2	型号	一月	二月	三月	
3	X01	97	86	89	
4	X02	75	80	84	
5	X03	69	76	82	
6	X04	77	90	89	
7	X05	81	86	75	
8	X06	68	84	88	
9					

	A	B	C	D	E
1	二分店销售量表				
2	型号	一月	二月	三月	
3	X01	87	86	99	
4	X02	75	90	113	
5	X03	69	108	77	
6	X04	68	81	89	
7	X05	79	84	75	
8	X06	101	89	83	
9					

Sheet2　一分店销量表　二分店销量表　销量合计表

图 4-67　一分店销量表和二分店销量表

（1）在本工作簿中新建工作表"销量合计表"数据清单，数据清单字段名与源数据清单相同。

（2）选定存放合并计算结果的单元格区域 B3:D8。

（3）单击"数据"选项卡"数据工具"组中的"合并计算"按钮，弹出"合并计算"对话框，如图 4-68 所示。

图 4-68　"合并计算"对话框

（4）在"函数"下拉列表框中选择"求和"选项，在"引用位置"下拉列表框中选取"一分店销量表"的 B3:D8 单元格区域，单击"添加"按钮，再选取"二分店销量表"的 B3:D8 单元格区域（添加"引用位置"时，通过"浏览"按钮可以选取不同工作表或工作簿中的引用位置）。选中"创建指向源数据的链接"复选框（当源数据变化时，合并计算结果也将随之变化）。单击"确定"按钮。合并计算结果如图 4-69 所示。

▲	A	B	C	D	E
1	两分店销售量统计表				
2	型号	一月	二月	三月	
3	X01	184	172	188	
4	X02	150	170	197	
5	X03	138	184	159	
6	X04	145	171	178	
7	X05	160	170	150	
8	X06	169	173	171	
9					

Sheet2 ╱ 一分店销量表 ╱ 二分店销量表 ╲ 销量合计表
就绪

图 4-69　销量合计表

4.7.6　数据透视表

数据透视表是一个功能强大的数据汇总工具，将数据清单中相关的信息进行汇总。分类汇总虽然也可以对数据进行多字段的汇总分析，但它形成的表格是静态的、线性的，数据透视表则是一种动态的、二维的表格。在数据透视表中，建立了行列交叉列表，并可以通过行列转换查看源数据的不同统计结果。

1. 创建数据透视表

下面以图 4-64 所示销售表的数据清单为例，说明如何建立数据透视表。

例如：建立一个数据透视表，按店名和商品名分类统计出销售量和销售额的总和。

创建数据透视表操作方法如下：

（1）单击要创建数据透视表的数据清单中任意单元格。

（2）在"插入"选项卡的"表格"组中，单击"数据透视表"，弹出"创建数据透视表"对话框，如图 4-70 所示。

图 4-70　"创建数据透视表"对话框

（3）在"创建数据透视表"对话框中，自动确定了"表或区域"（或通过"表/区域"切换按钮选定区域，如"Sheet4!$A$2:$E$14"），在"选择放置数据透视表的位置"选项组自动选中了"新工作表"单选按钮，若要将数据透视表放在现有工作表中的特定位置，可单击"现有工作表"，然后在"位置"框中指定放置数据透视表的单元格区域的第一个单元格地址。

（4）单击"确定"按钮，将空白数据透视表加载至指定位置，并显示"数据透视表字段列表"，如图 4-71 所示，以便可以添加字段、创建布局以及自定义数据透视表。

图 4-71 空白透视表、字段列表

（5）向数据透视表添加字段。

方法 1：若要将字段放置到布局部分的默认区域中，可在字段部分选中相应字段名称旁的复选框（如图 4-71 所示）。默认情况下，非数值字段会添加到"行标签"区域，数值字段会添加到"数值"区域，而日期和时间则会添加到"列标签"区域。

方法 2：若要将字段放置到布局部分的特定区域中，可在字段部分右击相应的字段名称，然后选择"添加到报表筛选"、"添加到列标签"、"添加到行标签"或"添加到值"。

方法 3：若要将字段拖放到所需的区域，可在字段部分单击并按住相应的字段名称，然后将它拖到布局部分所需的区域中。

选择透视表，利用"数据透视表－工具"选项卡，可以对"选项"、"布局"、"数据透视表样式选项"和"数据透视表样式"等进行设置。

在销售表中，将报表字段中的"店名"与"商品名"字段分别拖动到"行标签"区域中，"销售量"与"销售额"字段分别拖动到"数值"区域中，即完成数据透视表的创建，如图 4-72 所示。

图 4-72 数据透视表结果

2. 数据透视表修改

（1）单击字段列表中已拖入每个区域中的字段名右边的下三角按钮，弹出下拉列表，如图 4-73 所示。

（2）在下拉列表中，选择某一选项（如"删除字段"），可以对已创建的数据透视表进行修改。

（3）数据透视表默认计算类型是汇总计算（即求和），如需改变计算类型，可在下拉列表中选择"值字段设置"选项，在弹出的"值字段设置"对话框（如图 4-74 所示）中按要求选择需要计算的类型即可。

图 4-73　"字段名"下拉列表

图 4-74　"值字段设置"对话框

4.7.7　应用举例

【例】"公司人员情况"数据管理。

现有某公司人员情况表，如图 4-75 所示，对其进行数据管理：按性别升序排序；相同性别的按年龄递减排序；筛选出工程师的记录；将职称是高工且基本工资大于 6000 的记录筛选到 A20 开始的区域；按"部门"字段进行分类汇总，统计不同部门 "基本工资"的总和；创建如图 4-76 所示的数据透视表。

图 4-75　公司人员情况表

图 4-76　创建数据透视表

分析与操作：

1. 复制"公司人员情况"工作表

（1）单击"公司人员情况"工作表标签，按住 Ctrl 键，拖动工作表标签，复制得到"公司人员情况（2）"工作表。

（2）双击该工作表标签，将工作表命名为"排序"，依照同样方法，分别复制完成"分类汇总"、"自动筛选"、"高级筛选"、"数据透视表"工作表。

2．排序

（1）选定"排序"工作表，单击"性别"列数据区域的任意单元格。

（2）单击"数据"选项卡"排序和筛选"组中的"排序"按钮，弹出"排序"对话框。

（3）在"列"中的"主要关键字"下拉列表框中，选择"性别"选项，在"次序"中选择"升序"。

（4）单击"添加条件"按钮，在"次要关键字"下拉列表框中，选择"年龄"选项，在"次序"中选择"降序"，单击"确定"按钮。结果如图 4-77 所示。

3．自动筛选

（1）选定"自动筛选"工作表，单击任意单元格。

（2）选择"数据"选项卡"排序和筛选"组中的"自动筛选"按钮，工作表中数据清单的列标题全部变成下拉列表。

（3）单击"职称"列标题的下拉列表按钮，在下拉列表中选择"工程师"选项，单击"确定"按钮，完成自动筛选。结果如图 4-78 所示。

图 4-77　"排序"结果　　　　　　图 4-78　"自动筛选"结果

4．高级筛选

（1）选定"高级筛选"工作表，在工作表的空白处建立条件区域，如在单元格区域 C17:D18 输入条件式，如图 4-79 所示。

（2）单击数据区域中的任意单元格。

（3）单击"数据"选项卡"排序和筛选"组中的"高级"按钮，弹出"高级筛选"对话框。

（4）在"高级筛选"对话框中，选中"将筛选结果复制到其他位置"。

（5）分别单击各下拉按钮，确定"列表区域"的数据清单区域和"条件区域"的筛选条件区域以及"复制到"的存放筛选结果的区域。

（6）单击"确定"按钮，即筛选出符合条件的记录，如图 4-79 所示。

5．分类汇总

（1）选定"分类汇总"工作表，以"部门"为主要关键字进行排序（升序或降序）。

（2）选定工作表中的任意单元格。

（3）单击"数据"选项卡"分级显示"组中的"分类汇总"按钮，弹出"分类汇总"对话框。

（4）在"分类字段"下拉列表框中，选择"部门"选项；在"汇总方式"下拉列表框中选择"求和"选项；在"选定汇总项"下拉列表框中选择"基本工资"选项。

（5）单击"确定"按钮，结果如图 4-80 所示。

图 4-79 "高级筛选"结果　　　　　图 4-80 "分类汇总"结果

6. 建立数据透视表

（1）选定"数据透视表"工作表，单击数据清单中的任意单元格。

（2）单击"插入"选项卡"表格"组中的"数据透视表"，弹出"创建数据透视表"对话框。

（3）单击"确定"按钮，创建一个空的数据透视表。

（4）向空数据透视表添加字段：把报表字段中的"部门"与"职称"字段分别拖入"行标签"框中，"基本工资"字段拖入"数值"框中，即完成如图 4-76 所示的数据透视表。

4.8 工作表的打印和超链接

4.8.1 打印设置

完成对工作表的编辑以后，则可以将其打印，在打印电子表格前需要作一些必要的设置，例如页面设置、打印区域设置等。

1. 设置打印区域

打印工作表时，Excel 2010 首先检查工作表中是否有设置好的打印区域。如果有，将只打印此区域的内容；如果没有，则打印整个工作表的已使用区域。因此，如果只想打印工作表中的部分区域，应将此区域设置为打印区域。设置打印区域的操作步骤如下：

（1）选定要打印的区域。

（2）在"页面布局"选项卡的"页面设置"组中，单击"打印区域"按钮，选择"设置打印区域"命令，如图 4-81 所示。

取消工作表打印区域的方法为：在"页面布局"选项卡的"页面设置"组中，单击"打印区域"按钮，选择"取消打印区域"命令。

	A	B	C	D	E	F	G	H
1				学生成绩表				
2	学号	姓名	英语	数学	计算机基础	总分	平均分	
3	1204103101	李小秋	73	82	90	245	81.67	
4	1204103102	程功	84	60	75	219	73.00	
5	1204103103	李心一	74	57	85	216	72.00	
6	1204103104	钱刚	92	88	72	252	84.00	
7	1204103105	张蕾蕾	77	69	56	202	67.33	
8	1204103106	王红海	63	81	75	219	73.00	
9	1204103107	赵文书	52	90	84	226	75.33	
10	1204103108	马婷艳	66	79	89	234	78.00	
11	1204103109	王智	47	61	70	178	59.33	
12	1204103110	宁小兵	81	72	68	221	73.67	
13								
14								
15								

图 4-81　设置打印区域

2．设置页面

设置好打印区域之后，为了使打印出的页面美观、符合要求，需对打印的页面、页边距、页眉/页脚等进行设置。设置方法如下：

方法 1：单击"页面布局"选项卡"页面设置"组中的相应命令，进行设置。

方法 2：在"页面布局"选项卡的"页面设置"组中，单击"打开对话框"按钮，在弹出的"页面设置"对话框中，选择"页面"选项卡，进行页面的打印方向、缩放比例、纸张大小以及打印质量等设置，如图 4-82 所示。

图 4-82　"页面设置"对话框

"页面"选项卡中各项的含义如下：

● 打印方向：分横向和纵向两种，一般为横向。如果表格的宽度大于高度，可设置为纵向。
● 缩放比例：可相对于正常打印时的大小进行缩放。
● 纸张大小：设置打印时所用的纸张尺寸。
● 打印质量：设置打印机的允许分辨率，分辨率越高，打印质量越好。
● 起始页码：设置从哪一页开始打印。

3．设置页边距

选择"页面设置"组中的"页边距"命令，可以选择已经定义好的页边距，也可以利用"自定义边距"选项，或利用"页面设置"对话框中的"页边距"选项卡来设置页面的边距，在"上"、"下"、"左"、"右"输入框中分别输入所需的页边距数值即可，如图 4-83 所示。

4. 页眉/页脚设置

页眉是指打印页顶部出现的文字，而页脚则是打印页底部出现的文字。在"页面设置"对话框中，单击"页眉/页脚"选项卡，对话框如图 4-84 所示，在"页眉"、"页脚"下拉列表框中可选择已定义的页眉页脚，也可单击"自定义页眉"和"自定义页脚"按钮来设置页眉页脚。

图 4-83　设置"页边距"

图 4-84　设置"页眉/页脚"

若要删除页眉或页脚，则选定要删除页眉或页脚的工作表，打开"页面设置"对话框，单击"页眉/页脚"选项卡，在"页眉"、"页脚"下拉列表框中选择"无"即可。

5. 工作表的设置

单击"页面设置"对话框的"工作表"选项卡，对话框如图 4-85 所示，在此进行工作表的设置：可以选择"打印区域"右侧的切换按钮选定打印区域；选择"打印标题"右侧的切换按钮选定行标题或列标题区域，为每页设置打印行或列标题，选择打印设置是否有网格线、行号列标和批注等；选择"打印顺序"是"先行后列"还是"先列后行"。

图 4-85　设置"工作表"

4.8.2　打印预览

在进行打印前，通常需要先预览一下打印效果，确认打印的整体布局是否合理和美观。

在 Excel 2010 的"打印"命令中，默认打印机的属性自动显示在第一部分中，工作簿的预览自动显示在第二部分中。

单击"文件"选项卡中的"打印"命令，出现打印设置和自动预览界面，如图 4-86 所示。

图 4-86　打印设置和预览

4.8.3　打印

预览后，如果对页面设置及内容等感到满意，就可以通过打印机将工作表的内容打印输出。

单击"文件"选项卡中的"打印"命令，或单击"页面设置"对话框"工作表"选项卡中的"打印"按钮。在打印方式下仍可设置打印选项，如图 4-87 所示。

图 4-87　打印设置

打印设置选项含义：

- 在"份数"输入框中，设置打印的份数。
- 在"打印机"选项区，可以选择打印机的类型。
- 在"页数"输入框中，输入工作表中要打印区域起始页码和终止页码。

在打印选项中，还可直接进行页面方向、打印纸张、页边距、打印缩放等设置。

4.8.4　工作表中的链接

工作表中的链接包括超链接和数据链接两种情况，超链接可以从一个工作簿或文件快速跳转到其他工作簿或文件，超链接可以建立在单元格的文本或图形上。数据链接是使数据发生关联，当一个数据发生更改时，与之相关联的数据也会改变。

1.　建立超链接

（1）选定要建立超链接的单元格或单元格区域。

（2）右击，在弹出的快捷菜单中，选择"超链接"命令，弹出"插入超链接"对话框，如图 4-88 所示。

图 4-88　"插入超链接"对话框

（3）在"链接到"栏中，选择"本文档中的位置"（单击"现有文件或网页"可链接到其他工作簿中），在右侧的"请键入单元格引用"的文本框中，输入要引用的单元格地址（如A1），在"或在此文档中选择一个位置"下拉列表中，选择要链接的工作表标签（如"学生成绩表"）。

（4）单击对话框右上角的"屏幕提示"按钮，打开"设置超链接屏幕提示"对话框，在对话框内输入信息，当鼠标指针放置在建立的超链接位置时，显示相应的提示信息（如"打开学生成绩表"），单击"确定"按钮，即完成链接。

利用"编辑超链接"对话框，可以对超链接信息进行修改，也可以取消超链接。选定已建立超链接的单元格或单元格区域，右击，在弹出的快捷菜单中，选择"取消超链接"即可。

2.　建立数据链接

（1）打开某工作表选择数据，在"开始"选项卡的"剪贴板"组中，单击"复制"按钮，复制选择的数据。

（2）打开欲关联的工作表，在工作表中指定的单元格粘贴数据，在"粘贴选项"中选择"粘贴链接"即可。

4.9　保护数据

Excel 2010 可以有效地对工作簿中的数据进行保护。可以保护工作表或工作表中某些单元格的数据，也可将工作簿、工作表以及单元格中的重要公式隐藏起来。

4.9.1　保护工作簿和工作表

1．保护工作簿

工作簿的保护包含两个方面：第一是保护工作簿，防止他人非法访问；第二是禁止他人对工作簿或工作簿中的工作表的非法操作。

（1）设置工作簿访问权限。

● 设置密码

为了限制工作簿的打开，可进行密码设置保护。其操作步骤为：

1）打开工作簿，单击"文件"选项卡中的"另存为"按钮，弹出"另存为"对话框。

2）单击"另存为"对话框的"工具"按钮，选择"常规选项"，弹出"常规选项"对话框。如图 4-89 所示。

3）在"常规选项"对话框中的"打开权限密码"输入框中输入密码，单击"确定"按钮，再次输入密码，单击"确定"按钮。

4）返回"另存为"对话框，再单击"保存"按钮即可。

打开设置了密码的工作簿时，将弹出"密码"对话框，只有正确输入密码后才能打开工作簿，密码是区分大小写字母的。

● 设置修改工作簿密码

打开"常规选项"对话框，在"修改权限密码"输入框中输入密码。打开工作簿时，在"密码"对话框中输入正确的修改权限密码后才能对该工作簿进行修改操作。

● 修改或取消密码

打开"常规选项"对话框，在"打开权限密码"输入框中，如果要更改密码，输入新密码并单击"确定"按钮；如果要取消密码，按 Delete 键删除打开权限密码，然后单击"确定"按钮。

（2）工作簿中工作表和窗口的保护。

如果不希望对工作簿中的工作表或窗口进行编辑操作，可对其进行保护，设置保护的操作方法如下：

1）单击"审阅"选项卡"更改"组中的"保护工作簿"命令，弹出"保护结构和窗口"对话框，如图 4-90 所示。

图 4-89　"常规选项"对话框

图 4-90　"保护结构和窗口"对话框

2）在对话框中，选中"结构"复选框，表示保护工作簿的结构，工作簿中的工作表将不能进行移动、删除、插入等操作。

3）在对话框中，如果选中"窗口"复选框，则打开工作簿时保持窗口的固定位置和大小，工作簿的窗口不能移动、缩放、隐藏和取消隐藏。

4）在对话框中，如果输入密码，可以防止他人取消对工作簿的保护。

2. 保护工作表

操作步骤如下：

（1）选择要保护的工作表。

（2）单击"审阅"选项卡"更改"组中的"保护工作表"命令，在弹出的"保护工作表"对话框中，选择所需选项，或输入密码，单击"确定"按钮。

取消保护工作表：选定任意单元格，单击"审阅"选项卡"更改"组中的"取消保护工作表"按钮，即可取消保护。

3. 保护单元格

在工作表中，可以将单元格中的公式隐藏，使该单元格的公式不出现在编辑栏内，操作方法如下：

（1）选择需要隐藏公式的单元格，在"开始"选项卡的"单元格"组中，单击"格式"按钮，选择"设置单元格格式"命令。

（2）在打开的"设置单元格格式"对话框中，选中"保护"选项卡中的"隐藏"复选框，单击"确定"按钮。

（3）单击"审阅"选项卡"更改"组中的"保护工作表"按钮，完成单元格的保护。

注意：只有保护工作表后，锁定单元格或隐藏公式才有效。当取消对工作表的保护，亦即取消单元格的保护。

利用"审阅"选项卡"更改"组中的"允许用户编辑的区域"命令，可以设置允许用户编辑的单元格区域，让不同的用户拥有不同编辑工作表的权限，达到保护数据的目的。

利用"文件"选项卡右侧的"保护工作簿"选项，可以实现将工作簿标记为最终状态、用密码进行加密、保护当前工作表、保护工作表结构等操作。

4.9.2　隐藏工作表

1. 隐藏工作表

（1）选定需要隐藏的工作表。

（2）右击，在弹出的快捷菜单中，选择"隐藏"命令。

2. 取消隐藏

（1）选择任一个工作表标签，右击，在弹出的快捷菜单中，选择"取消隐藏"命令。

（2）在打开的"取消隐藏"对话框中，选择要取消隐藏的工作表名。

（3）单击"确定"按钮。

习题四

单选题

1. Excel 2010 的主要功能有（　　）。

A．电子表格、文字处理、数据库　　　B．电子表格、图表、数据库

C．工作表、工作簿、图表　　　　　　D．电子表格、工作簿、数据库

2．在 Excel 2010 中，工作薄存盘时默认的文件扩展名是（　　）。

A．.SLX　　　　　B．.XLSX　　　　C．.DOC　　　　D．.GZB

3．Excel 2010 一个工作簿中工作表的个数，默认值是（　　）。

A．32　　　　　　B．16　　　　　　C．255　　　　　D．3

4．在 Excel 2010 中，错误信息总是以（　　）开头。

A．$　　　　　　B．#　　　　　　C．@　　　　　　D．&

5．Excel 2010 中的数据类型有（　　）。

A．数值型　　　　B．字符型　　　　C．逻辑型　　　　D．以上全部

6．在 Excel 2010 中，给当前单元格输入数值型数据时，默认为（　　）。

A．居中　　　　　B．左对齐　　　　C．右对齐　　　　D．随机

7．在 Excel 2010 工作表的单元格中输入公式时，应先输入（　　）。

A．'　　　　　　　B．"　　　　　　C．&　　　　　　D．=

8．在 Excel 2010 中，已知 B3 和 B4 单元格中的内容分别为"学期"和"成绩"，要在 B5 中显示"学期成绩"，可在 B5 中输入公式（　　）。

A．=B3+B4　　　B．B3-B4　　　　C．B3&B4　　　　D．B3$B4

9．Excel 2010 中，如 A4 单元格的值为 100，公式"=A4>100"的结果是（　　）。

A．200　　　　　B．0　　　　　　C．TRUE　　　　D．FALSE

10．在 Excel 2010 中使用函数时，多个函数参数之间必须用（　　）分隔。

A．圆点　　　　　B．逗号　　　　　C．分号　　　　　D．竖杠

11．在 Excel 2010 中，输入分数三分之二的方法是（　　）。

A．直接输入 2/3

B．先输入一个 0，再输入 2/3

C．先输入一个 0，再输入一个空格，最后输入 2/3

D．以上方法都不对

12．在 Excel 2010 中，创建公式的操作步骤有：①在编辑栏键入"="；②键入公式；③按 Enter 键；④选择需要建立公式单元格。其正确的顺序是（　　）。

A．①②③④　　　　　　　　　　　　B．④①③②

C．④①②③　　　　　　　　　　　　D．④③①②

13．Excel 2010 自动填充功能，可以自动快速输入（　　）。

A．文本数据　　　　　　　　　　　　B．数字数据

C．公式和函数　　　　　　　　　　　D．具有某种内在规律的数据

14．在 Excel 2010 中，选定一个单元格后按 Delete 键，将被删除的是（　　）。

A．单元格　　　　　　　　　　　　　B．单元格中的内容

C．单元格中的内容及格式等　　　　　D．单元格所在的行

15．关于 Excel 2010 工作表的说法，以下错误的是（　　）。

A．工作表的行可以隐藏　　　　　　　B．工作区可以隐藏

C．工作表可隐藏　　　　　　　　　　D．工作表的列可以隐藏

16．在 Excel 2010 中，对工作表单元格的列宽精确调整，应操作的选项卡为（　　）。

A．开始　　　　　B．插入　　　　　C．格式　　　　　D．数据

17．在 Excel 2010 中，需要参数值中的整数部分，则应该使用函数（　　）。

A．MAX　　　　　B．INT　　　　　C．ROUND　　　　　D．SUME

18．在 Excel 2010 中，常用到"格式刷"，以下对其作用描述正确的是（　　）。

A．可以复制格式，不能复制内容

B．可以复制内容

C．既可以复制格式，也可以复制内容

D．既不能复制格式，也不能复制内容

19．在 Excel 2010 中，要求 A1、A2、A3 单元格中数据的平均值，并在 B1 单元格中显示出来，下列公式错误的是（　　）。

A．=(A1+A2+A3)/3　　　　　B．=SUM(A1:A3)/3

C．=AVERAGE(A1:A3)　　　　　D．=AVERAGE(A1:A2:A3)

20．在 Excel 2010 中，公式"=SUM(C2:C6)"的作用是（　　）。

A．求 C2 到 C6 这 5 个单元格数据之和

B．求 C2 和 C6 这两个单元格数据之和

C．求 C2 和 C6 这两个单元格的比值

D．以上说法都不对

第5章 PowerPoint 2010 的应用

5.1 PowerPoint 2010 概述

PowerPoint（简称PPT）2010 是 Microsoft Office 2010 办公套装软件中的一个重要组成部分，专门用于设计、制作信息展示等领域（如演讲、做报告、各种会议、产品演示、商业演示等）的各种电子演示文稿。PowerPoint 2010 与以前的版本相比在功能上有了非常明显的改进和更新，新增和改进的图像编辑和艺术过滤器使得图像变得更加鲜艳，引人注目；可以同时与不同地域的人共同合作演示同一个文稿；增加了全新的动态切换，通过改进的功能区，可以快速访问常用命令，创建自定义选项卡，个性化的工作风格体验。此外还改进了图表、绘图、图片、文本等方面的功能，从而使演示文稿的制作和演示更加美观。

5.1.1 PowerPoint 2010 的启动

启动 PowerPoint 2010 的方法有多种，一般较常用的方法主要有通过"开始"菜单启动、通过创建新文档启动和通过现有演示文稿启动 3 种。

1. 通过"开始"菜单启动

"开始"菜单启动是 Windows 操作系统中最常用的启动方式，适用于启动任何软件。其具体操作方法为：在任务栏上单击"开始"按钮，选择"所有程序"→Microsoft Office→Microsoft PowerPoint 2010 命令，即可启动 PowerPoint 2010，如图 5-1 所示。

图 5-1　启动 PowerPoint 2010

注意：通过桌面快捷方式来启动，即双击桌面快捷方式图标 来启动，当然这个必须要将 PowerPoint 2010 快捷方式图标发送到桌面才行。

2. 通过创建新演示文稿来启动 PowerPoint 2010

在桌面或文件夹窗口的空白区域右击，执行"新建"→"Microsoft PowerPoint 演示文稿"命令，新建 PowerPoint 文档，如图 5-2 所示，新建成功后，双击该文件可启动 PowerPoint 2010，如图 5-3 所示。

图 5-2　新建 PowerPoint 文档

图 5-3　启动 PowerPoint

3. 通过现有演示文稿启动

用户在创建并保存 PowerPoint 2010 演示文稿后，可以通过已有的演示文稿启动 PowerPoint 2010，其方法主要有两种：一种是直接双击演示文稿图标启动，另一种是在最近使用过的文件中启动。

（1）双击图标启动：若是电脑中已存在利用 PowerPoint 创建的演示文稿，用户可以找到该演示文稿的存放位置，直接双击演示文稿图标即可启动。

（2）在最近使用过的文件中启动：如果用户在当前电脑中经常使用 PowerPoint 2010 创建和打开过演示文稿，那么 Windows 会将 PowerPoint 2010 显示为常用软件。单击"开始"菜单，将鼠标指针指向 Microsoft PowerPoint 2010 选项上，将会弹出最近操作过的文件名，单击相应的 PowerPoint 演示文稿即可在启动 PowerPoint 2010 的同时打开该文档，如图 5-4 所示。

注意：如果最近使用文档中的演示文稿存储路径发生变化，或者演示文稿已经删除，则无法打开该文档。

图 5-4　启动 PowerPoint 2010

5.1.2　PowerPoint 2010 的退出

演示文稿编辑结束后，可退出 PowerPoint 2010，退出 PowerPoint 2010 的方法与退出其他应用程序方法大致相同，主要包括以下 5 种：

（1）通过单击"关闭"按钮退出：单击 PowerPoint 2010 窗口右上角的"关闭"按钮▣，可退出 PowerPoint 2010。

（2）通过单击"Office 应用程序"图标退出：单击 PowerPoint 2010 窗口左上角的"Office 应用程序"图标▣，在弹出的菜单中选择"关闭"命令，可退出 PowerPoint 2010。

（3）通过双击"Office 应用程序"图标退出：双击 PowerPoint 2010 窗口左上角的"Office 应用程序"图标▣，可快速退出 PowerPoint 2010。

（4）通过快捷键退出：同时按 Alt+F4 组合键，可退出 PowerPoint 2010。

（5）通过菜单退出：在 PowerPoint 2010 工作窗口中选择"文件"选项卡中的"退出"命令，可退出 PowerPoint 2010。

注意：在 PowerPoint 2010 工作窗口中选择"文件"选项卡中的"关闭"命令，可关闭当前演示文稿。但关闭后未退出 PowerPoint 2010 程序。如果当前打开或创建了多个演示文稿，单击"关闭"按钮只关闭当前 PowerPoint 演示文稿窗口，而并非退出 PowerPoint 2010 应用程序。

5.1.3　PowerPoint 2010 窗口组成

启动 PowerPoint 2010 应用程序后，将会看到 PowerPoint 2010 的工作窗口，如图 5-5 所示。它主要由标题栏、快速访问工具栏、功能选项卡和功能区、"大纲/幻灯片"窗格、幻灯片编辑区、状态栏和"备注"窗格等部分组成。

1. 标题栏

标题栏位于工作窗口的顶端，用于显示当前应用程序名称和编辑的演示文稿名称。标题栏右侧是控制区域，主要由控制窗口最大化▣（还原▣）、最小化▣和关闭▣ 3 个按钮组成，左侧为快速访问工具栏。

2. 快速访问工具栏

快速访问工具栏位于标题栏左侧，栏中提供了最常用的"保存"按钮、"撤消"按钮和"恢复"按钮。如需在快速访问工具栏中添加其他按钮，单击其后的▣按钮，在弹出的菜单中选择所需选项即可。

3. 功能选项卡和功能区

在功能选项卡中，集合了几乎所有 PowerPoint 2010 的操作命令，且每个选项卡的下方都列出了相应的功能区域，选择功能选项卡即可切换至相应的功能区，如"开始"选项卡中包含"剪贴板"、"幻灯片"、"字体"、"段落"、"绘图"和"编辑"等区域，如图 5-6 所示。

4. 状态栏

状态栏位于窗口底端，它不起任何编辑作用，主要用于显示当前演示文稿的编辑状态和显示模式，如图 5-7 所示。拖动幻灯片显示比例栏中的滑块▣或单击▣、▣按钮，可调整当前幻灯片的显示大小，单击右侧的▣按钮，可按当前窗口大小自动调整幻灯片的显示比例，使其在当前窗口中可以看到幻灯片的全局效果，且为最大显示比例。

图 5-5 PowerPoint 2010 窗口

图 5-6 功能选项卡和功能区

图 5-7 状态栏

5. "大纲/幻灯片"窗格

"大纲/幻灯片"窗格包括"大纲"和"幻灯片"两个窗格，可通过单击窗格中的选项卡切换至所需窗格。"大纲/幻灯片"窗格主要用于显示幻灯片的数量、编号及文本大纲，还可用于查阅幻灯片整体结构。

6. 幻灯片编辑区

幻灯片编辑区是 PowerPoint 2010 工作界面中最大的组成部分，它是进行幻灯片制作的主要工作区。幻灯片编辑区主要用于显示和编辑幻灯片，在"大纲/幻灯片"窗格中单击某张幻灯片图标后，该幻灯片的内容将显示在编辑区，在其中可进行输入文字内容、插入图片以及设置动画等操作，它是使用 PowerPoint 制作演示文稿的基本操作平台。

5.1.4　PowerPoint 2010 的视图方式

PowerPoint 2010 主要提供了 6 种视图方式，分别是普通视图、幻灯片浏览视图、阅读视图和备注页视图、母版视图和幻灯片放映视图，在不同的视图方式下，用户可以看到不同的幻灯片效果。单击 PowerPoint 2010 窗口状态栏中的"视图工具栏"按钮进行视图切换，如图 5-8 所示；单击"视图"选项卡中"演示文稿视图"或"母版视图"组中的功能按钮进行视图切换，如图 5-9 所示。本节将对这 6 种视图进行介绍。

图 5-8　视图方式切换按钮

图 5-9　视图方式切换菜单

1. 普通视图

普通视图是主要的编辑视图，是 PowerPoint 的默认视图，可用于编辑或设计演示文稿。该视图有选项卡和窗格，分别为"大纲"选项卡和"幻灯片"选项卡，幻灯片窗格和备注窗格，通过拖动边框可调整选项卡和窗格的大小。

2. 幻灯片浏览视图

在幻灯片浏览视图中，可同时看到演示文稿中的所有幻灯片，这些幻灯片以缩略图方式显示。该视图下便于进行多张幻灯片顺序的编排、复制、移动、插入和删除等操作。还可以设置幻灯片的切换效果并预览。

3. 阅读视图

在幻灯片阅读视图下，演示文稿中的幻灯片内容以全屏的方式显示出来，如果用户设置了动画效果、画面切换效果等，在该视图方式下将全部显示出来。

4. 幻灯片放映视图

在创建演示文稿的任何时候，都可通过单击"幻灯片放映视图"按钮来启动幻灯片放映和浏览演示文稿。该视图下，不能对幻灯片进行编辑，若不满意幻灯片效果，必须切换到"普通"视图等其他视图下进行编辑修改。

5. 备注页视图

在备注页视图下，会显示一张幻灯片及其下方的备注页，用户可以输入或编辑备注页的内容。

6．母版视图

母版视图包括幻灯片母版视图、讲义母版视图和备注母版视图。它们是存储有关演示文稿信息的主要幻灯片，其中包括背景、颜色、字体、效果、占位符大小和位置。

5.1.5　PowerPoint 2010 基本概念

1．演示文稿

演示文稿是包含若干张幻灯片的一个多媒体文件，是 PowerPoint 的存储文档。PowerPoint 2010/2007 默认的文件扩展名为.pptx，而 PowerPoint 2003 或更早的版本文件扩展名为.ppt。

2．幻灯片

演示文稿中的每一单页称为一张幻灯片，每张幻灯片在演示文稿中既相互独立又相互联系。制作一个演示文稿的过程实质就是依次制作一张张幻灯片的过程，它们是演示文稿的核心部分。

3．版式

版式是幻灯片内容在幻灯片上排列的方式，它包含了在幻灯片上显示的全部内容的格式设置、位置和占位符。

4．设计模板

模板是指预先定义好格式、版式和配色方案的演示文稿。

PowerPoint 2010 模板是扩展名为.potx 的一张幻灯片或一组幻灯片的图案或蓝图。模板可以包含版式、主题颜色、主题字体、主题效果和背景样式，甚至还可以包含内容等。

5．演讲者备注

演讲者备注指在演示时演示者所需要的文章内容、提示注解和备用信息等，每张幻灯片都有一个备注区，其内容通常情况下观众是看不到的。

6．讲义

指发给听众的幻灯片打印材料，可把一张幻灯片打印在一张纸上，也可把多张幻灯片压缩到一张纸上。

7．母版

母版中的信息一般是共有的信息，改变母版中的信息可统一改变演示文稿的外观。

8．占位符

占位符是版式中的容器，可容纳如文本（包括正文文本、项目符号列表和标题）、表格、图表、SmartArt 图形、影片、声音、图片及剪贴画等内容。占位符是指应用版式创建新幻灯片时出现的虚线方框。

5.2　PowerPoint 2010 基本操作

5.2.1　创建演示文稿

创建演示文稿有利用"空白演示文稿"、利用"模板"、利用"主题"和根据"现有演示文稿"四种方法。

1．利用"空白演示文稿"创建

"空白演示文稿"是一种形式最简单的演示文稿，该演示文稿没有应用任何设计模板、

配色方案以及动画方案,使有经验的用户可以比较自由的建立具有自己独特风格的幻灯片演示文稿。其操作步骤如下:

(1) 单击"文件"选项卡,选择"新建"命令。

(2) 在"可用的模板和主题"区域单击"空白演示文稿"选项,如图 5-10 所示。

(3) 单击"创建"按钮,即可打开新建的第一张名为"演示文稿 1"的幻灯片,如图 5-11 所示。

图 5-10　新建空白演示文稿

图 5-11　空白演示文稿

注意:一般来讲,启动 PowerPoint 2010 时系统就会自动创建一个空白演示文稿。

2. 利用"模板"创建

模板是预先设计好的演示文稿样本,使用模板方式,可以在系统提供的各式各样的模板中,选用其中一种内容最接近自己需求的模板,方便快捷。"模板"规定了演示文稿的背景图案、配色、文字格式等显示方式,但不包含演示文稿的设计内容。使用模板方式,可以简化演示文稿风格设计的大量工作。其操作步骤如下:

(1) 单击"文件"选项卡,选择"新建"命令。

(2) 在"可用的模板和主题"区域单击"样本模板"选项,打开"样本模板"库,选中需要的模板(如都市相册)。

（3）单击"创建"按钮即可新建如图 5-12 所示的幻灯片。

图 5-12　新建模板演示文稿

3．利用"主题"来创建

主题规定了演示文稿的母版、配色、文字格式和效果等设置。使用主题方式，可以简化演示文稿风格设计的大量工作，快速创建所选主题的演示文稿。其操作步骤如下：

（1）单击"文件"选项卡，选择"新建"命令。

（2）在"可用的模板和主题"区域单击"主题"选项，在列表中选中需要的主题（如时装设计）。

（3）单击"创建"按钮即可新建如图 5-13 所示的幻灯片。

图 5-13　利用主题创建幻灯片

4．根据"现有演示文稿"来创建

如果希望新演示文稿与现有的演示文稿风格、格式等类似，则可以直接在"现有演示文稿"的基础上进行修改，从而生成新演示文稿。用"现有演示文稿"创建演示文稿的方法如下：

单击"文件"选项卡中的"新建"命令，在右侧"可用的模板和主题"中选择"根据现有内容新建"选项，在弹出的"根据现有演示文稿新建"对话框中选择目标演示文稿文件，并单击"新建"按钮。系统将创建一个与目标演示文稿样式和内容完全一致的新演示文稿，这时只要根据需要适当修改并保存即可。

5.2.2　保存演示文稿

1. 保存在原位置

单击快速访问工具栏的"保存"按钮（或者选择"文件"选项卡中的"保存"命令）。若是第一次保存，系统将弹出"另存为"对话框，如图 5-14 所示，否则直接按原路径及文件名存盘。

图 5-14　"保存"对话框

注意：PowerPoint 2010/2007 默认的"保存类型"为*.pptx，也可以根据需要选择其他版本的类型，例如选择"PowerPoint 97-2003 演示文稿（*.ppt）"。

2. 保存在其他位置或换名保存

对已存在的演示文稿，希望按原名存放在另一位置，可以单击"文件"选项卡中的"另存为"命令，弹出"另存为"对话框，然后按上述操作修改保存位置，再单击"保存"按钮即可。若要换名保存，则只需修改文件名，然后单击"保存"按钮。

5.2.3　打开与关闭演示文稿

1. 直接双击演示文稿文件打开

这种打开方式要求在资源管理器窗口、计算机窗口或在桌面上，找到需要编辑的演示文稿，双击该演示文稿即可完成演示文稿的打开操作。

2. 在 PowerPoint 2010 已经启动的情况下打开演示文稿

常用方法：

（1）利用 Ctrl+O 组合键。

（2）利用"文件"选项卡中的"打开"命令。

（3）利用快速工具栏上的"打开"按钮。

上述三种方法都可以打开"打开"对话框，如图 5-15 所示，在窗口中选择文件所在的位置和该文件，单击"打开"按钮即可。

图 5-15 "打开"对话框

3. 关闭演示文稿
（1）单击"文件"选项卡中的"退出"命令。
（2）单击 PowerPoint 窗口右上角的"关闭"按钮。
（3）右击任务栏上 PowerPoint 图标，在弹出的菜单中选择"关闭窗口"命令。
（4）按快捷键 Alt+F4。

5.3 编辑演示文稿

5.3.1 幻灯片的基本操作

1. 新建幻灯片
在编辑演示文稿时，用户会发现很多演示文稿包含了多张幻灯片。一个比较好的演示文稿需要不断插入新幻灯片，才能制作出完整的演示文稿，在当前演示文稿中添加新的幻灯片，操作方法如下：
（1）命令法。
选择需要插入新幻灯片的位置，在"开始"选项卡的"幻灯片"组中单击"新建幻灯片"按钮，在展开的库中选择需要的版式，如图 5-16 所示。经过这些操作，可以看到在所选幻灯片的后面新建了所选择版式的新幻灯片。
（2）回车键法。
新建幻灯片更简单直接的方式是在"幻灯片/大纲浏览"窗格，单击某张幻灯片缩略图（或单击幻灯片缩略图后边间隙，显示插入线），直接按回车键，就会在当前幻灯片的后面插入一张新的空白幻灯片。
（3）快捷键法。
选择插入位置后，按 Ctrl+M 组合键。

图 5-16　新建幻灯片版式选择

（4）快捷菜单法。

在"幻灯片/大纲浏览"窗格中或在幻灯片浏览视图中选择插入位置，右击，在弹出菜单中单击"新建幻灯片"选项，如图 5-17 所示，即可在插入处新建一张幻灯片。

2. 选择幻灯片

（1）选择单张幻灯片：在幻灯片浏览视图或普通视图中，单击所需的幻灯片。

（2）选择连续的多张幻灯片：在幻灯片浏览视图或普通视图中，先单击所需的第一张幻灯片，然后按住 Shift 键，再单击最后一张幻灯片。

图 5-17　快捷方式

（3）选择不连续的多张幻灯片：在幻灯片浏览视图或普通视图中，先按住 Ctrl 键，再单击需要的每一张幻灯片。

3. 删除幻灯片

在创建和编辑演示文稿的过程中，用户可能会删除某些不需要的幻灯片，其常用删除方法如下：

（1）在普通视图或幻灯片浏览视图下，先通过单击选定幻灯片，再按 Delete 键即可删除。

（2）在普通视图或幻灯片浏览视图下，鼠标指针指向要删除的幻灯片，右击，利用快捷菜单的"删除幻灯片"命令删除幻灯片。

注意：如果要一次删除多张幻灯片，需要先选定这些幻灯片后，再按 Delete 键，或利用快捷菜单，删除选定的幻灯片。

4. 复制、移动幻灯片

在"普通视图"的"幻灯片/大纲"窗格下，或在幻灯片浏览视图下，选中欲复制/移动的幻灯片，执行复制/移动操作，选定目标位置后再进行粘贴。

（1）移动幻灯片。

在"普通视图"的"幻灯片/大纲"窗格下，或在幻灯片浏览视图下，选择要移动的幻灯片，然后将对象拖到目标位置，就可以实现移动操作。当然，也可以采用"剪切"和"粘贴"命令实现移动操作。

（2）复制幻灯片。

选择要复制的对象，然后按住 Ctrl 键将对象拖到目标位置，就可以实现复制操作。也可以采用"复制"和"粘贴"命令实现复制操作。

演示文稿间的幻灯片移动/复制，也可以用快捷键 Ctrl+X/Ctrl+C 和 Ctrl+V 来实现。

5. 插入来自其他演示文稿文件的幻灯片

操作步骤：

（1）在"幻灯片浏览"视图下单击当前演示文稿的目标插入位置，该位置出现插入点；

（2）单击"开始"选项卡，在"幻灯片"组中单击"新建幻灯片"按钮，在弹出的列表中选择"重用幻灯片"命令，右侧出现"重用幻灯片"窗格，如图 5-18 所示。

图 5-18 重用幻灯片

（3）单击"重用幻灯片"窗格的"浏览"按钮，并选择"浏览文件"命令。

（4）在弹出的"浏览"对话框中选择要插入幻灯片所属的演示文稿，并单击"打开"按钮。此时"重用幻灯片"窗格中出现该演示文稿的全部幻灯片，如图 5-18 所示。

（5）单击"重用幻灯片"窗格中的某幻灯片，则该幻灯片被插入到当前演示文稿的插入点位置。

5.3.2 幻灯片中内容的编辑

1. 输入文本

创建一个演示文稿，应首先输入文本。输入文本分两种情况：

（1）有文本占位符（选择包含标题或文本的自动版式），如图 5-19 所示。

占位符在幻灯片中表现为一个虚线框，虚线框内部预先设置了文字的属性和样式，初始时往往有"单击此处添加标题"之类的提示语，一旦鼠标单击之后，提示语会自动消失，同时在文本框中出现一个闪烁的"I"型插入光标，表示可以直接输入文本内容。

注意：输入文本时，PowerPoint 2010 会自动将超出占位符位置的文本切换到下一行，用户也可以按 Shift+Enter 组合键来换行。

图 5-19　有文本占位符幻灯片

（2）无文本占位符，如图 5-20 所示。

图 5-20　无文本占位符幻灯片

利用文本框来输入内容，文本框是一个可以移动、调整大小的文本容器，利用它可以在幻灯片的任意位置添加文字信息。

幻灯片中文本格式（文字格式和段落格式等）的设置，其操作和第 3 章讲的 Word 2010 类似。

在幻灯片中文字排版小提示：

● 一张幻灯片上不要放太多内容，一般不超过 5 行，每行不超过 5 个关键词。

● 文字与背景颜色要注意反差，否则难以辨别。

● 统一字体、统一颜色、注意文字对齐、少用艺术字。

● 多用图示，因为一图胜千言。

2. 插入剪贴画、图片

插入剪贴画、图片有两种方式，一种是采用功能区的按钮，另一种是单击幻灯片内容区占位符中剪贴画或图片的图标，如图 5-21 所示。

图 5-21　内容区占位符插入剪贴面、图片等

（1）插入剪贴画。

1）单击"插入"选项卡"图像"组中的"剪贴画"按钮，如图 5-22 所示，或单击幻灯片中的剪贴画占位符，窗口右侧出现"剪贴画"窗格，如图 5-23 所示。

图 5-22　插入"剪贴画"按钮

2）在"剪贴画"窗格中单击"搜索"按钮，下方出现各种剪贴画，从中选择合适的剪贴画即可。也可以在"搜索文字"输入框中输入搜索关键字，再单击"搜索"按钮，则只搜索与关键字相匹配的剪贴画供选择。为减少搜索范围，可以在"结果类型"下拉列表框中指定搜索类型（如插图、照片等），下方显示搜索到的该类剪贴画，如图 5-23 所示。

3）单击选中的剪贴画，则该剪贴画将插入到幻灯片中，调整剪贴画大小和位置即可。

（2）插入以文件形式存在的图片。

若用户想插入的不是来自剪贴画，而是平时搜集的精美图片文件，可以用如下方法插入图片：

图 5-23 "剪贴画"窗格

1）单击"插入"选项卡"图像"组中的"图片"按钮（如图 5-22 所示），或单击幻灯片中的"插入来自文件的图片"占位符，则弹出"插入图片"对话框，如图 5-24 所示。

图 5-24 "插入图片"对话框

2）在窗口左侧的"导航窗格"中选择存放目标图片文件的文件夹，在右侧"工作区"选择要插入的图片文件，然后单击"插入"按钮，该图片插入到当前幻灯片中。

（3）编辑插入的图形。

1）调节图片大小。

选择图片，按住鼠标左键并拖动左、右（上、下）边框控点可以在水平（垂直）方向缩放。若拖动四角之一的控点，会在水平和垂直两个方向同时进行缩放。

2）调节图片位置。

鼠标指针指向图片，按住左键不放，将该图片拖到目标位置。

也可以精确设置图片大小和位置，方法如下：

①选中图片。

②右击，在弹出的菜单中选择"设置图片格式"选项，弹出"设置图片格式"对话框，如图 5-25 所示。

图 5-25 "设置图片格式"对话框

③在对话框左侧单击"大小"命令，在右侧的"高度"和"宽度"输入框中输入值即可；在对话框左侧单击"位置"命令，可以设置图片的精确位置。

注意：也可以在"图片工具－格式"选项卡的"大小"组中单击右下角的"打开对话框"按钮，也可以打开"设置图片格式"对话框。

3）旋转图片。

● 手动旋转图片。

单击要旋转的图片，图片四周出现控点，拖动上方绿色控点即可随意旋转图片。

● 精确旋转图片。

选择图片，单击"图片工具－格式"选项卡"排列"组中的"旋转"按钮，在下拉列表中选择"向右旋转 90（向左旋转 90）"可以顺时针（逆时针）旋转 90°。也可以选择"垂直翻转（水平翻转）"。若需要旋转任意角度，则选择"其他旋转选项"，打开如图 5-25 所示的"设置图片格式"对话框，在旋转栏输入度数即可。

4）用图片样式美化图片。

选择幻灯片并单击要美化的图片，在"图片工具－格式"选项卡"图片样式"组中显示了若干图片样式列表，如图 5-26 所示。单击样式列表右下角的"其他"按钮，会弹出包括 28 种图片样式的列表，从中选择一种，图 5-27 所示为选择"松散透视 白色"显示效果。

图 5-26 图片样式

图 5-27　设置效果

5）为图片增加阴影、映像、发光等特定效果。

● 使用预设效果。

选择要设置效果的图片，单击"图片工具－格式"选项卡"图片样式"组中的"图片效果"按钮，在弹出的下拉列表中将鼠标移至"预设"项，从中选择一种（如"预设9"），如图 5-28 所示。

图 5-28　图片效果

● 自定义图片效果。

选择要设置效果的图片，单击"图片工具－格式"选项卡"图片样式"组中的"图片效果"按钮，可以利用展开的下拉列表，自行设置各种图片效果。

3．插入形状

形状是系统事先提供的一组基础图形，可以直接使用，也可以组合使用搭建所需图形。

插入形状有两个途径：单击"插入"选项卡"插图"组中的"形状"按钮，或者单击"开始"选项卡"绘图"组中　"形状"列表右下角的"其他"按钮，就会展开包含各类形状的列表，如图 5-29 所示。在其中选择某种形状样式后单击，此时鼠标变成"十"字形状，拖动鼠标就可以画出形状，从而确定形状的大小。

4．插入艺术字

（1）创建艺术字。

1）选中要插入艺术字的幻灯片。

2）单击"插入"选项卡"文本"组中的"艺术字"按钮，弹出艺术字样式列表，如图 5-30 所示。

图 5-29　形状列表　　　　　　　　　　图 5-30　艺术字样式列表

3）在艺术字样式列表中选择一种艺术字样式（如："填充－白色"、"轮廓－强调文字颜色 1"），出现指定样式的艺术字编辑框，其中内容为"请在此放置您的文字"。在艺术字编辑框中删除原有文本并输入艺术字文本（如："幻灯片中插入艺术字"），如图 5-31 所示。和普通文本一样，艺术字也可以改变字体和字号。

图 5-31　插入艺术字

（2）修饰艺术字的效果。

1）编辑艺术字文本。

单击艺术字，直接编辑修改文字即可。

2）改变艺术字填充颜色。

选择艺术字，单击"绘图工具－格式"选项卡"艺术字样式"组中的"文本填充"按钮，在弹出的下拉列表中，可以分别设置用颜色、纹理、图片等填充艺术字，如图 5-32 所示。

图 5-32　文本填充

3）改变艺术字轮廓。

选择艺术字，单击"绘图工具－格式"选项卡"艺术字样式"组中的"文本轮廓"按钮，在弹出的下拉列表中，可以分别设置艺术字轮廓的颜色、粗细、线型等。

4）改变艺术字的效果。

选中艺术字，单击"绘图工具－格式"选项卡"艺术字样式"组中的"文本效果"按钮，在弹出的下拉列表中，可以设置各种效果（阴影、发光、映像、棱台、三维旋转和转换等）。

以"转换"为例，鼠标移至"转换"项，出现转换方式列表，选择其中一种转换方式，如"弯曲-腰鼓"，艺术字即转换成"腰鼓"形式，拖动其中的紫色控点可改变变形幅度，如图 5-33 所示。

图 5-33　艺术字效果设置

5）旋转艺术字。

选择艺术字，拖动绿色控点，可以自由旋转艺术字。

6）确定艺术字的位置。

艺术字的位置设置，可以参照节中讲的"幻灯片中图片"位置设置方式，它们的设置方法相同。

（3）转换普通文本为艺术字。

选择需要转换的文本，然后单击"插入"选项卡"文本"组中的"艺术字"按钮，在弹出的艺术字样式列表中选择一种样式，并适当修饰即可。

5．插入表格

幻灯片中除了文本、形状、图片外，还可以插入表格对象。表格是表达和显示数据的较好方式，应用十分广泛，在演示文稿中常用表格表达有关数据，使演示文稿表现方式简单、直观、高效且一目了然。

插入表格主要有以下几种方式：

（1）采用功能区按钮。单击"插入"选项卡"表格"组中的"表格"按钮，如图 5-34 所示。

图 5-34　采用功能区命令插入表格

（2）单击幻灯片内容区占位符中"插入表格"图标，如图 5-35 所示。

图 5-35　利用占位符中"插入表格"图标插入表格

（3）把 Word 或 Excel 中的表格直接复制到幻灯片中。选中 Word 或 Excel 中的表格，复制再粘贴到目标幻灯片。

（4）把 Word 或 Excel 中的表格作为外部对象插入到幻灯片中。在要插入表格的幻灯片中，单击"插入"选项卡"文本"组中的"对象"按钮，在弹出的"插入对象"对话框中选择 Word 或 Excel 表格，单击"确定"按钮即可，如图 5-36 所示。

图 5-36　表格作为外部对象插入

表格对象的编辑处理和 Word 2010 中表格类似。

6．插入图表

PowerPoint 2010 可以直接利用"图表生成器"提供的各种图表类型和图表向导，创建具有复杂功能和丰富界面的各种图表，以增强演示文稿的演示效果。

单击幻灯片内容区占位符中"插入图表"图标，或单击功能区"插入"选项卡"插图"组中的"图表"按钮，均可以启动 Microsoft Graph 应用程序插入图表对象，如图 5-37 所示。

图 5-37　插入图表

7．插入 SmartArt 图形

SmartArt 图形是信息与观点的视觉表示形式，可以通过从多种不同布局中进行选择创建 SmartArt 图形。幻灯片中加入 SmartArt 图形（包括以前版本的组织结构图），可以使版面整洁，便于表现系统的组织结构形式。

创建 SmartArt 图形方法如下：

（1）选择要创建 SmartArt 图形的幻灯片。

（2）单击"插入"选项卡"插图"组中的 SmartArt 按钮，弹出如图 5-38 所示的对话框，在其中选择一种类型，如选择"层次结构"下的"半圆组织结构图"，单击"确定"按钮，就可得到如图 5-39 所示的幻灯片。

图 5-38　"插入 SmartArt 图形"对话框

图 5-39　插入 SmartArt 图形

修改编辑 SmartArt 图形的方式和 Word 2010 类似。

8．插入多媒体信息

（1）插入声音。

在制作演示文稿时，用户可以在演示文稿中添加各种声音文件，使其变得有声有色，更具有感染力。用户可以添加剪辑管理器中的声音，也可以添加文件中的音乐。在添加声音后，幻灯片上会显示一个声音图标，下面介绍在幻灯片中插入声音对象的方法。

● 插入来自剪辑管理器的音频

插入来自剪辑管理器的音频，其操作方法如下：

1）单击"插入"选项卡"媒体"组中的"音频"按钮，在其下拉列表中单击"剪贴画音频"选项。

2）在打开的"剪贴画"窗格中选择合适的音频，单击即可在幻灯片中插入一个表示音频文件的图标，如图 5-40 所示。

图 5-40　插入剪贴画音频

● 插入来自文件的音频

单击"插入"选项卡"媒体"组中的"音频"按钮，在其下拉列表中单击"文件中的音频"选项，在弹出的"插入音频"对话框中选择合适的音频文件，单击"插入"按钮即可，如图 5-41 所示。

图 5-41　插入音频文件窗口

注意：

● 演示文稿支持 mp3、wma、wav、mid 等格式声音文件。

● 插入声音文件后，会在幻灯片中显示出一个小喇叭图片，在幻灯片放映时，通常会显示在画面上，为了不影响播放效果，通常将该图标移到幻灯片边缘处。

（2）插入视频。

1）插入来自剪辑管理器的视频。

单击"插入"选项卡"媒体"组中的"视频"按钮，在其下拉列表中单击"剪贴画视频"选项，在打开的剪贴画窗格中选择合适的视频，单击即可，如图 5-42 所示。

图 5-42　插入剪辑视频

2）插入来自文件的视频。

单击"插入"选项卡"媒体"组中的"视频"按钮，在其下拉列表中单击"文件中的视频"选项。在弹出的"插入视频文件"对话框中选择合适的视频文件，单击"插入"按钮即可。

3）插入来自网站的视频。

单击"插入"选项卡"媒体"组中的"视频"按钮，在其下拉列表中单击"来自网站的视频"选项。在弹出的"从网站插入视频"对话框中选择合适的视频文件链接，单击"插入"按钮即可。

注意：演示文稿支持 avi、wmv、mpg 等格式视频文件。

5.4　修饰演示文稿

5.4.1　设置幻灯片版式与背景

用户可以选用版式来调整幻灯片中内容的排列方式，也可以使用模板简便快捷地统一整个演示文稿的风格。下面介绍幻灯片选用版式和创建设计模板的方法。

1. 为幻灯片选用其他版式

版式是幻灯片内容在幻灯片中的排列方式，不同的版式中占位符的位置与排列的方式也不同。用户可以选择需要的版式并运用到相应的幻灯片中，具体操作步骤如下：

打开一个文件，在"开始"选项卡中单击"版式"按钮，在展开的库中显示了多种格式的版式，选择"Office 主题"选项中的某一版式即可，如图 5-43 所示。

图 5-43　选择幻灯片版式

2．幻灯片背景的设置

幻灯片背景样式包括当前文档的主题颜色和背景亮度。当更改文档主题时，背景样式会随之更新。

（1）使用系统内置背景样式。

单击"设计"选项卡"背景"组中的"背景样式"按钮，在展开的内置背景样式列表中单击某个背景样式缩略图即可以应用该样式，如图 5-44 所示。

图 5-44　背景样式

（2）自定义背景样式。

单击"背景"组右下角的"打开对话框"按
钮█，打开"设置背景格式"对话框。可以利用
它自定义演示文稿的背景样式，如图 5-45 所示。
可以根据需要设置图案填充、纹理填充、图片填
充等效果。

图 5-45　"设置背景格式"对话框

5.4.2　幻灯片母版

所谓"母版"就是一种特殊的幻灯片，存储
了演示文稿中幻灯片的模板信息，包括了幻灯片
标题、正文和页脚文本（如日期、时间和幻灯片
编号）的字体样式（包括字体、字形、字号、颜
色等）、文本和对象占位符位置、项目符号样式、
背景设计和配色方案。使用母版可以使整个演示文稿统一背景和版式，使编辑制作更简单，更
具整体性，在母版上的任何格式改动都会反映到每一张幻灯片上，通过修改幻灯片母版，可以
统一修改演示文稿中所有幻灯片的外观。幻灯片母版是建立演示文稿所有幻灯片的底版，每张
幻灯片都会继承母版的格式设置。

1．建立幻灯片母版

（1）打开或新建一个演示文稿，在"视图"选项卡的"母版视图"组中，单击"幻灯片
母版"按钮。

（2）单击第一张幻灯片，插入一张图片，将图片大小调整到与幻灯片大小相同，并把该
图片设为背景图片。

（3）在幻灯片上加入需要的元素，如插入一个竖排文本框，输入文字"第五章　演示文
稿制作"，将文本框移动到幻灯片左侧，并对文本框的填充效果和文字进行设置。

（4）设置页眉页脚，调整编辑好所有对象，退出母版视图。整体效果如图 5-46 所示。

图 5-46　建立母版

注意： 第一张幻灯片母版是标题母版，对它所作的设置会反映到其他任何版式上。文本

框和背景图片都是在标题母版上作的设计，对所有版式都有效。

2．母版应用

母版创建好后，退出母版视图，就可以直接增加幻灯片编辑内容。

注意：

通常在 PPT 母版中设置如下内容：

● 　日期。多在左下角，写明报告的日期，这样每张 PPT 页面都会包含日期的信息。

● 　版权信息。譬如作报告的单位或个人的名称等等。

● 　logo。即一个公司或组织标志性的标签。

● 　整个 PPT 报告中的风格背景图片。这个要根据不同的报告内容来选择合适的背景图片。

5.4.3　应用主题模板

主题是指一组统一的设计元素，实质上就是一组格式选项，包括主题颜色、主题字体（包括标题字体和正文字体）和主题效果（包括线条和填充效果）。主题文件的扩展名是.thmx。

1．使用内置主题效果

PowerPoint 提供了多种内置的主题效果，用户可以直接选择内置的主题效果为演示文稿设置统一的外观。如果对内置的主题效果不满意，用户还可以在线使用其他 Office 主题，或者配合使用内置主题颜色、主题字体、主题效果等。使用内置主题效果的操作步骤如下：

（1）选择主题。打开一个文件，切换至"设计"选项卡，单击"主题"组中的"其他"按钮⊡，在展开的库中选择需要的主题样式，如图 5-47 所示。

图 5-47　"设计"选项卡中的"主题"组

（2）在显示主题列表中选择一种主题样式（如"波形"）即可。此时可以看到演示文稿中的幻灯片已经应用了所选择的主题效果，该主题已设定了字体、字号、背景等格式。

2．自定义文档主题

利用"设计"选项卡"主题"组中的"颜色"、"字体"、"效果"三个按钮可以很方便地自定义主题的颜色、字体和效果。

5.4.4 应用举例

【例】简单演示文稿的制作。

案例图1

案例图2

案例图3

案例图4

【制作要求】

快速建立一个 PowerPoint 2010 演示文稿，按下面要求完成幻灯片制作：

（1）建立以"拯救濒危物种.pptx"为名称的演示文稿。

（2）配合主题，选择一个相应风格的模板。同时根据主题起一个题目，如"拿什么拯救你——我们的朋友"，用艺术字插入在幻灯片中。

（3）设置第二张幻灯片为"标题和内容"版式，在此可以做一些文字内容的描述，比如濒危物种的定义以及分类，内容靠近主题并引出下文即可。

（4）设置第三张幻灯片的版式为"图片与标题"，在此可以放入贴近主题的图片，以更好地深入主题，如放入朱鹮的图片，并进行描述。

（5）第四张幻灯片中加入数据表和图表对象。

【分析与操作】

该案例要求制作者熟悉添加不同版式幻灯片和在幻灯片中插入不同对象的操作，同时能根据不同对象、不同版式进行相应的属性设置（如文本排版、图形位置、大小等设置）。

操作步骤如下：

（1）启动 PowerPoint 2010，在"文件"选项卡中单击"新建"按钮，在打开的"可用的模板和主题"窗格中，找到"主题"，从中选取"跋涉"选项，再单击"创建"按钮，这样就建立了第一张幻灯片。

（2）单击幻灯片的文字占位符，输入"为了那些即将逝去的生命，拿什么拯救你——我们的朋友"，如案例图 1 所示，插入艺术字"拿什么拯救你——我们的朋友"，这样标题幻灯片就建好了。

（3）单击"开始"选项卡，在"幻灯片"组中单击"新建幻灯片"按钮，选择"标题和内容"版式，创建第二张幻灯片。在此幻灯片中可以做一些文字内容的描述，比如濒危物种的定义以及分类，内容靠近主题并引出下文即可，如案例图 2 所示。

（4）按第（3）步相同的操作插入第三张幻灯片，只是选择"图片与标题"版式，单击"插入"选项卡，在"图像"组中单击"图片"按钮，在弹出的"插入图片"对话框中选择准备好的图片（如朱鹮的图片），则在幻灯片中插入一张图片，调整位置和大小，再配以文字说明，如案例图 3 所示。

（5）按第（3）步相同的操作插入第四张幻灯片，只是选择"比较"版式，单击"插入表格"占位符，在弹出的"插入表格"对话框中输入 5 行 4 列，在表格中输入数据，如案例图 4 所示。单击"插入图表"占位符，在弹出的"插入图表"对话框中选择一种类型，将表格复制到弹出的 Excel 表格中，关闭 Excel，生成的图表如案例图 4 所示。

5.5　PowerPoint 2010 演示文稿的放映

所谓演示文稿的放映是指连续播放多张幻灯片的过程，播放时按照预先设计好的顺序对每一张幻灯片进行播放演示。用户创作完成后的演示文稿最终目的是展示给观众，直接在计算机上播放演示文稿，可以更好的发挥 PowerPoint 2010 的优越性。在计算机上播放演示文稿时，能够利用计算机的多媒体特性，提高演示文稿的表现能力，易于激发观众的兴趣，充分调动观众的积极性。

5.5.1　设置幻灯片放映的切换方式

幻灯片的切换是指在演示中从一张幻灯片更换到下一张幻灯片的方式。为了增强 PowerPoint 幻灯片的放映效果，我们可以为每张幻灯片设置切换方式，以丰富其过渡效果。设置幻灯片切换效果一般在"幻灯片浏览视图"窗口进行，也可以在"普通视图"中进行。

1. 设置幻灯片切换样式

（1）打开演示文稿，选择要设置幻灯片切换效果的幻灯片（组）。单击"切换"选项卡"切换到此幻灯片"组的"其他"按钮，弹出包括"细微型"、"华丽型"和"动态内容型"等各类切换效果列表，如图 5-48 所示。

（2）在切换效果列表中选择一种切换样式（如"覆盖"）即可。

设置的切换效果对所选幻灯片（组）有效，如果希望全部幻灯片均采用该切换效果，可以单击"计时"组的"全部应用"按钮。

2. 设置切换属性

幻灯片切换属性包括效果选项（如"放大"）、换片方式（如"单击鼠标时"）、持续时间

（如"2 秒"）和声音效果（如"打字机"）。

图 5-48　切换样式列表

（1）切换效果。

单击"切换"选项卡"切换到此幻灯片"组的"效果选项"按钮，在展开的下拉列表中选择切换效果（如"放大"），如图 5-49 所示。

图 5-49　切换效果

（2）换片方式。

换片主要有两种方式，如图 5-50 所示。

1）单击鼠标时：表示单击鼠标才切换幻灯片。

2）设置自动换片时间：表示经过该时间段后自动切换到下一张幻灯片。

图 5-50　换片方式选择

（3）切换声音。

单击"切换"选项卡"计时"组来设置切换声音，在"声音"下拉列表中选择切换声音（如"电压"），在"持续时间"输入框中输入切换持续时间，如图 5-51 所示。

图 5-51　设置声音

3. 预览切换效果

在设置切换效果时，马上就可以预览到自己所设置的切换效果，当然也可以单击"预览"组的"预览"按钮，随时预览切换效果。

5.5.2　为幻灯片中对象设置幻灯片动画效果

为了使幻灯片放映时更生动，除了幻灯片内容要丰富，还可以对幻灯片中的对象添加一些动画效果，这样有助于吸引观众的注意力。

1. 设置动画

PowerPoint 2010 动画形式主要有"进入"类、"强调"类、"退出"类和"动作路径"类动画四类，如图 5-52 所示。

● "进入"类动画：使对象从外部飞入幻灯片播放画面的动画效果，如飞入、旋转、弹跳等。

● "强调"类动画：对播放画面中的对象进行突出显示、起强调作用的动画效果，如放大/缩小、加粗闪烁等。

● "退出"类动画：使播放画面中的对象离开播放画面的动画效果。如飞出、消失、淡出等。

● "动作路径"类动画：使播放画面中的对象按指定路径移动的动画效果。如弧形、直线、循环等。

设置幻灯片中对象动画效果的步骤如下：

（1）打开演示文稿，选择幻灯片中需要设置动画效果的对象。

（2）单击"动画"选项卡"动画"组中的"其他"按钮，在弹出的"动画效果"列表中选择需要的动画效果即可。

图 5-52 "动画效果"列表

2. 设置动画属性

（1）设置动画效果选项。

动画效果选项是指动画的方向和形式。

选择设置动画的对象，单击"动画"选项卡"动画"组中的"效果选项"按钮，展开各种效果选项的列表，如图 5-53 所示。例如"陀螺旋"动画的效果选项有旋转方向、旋转数量等，从中选择满意的效果选项。

图 5-53 效果选项列表

（2）设置动画开始方式、持续时间和延迟时间。

动画开始方式是指开始播放动画的方式，动画持续时间是指动画开始后整个播放时间，动画延迟时间是指播放操作开始后延迟播放的时间。

设置动画开始方式：选择设置动画的对象，单击"动画"选项卡"计时"组中的"开始"按钮，在展开的下拉列表中选择动画开始方式，在"持续时间"输入框中调整动画持续时间；在"延迟"输入框中调整动画延迟时间，如图 5-54 所示。

（3）设置动画音效。

设置动画时，默认动画无音效，需要音效时可以自行设置。以"陀螺旋"动画对象设置音效为例，说明设置音效的方法：

图 5-54　"计时"组选项列表

选择设置动画音效的对象（该对象已设置"陀螺旋"动画），单击"动画"选项卡"动画"组中的"打开对话框"按钮 ，弹出"陀螺旋"动画效果选项对话框，如图 5-55 所示，在对话框的"效果"选项卡中单击"声音"栏的下拉按钮，在展开的下拉列表中选择一种音效，如"打字机"。

3. 调整动画播放顺序

调整对象动画播放顺序方法如下：

单击"动画"选项卡"高级动画"组中的"动画窗格"按钮，调出动画窗格。动画窗格显示所有动画对象，它左侧的数字表示该对象动画播放的顺序号，与幻灯片中的动画对象旁边显示的序号一致，如图 5-56 所示。选择动画对象，并单击底部的↑或↓按钮，即可改变该动画对象播放顺序。

图 5-55　"陀螺旋"音效设置对话框

图 5-56　调整动画播放顺序

4. 预览动画效果

动画设置完成后，可以预览动画的播放效果。

单击"动画"选项卡"预览"组的"预览"按钮或单击动画窗格上方的"播放"按钮，即可预览动画。

注意：如果一张幻灯片中的多个对象都设置了动画，就需要确定其播放方式（是"自动播放"还是"手动播放"）。一般使用动画播放的原则：朴实、有益于说明思路。

5.5.3　应用举例

【例】幻灯片切换效果和幻灯片对象动画效果设置。

案例图 5

案例图 6

【制作要求】

（1）将"拯救濒危物种.pptx"演示文稿中幻灯片设置为不同的切换方式。

（2）设置第三张幻灯片中对象的动画效果：图形淡出效果、文字出现效果。

（3）第三张幻灯片中表格左侧飞入，图表浮入效果。

【分析与操作】

操作步骤如下：

（1）打开"拯救濒危物种.pptx"演示文稿，切换到"幻灯片浏览视图"，选择第一张幻灯片。

（2）单击"切换"选项卡，在"切换到此幻灯片"组中选择"棋盘"选项，如案例图 5 所示。第二张、第三张、第四张设置方式相同。

（3）在"普通视图"方式下，选择第三张幻灯片，同时选择幻灯片中的"图形"，单击"动画"选项卡，在"动画"组中单击"效果选项"按钮，在展开的列表中选择"淡出"效果；选择该幻灯片中的文字，同样在"效果选项"中选择"出现"效果，如案例图 6 所示。对第四张幻灯片对象设置方式同第三张。

5.5.4　设置演示文稿的交互效果

1. 插入超链接

在 PowerPoint 中，用户可以设置超链接，将一个幻灯片链接到另一个幻灯片，还可以为幻灯片中的对象设置链接。在放映幻灯片时，将鼠标指针指向超链接，指针将变成手的形状，单击则可以跳转到设置的链接位置。在演示文稿中用户可以为任何文本或图形对象设置超链接，操作步骤如下：

（1）选择需要插入超链接的文本。

打开一个 PowerPoint 文件，如在幻灯片中选中文本"新工作分配"。

（2）打开"插入超链接"对话框。

切换至"插入"选项卡，在"链接"组中单击"超链接"按钮，打开"插入超链接"对话框，如图 5-57 所示。

（3）选择超链接位置。

在"链接到"列表框中选择"本文档中的位置"选项，在"请选择文档中的位置"列表框中选择"幻灯片 3"选项，即链接到第 3 张幻灯片，如图 5-57 所示。

图 5-57　"插入超链接"对话框

（4）显示设置超链接后的效果。

设置链接位置后单击"确定"按钮，返回幻灯片中，此时可以看到所选文本已经插入了超链接，文本显示为超链接格式，即带有下划线，如图 5-58 所示。

图 5-58　插入超链接

2．添加动作按钮

在幻灯片中，用户可以添加 PowerPoint 自带的动作按钮，并为其定义超链接，从而在放映过程中激活另一个程序或链接至某个对象，具体操作步骤如下：

（1）添加动作按钮。

打开一个 PowerPoint 文件并选择第 2 张，切换至"插入"选项卡，单击"形状"按钮，在下拉列表的"动作按钮"区域中选择"动作按钮：自定义"图标，如图 5-59 所示。

图 5-59　形状列表

（2）绘制动作按钮。

此时鼠标指针呈"十"字形状，在幻灯片的右下角合适位置处按下鼠标左键不放并拖动，绘制动作按钮，拖至合适大小后释放鼠标，会弹出"动作设置"对话框，如图 5-60 所示。

（3）选择动作按钮链接位置。

在"动作设置"对话框的"单击鼠标"选项卡中选中"超链接到"单选按钮，选择其下拉列表中的幻灯片选项（如选择第一张幻灯片），单击"确定"按钮，即链接到所选择的幻灯片，如图 5-60 所示。

（4）添加文字。

设置完毕后单击"确定"按钮返回幻灯片中，在"动作"按钮中输入文字"返回首页"，如图 5-61 所示。将该动作按钮作为应用样式，并复制到后面的所有幻灯片。

图 5-60　"动作设置"对话框

图 5-61　插入动作按钮

5.5.5　演示文稿放映控制

所谓演示文稿的放映是指连续播放多张幻灯片的过程，播放时按照预先设计好的顺序对每一张幻灯片进行播放演示。

1. 放映方法

放映当前演示文稿必须先进入幻灯片放映视图，用如下方法均可以进入幻灯片放映视图：

方法一：单击"幻灯片放映"选项卡"开始放映幻灯片"组的"从头开始"或"从当前幻灯片开始"按钮，如图 5-62 所示。

方法二：单击窗口"视图工具栏"中的"幻灯片放映"按钮，如图 5-63 所示，则从当前幻灯片开始放映。

图 5-62　幻灯片放映按钮

图 5-63　"视图工具栏"的"幻灯片放映"按钮

2. 设置放映方式

PPT 演示文稿制作完成后，有的由演讲者播放，有的让观众自行播放，这需要通过设置幻灯片放映方式进行控制。

（1）单击"幻灯片放映"选项卡"设置"组的"设置放映方式"按钮，打开"设置放映方式"对话框，如图 5-64 所示。

图 5-64 "设置放映方式"对话框

（2）选择放映类型、放映选项和放映范围及换片方式后，单击"确定"按钮。

对话框选项说明：

1）"放映类型"主要有三种，每种适用于不同的场景。

● 演讲者放映（全屏幕）：演讲者具有完整的控制权，并可采用自动或人工方式进行放映。需要将幻灯片放映投射到大屏幕上时，通常使用此方式。

● 观众自行浏览（窗口）：可进行小规模的演示，演示文稿出现在窗口内，可以使用滚动条从一张幻灯片移到另一张幻灯片，并可在放映时移动、编辑、复制和打印幻灯片。

● 在展台浏览（全屏幕）：可自动运行演示文稿。在放映过程中，除了使用鼠标，大多数控制都失效。选中"循环放映，按 ESC 键终止"复选框，即最后一张幻灯片放映结束后，自动转到第一张继续播放，直至按 Esc 键才能终止，适合无人看管的场合。

2）"换片方式"有手动或使用排练时间两种方式。

● "手动"选项是在幻灯片放映时必须由人为干预才能切换幻灯片。

● "如果存在排练时间，则使用它"选项是指在"幻灯片切换"对话框中设置了换片时间，幻灯片播放时可以按设置的时间自动切换。

3. 改变放映顺序

一般地，幻灯片放映是按顺序依次放映。

若需要改变放映顺序，可以右击鼠标，在弹出的放映控制菜单中单击"上一张"或"下一张"命令，即可放映当前幻灯片的上一张或下一张幻灯片。

若要放映特定幻灯片，将鼠标指针指向放映控制菜单的"定位至幻灯片"选项，就会展开所有幻灯片标题，单击目标幻灯片标题，即可从该幻灯片开始放映，如图 5-65 所示。

4. 放映中即兴标注和擦除墨迹

放映过程中，可能要强调或勾画某些重点内容，也可能临时即兴勾画标注。

为了从放映状态转换到标注状态，可以将鼠标指针指向放映控制菜单的"指针选项"，在展开的子菜单中单击"笔"命令（或"荧光笔"命令），鼠标指针呈圆点状，按住鼠标左键即可在幻灯片上勾画书写，如图 5-66 所示。

如果希望删除已标注的墨迹，可以单击放映控制菜单"指针选项"子菜单的"橡皮擦"命令，鼠标指针呈橡皮擦状，在需要删除的墨迹上单击即可清除该墨迹。

图 5-65　"定位至幻灯片"选项　　　　　　图 5-66　鼠标"指针选项"子菜单

5. 使用激光笔

为指明重要内容，可以使用激光笔功能。按住 Ctrl 键的同时，按鼠标左键，屏幕出现十分醒目的红色圆圈的激光笔 $\bigcirc$ ，移动激光笔，可以明确指示重要内容的位置。

改变激光笔颜色的方法：在"设置放映方式"对话框（如图 5-64 所示）中单击"激光笔颜色"下拉列表框右侧的下三角按钮，即可改变激光笔的颜色（红、绿和蓝之一）。

6. 中断放映

有时希望在放映过程中退出放映，可以右击，在弹出的放映控制菜单中选择"结束放映"命令即可，还可以通过键盘上的 Esc 键来中断放映。

7. 录制幻灯片演示

旁白可增强基于 Web 或自动运行的演示文稿的效果。还可以使用旁白将会议存档，以便演示者或缺席者以后可以观看演示文稿，听取别人在演示过程中做出的评论。如果希望通过直接录音的方法为演示文稿配音，可按下述操作步骤进行：

（1）打开演示文稿，定位到配音开始的幻灯片，选择"幻灯片放映"选项卡"设置"组中的"录制幻灯片演示"按钮，如图 5-67 所示。单击"从头开始录制"或者"从当前幻灯片开始录制"命令，弹出"录制幻灯片演示"对话框，如图 5-68 所示，直接按下"开始录制"按钮，进入幻灯片放映状态，边放映边开始录音。

图 5-67　"录制幻灯片演示"选项　　　　　　图 5-68　"录制幻灯片"对话框

（2）播放和录音结束时，退出录音状态，单击"保存"按钮退出即可。

8. 设置幻灯片放映计时

在制作自动放映演示文稿时，最难掌握的就是幻灯片何时切换，切换是否恰到好处，这取决于设计者对幻灯片放映时间的控制，即控制每张幻灯片在演示屏幕上的滞留时间，既不能太快，没有给观众留下深刻印象，也不能太慢，使观众感到厌烦。

设置幻灯片放映计时方法有两种：

（1）人工设置放映时间。

在"换片方式"对话框中可以设置每一张幻灯片切换的时间间隔，具体操作步骤如下：

1）选择需要设置放映时间的幻灯片。

2）在"切换"选项卡"计时"组的"换片方式"中选中"设置自动换片时间"复选框，在其后的输入框中设置需要的时间值，如图 5-69 所示。

3）如果希望此时间应用于演示文稿的所有幻灯片，可以单击"全部应用"按钮。

（2）排练计时设置。

用户可以使用"排练计时"功能来设置幻灯片的放映时间，具体操作步骤如下：

1）单击"幻灯片放映"选项卡中"设置"组的"排练计时"按钮。

2）弹出"录制"对话框，如图 5-70 所示，表示进入排练计时方式，演示文稿自动放映。

图 5-69　换片方式　　　　　　　　图 5-70　"录制"对话框

3）此时可以开始试讲演示文稿，需要换片时，单击"录制"对话框中的 ➡（换页）按钮，或单击，或按 PageDown 键。

4）演示完毕后，弹出如图 5-71 所示的对话框，单击"是"按钮，保留放映时间；否则，单击"否"按钮不保留该时间，再重新排练一次。

5）最后将满意的排练时间设置为自动放映时间。即选中图 5-72 所示对话框"换片方式"选项组中的"如果存在排练时间，则使用它"单选按钮。

图 5-71　"确认排练时间"对话框　　　　图 5-72　"设置放映方式"对话框

注意：排练计时与录制幻灯片演示是 PowerPoint 2010 的特色，其主要区别在于：后者能够同时计时与添加旁白。

5.5.6　在其他计算机上放映演示文稿

若要在没有安装 PowerPoint 2010 的计算机上放映幻灯片，可以使用 PowerPoint 2010 提供的打包工具，将演示文稿及相关文件制成一个可在其他计算机上放映的文件，具体步骤如下：

（1）打开要打包的演示文稿。

（2）单击"文件"选项卡中"保存并发送"选项下的"将演示文稿打包成 CD"命令，再单击"打包成 CD"按钮，如图 5-73 所示。打开"打包成 CD"对话框，如图 5-74 所示。

图 5-73　打包成 CD 设置界面

（3）单击"复制到文件夹"按钮，弹出"复制到文件夹"对话框，输入文件夹名称和文件夹的路径位置，并单击"确定"按钮，则系统开始打包并存放到指定的文件夹。若已经安装光盘刻录设备，也可以将演示文稿打包到 CD。在光驱中放入空白光盘，在"打包成 CD"对话框中单击"复制到 CD"按钮，弹出"正在将文件复制到 CD"对话框，提示复制的进度。

（4）运行打包后的演示文稿，具体步骤如下：

1）双击打开打包文件夹的 PresentationPackage 子文件夹，如图 5-75 所示。在联网情况下，双击该文件夹中的 PresentationPackage.html 网页文件，在打开的网页上单击 Download Viewer 按钮，下载 PowerPoint 播放器 PowerPointViewer.exe，并安装。

图 5-74　"打包成 CD"对话框

图 5-75　演示文稿打包文件夹

2）启动 PowerPoint 播放器，弹出 Microsoft PowerPoint Viewer 对话框，定位到打包文件

夹，选择某个演示文稿文件，并单击"打开"按钮，即可放映该演示文稿。

5.6   幻灯片制作的高级技巧

5.6.1   将多个主题应用于演示文稿

若要使演示文稿包含两个或更多个不同的样式或主题（如背景、颜色、字体和效果），则需要为每个主题分别插入一个幻灯片母版。

例如，将两个主题应用于一个演示文稿中，具体操作方法如下：

（1）执行下列操作，将主题应用于第一个幻灯片母版和一组版式。

1）在"视图"选项卡的"母版视图"组中，单击"幻灯片母版"按钮。

2）在"幻灯片母版"选项卡的"编辑主题"组中，单击"主题"命令。

3）执行下列操作之一：

● 要应用内置主题，在"内置"区域单击需要的主题。

● 要应用新创建的主题或已修改并保存的现有主题，在"自定义"区域单击需要的主题。

● 要应用存储在不同位置的主题文档，单击"浏览主题"按钮，然后查找并选中所需的主题。

（2）执行下列操作，将主题应用于第二个幻灯片母版（包括第二组版式）。

注意：重复此步骤可将更多主题添加到其他幻灯片母版中。

1）在"幻灯片母版"视图中，在幻灯片母版和版式缩略图任务窗格内，向下滚动到版式组中的最后一张版式缩略图。

2）在版式组中最后一个幻灯片版式的正下方右击，选择"插入幻灯片母版"菜单项即可重新插入一套完整的幻灯片母版。

3）在"幻灯片母版"选项卡的"编辑主题"组中，单击"主题"命令。

5.6.2   在幻灯片中插入 Flash 文件

PowerPoint 2010 可以采用插入普通视频文件的方式来插入 Flash 动画，方法如下：

（1）准备好 Flash 文件（最好将 Flash 文件和演示文稿放到相同目录）。

（2）单击"插入"选项卡"媒体"选项组中的"视频"下拉按钮，在其下拉列表中单击"文件中的视频"选项。在打开的"插入视频文件"对话框中选择 Flash 文件，单击"插入"按钮即可，如图 5-76 所示。

图 5-76   在幻灯片中插入 Flash 文件

在视频中我们设置了"标牌框架"为文件中的图像，同时设置了"视频边框"和"视频效果"。

5.6.3　关于"节"的应用

"节"是 PowerPoint 2010 中新增的功能，主要是用来对幻灯片页进行管理的，类似于文件夹功能。在演示文稿中如果能够合理使用 PowerPoint 2010 中的"节"，将整个演示文稿划分成若干个小节来管理，可以帮助用户合理规划文稿结构，同时，编辑和维护起来也能大大节省时间。

例如，有一个 100 页的演示文档，如果要找某一幻灯片页，就要切换到"幻灯片浏览"视图，并拖动右边的滑块，上下来回地去寻找需要的那一页。如果使用"节"，根据整个演示文稿的内容，分成 5 或 6 个节。这样我们只要在对应的节内去找需要的页就可以了，非常省时、省力。

具体操作和使用方法如下：

（1）打开一个演示文稿（如范例中的演示文稿有 51 张幻灯片）。根据其内容，把整个演示文稿分成"5.1 PowerPoint 基础"、"5.2 制作简单演示文稿"、"5.3 演示文稿的显示视图"、"5.4 修饰幻灯片的外观"、"5.5 插入图片、形状和艺术字"、"5.6 插入表格"、"5.7 幻灯片放映设计"7 部分。将视图切换至"普通视图"，并定位在第二张幻灯片上。

（2）单击"开始"选项卡"幻灯片"组的"节"按钮；选择"新增节"命令，此时幻灯片缩略窗格中会出现一个节，名称为"无标题节"，在其上右击，选择"重命名节"（或选择"开始"→"节"→"重命名节"命令），将节名命名为"5.1 PowerPoint 基础"，第一节就设置好了，如图 5-77 所示。

（3）依次找到第 15 张、第 25 张、第 47 张……，分别将其设置为第二节、第三节、第四节……，设置方法同第（2）步，所有节建立好之后，单击节名前的"折叠节"按钮，此时，所有幻灯片页如同文件放到文件夹中一样，全部折叠到了每个节中，如图 5-78 所示。

图 5-77　插入节

图 5-78　插入节后示意图

注意：

（1）图中每个节名称后面括号中的数字，表示这个节内有多少张幻灯片；单击任意节名称前的三角按钮▉，则展开当前节的内容。再次单击三角按钮▉，则节中的内容折叠。

（2）节的应用，同样适用于"幻灯片浏览"视图。

（3）如果节的分类有问题，可以删除它，被删除节内的幻灯片将归到上一个节中。

习题五

单选题

1．在 PowerPoint 2010 中选择了某种"样本模板"，幻灯片背景显示（   ）。

    A．不可改变　　　　　　　　　　B．不能定义

    C．可以更换模板　　　　　　　　D．可以定义

2．在任何版式的幻灯片中都可以插入图表，除了在"插入"选项卡中单击"图表"按钮来完成图表的创建外，还可以使用（   ）实现图表的插入操作。

    A．图片占位符　　　　　　　　　B．SmartArt 图形中的矩形图

    C．表格　　　　　　　　　　　　D．图表占位符

3．关于幻灯片母版操作，在标题区或文本区添加各幻灯片都共有的文本的方式是（   ）。

    A．使用模板

    B．单击直接输入

    C．选用带有文本占位符的幻灯片版式

    D．使用文本框

4．进入幻灯片母版的方法是（   ）。

    A．在"视图"选项卡中单击"幻灯片母版"按钮

    B．在"文件"选项卡中选择"新建"命令项下的"样本模板"

    C．在"设计"选项卡中选择一种主题

    D．在"视图"选项卡中单击"幻灯片浏览视图"按钮

5．在制作演示文稿时，如果要设置每张幻灯片的播放时间，那么需要通过执行（   ）操作来实现。

    A．幻灯片切换的设置　　　　　　B．排练计时

    C．自定义动画　　　　　　　　　D．录制旁白

6．为了使所有幻灯片有统一的、特有的外观风格，可通过设置（   ）操作来实现。

    A．幻灯片版式　　　　　　　　　B．母版

    C．配色方案　　　　　　　　　　D．幻灯片切换

7．在 PowerPoint 2010 中，下列说法错误的是（   ）。

    A．在文档中可以插入声音（如掌声）

    B．在文档中插入多媒体内容后，放映时只能自动放映，不能手动放映

    C．在文档中可以插入音乐（如 CD 乐曲）

    D．在文档中可以插入影片

8．PowerPoint 2010 提供了许多共享演示文稿的方法，如果希望其他用户只能观看演示文

稿，而不能对其进行修改等编辑操作，可将演示文稿保存为（　　）文件。

A．.potx
B．.pptm
C．.pptx
D．.ppsx

9．PowerPoint 2010 中自带了很多的图片文件，若要将它加入演示文稿中，应使用插入（　　）操作。

A．自选图形
B．对象
C．剪贴画
D．符号

10．在 PowerPoint 2010 中，用户可以使用电子邮件发送演示文稿，如果以 PDF 或 XPS 的形式发送，则系统自动以（　　）的格式更改为 PDF 或 XPS 形式。

A．附件
B．矢量型
C．纯文本
D．位图型

11．PowerPoint 2010 中，如果一组幻灯片中的几张暂时不想让观众看见，最好使用（　　）方法。

A．隐藏这些幻灯片
B．删除这些幻灯片
C．新建一组不含这些幻灯片的演示文稿
D．自定义放映方式时，取消这些幻灯片

12．在 PowerPoint 2010 中，默认的视图模式是（　　）。

A．普通视图
B．阅读视图
C．幻灯片浏览视图
D．备注视图

13．幻灯片中占位符的作用是（　　）。

A．表示文本的长度
B．限制插入对象的数量
C．表示图形的大小
D．为文本、图形预留位置

14．超级链接只有在（　　）中才能被激活。

A．幻灯片视图
B．大纲视图
C．幻灯片浏览视图
D．幻灯片放映视图

15．要让 PowerPoint 2010 制作的演示文稿在 PowerPoint 2003 中放映，必须将演示文稿的保存类型设置为（　　）。

A．PowerPoint 演示文稿（*.pptx）
B．PowerPoint 97-2003 演示文稿（*.ppt）
C．XPS 文档（*.xps）
D．Windows Media 视频（*.wmv）

16．在 PowerPoint 中，若要超链接到其他文档，执行（　　）操作是不正确的。

A．"插入"→"超链接"命令
B．"快捷菜单"→"超链接"命令
C．"插入"→"动作"命令
D．"插入"→"幻灯片（从文件）"命令

17．放映幻灯片时，要对幻灯片的放映具有完整的控制权，应使用（　　）。

A．演讲者放映
B．观众自行浏览
C．展台浏览
D．自动放映

18．下列说法正确的是（　　）。

A．一个对象可以使用多种动画效果

B．动画序号按钮，只是显示动画播放顺序，不能用来更改动画播放顺序

C．可以同时为多个对象设置不同的动画效果

D．以上全部错误

19．在 PowerPoint 2010 可以插入的内容有（　　）。

A．文字、图表、图像　　　　　　　　B．声音、电影

C．幻灯片、超级链接　　　　　　　　D．以上几个方面可以

20．要将一个对象的动画效果快速复制到另一个对象上，可使用的方法是（　　）。

A．选定对象后，使用 Ctrl+C 和 Ctrl+V 组合键

B．选定对象后，使用"动画刷"命令

C．选定对象后，使用"复制"、"粘贴"命令

D．选定对象后，按住 Ctrl 键不放，直接将原对象拖动到新对象上后释放鼠标

第6章 计算机网络基础与应用

6.1 计算机网络基础知识

6.1.1 计算机网络的概念

计算机网络就是利用通信介质和通信设备，把分布在不同地理位置上的具有独立功能的多台计算机及其他终端设备，按照网络协议，在网络软件的支持下连接起来，实现相互通信，共享信息资源。数据通信和资源共享是其主要功能。

计算机网络从最初的在实验室的几台计算机联网，发展到现在全球规模的因特网，主要经历了以下发展阶段：

第一阶段：20 世纪 50～60 年代初，计算机网络主要体现为以单个计算机为中心、终端为节点的远程联机系统。此阶段典型的计算机网络是美国航空公司由一台计算机和 2000 多个终端组成的飞机定票系统网络。

第二阶段：20 世纪 60 年代中期至 70 年代，计算机网络以多个主机通过通信线路实现互联。典型代表是美国国防部高级研究计划局协助开发的 ARPANET（阿帕网）。阿帕网被称为全球互联网的始祖，最初只有 4 个结点，将分布在洛杉矶的加利福尼亚州大学洛杉矶分校、加州大学圣巴巴拉分校、斯坦福大学、犹他州大学四所大学的 4 台大型计算机连接起来。到了1975 年，阿帕网已经连入了 100 多台主机，并结束了网络试验阶段，移交美国国防部国防通信局正式运行。

第三阶段：20 世纪 70 年代末至 90 年代，计算机网络具有了统一的网络体系结构和国际标准，形成开放式和标准化的网络。这个阶段最重要的是国际标准化组织（ISO）提出了著名的 ISO/OSI 参考模型。

第四阶段：20 世纪 90 年代至今，计算机网络高速迅猛发展，计算机网络应用深入到各行各业，在人类社会经济、科研、文化、教育、国防等领域起到越来越重要的作用。此阶段以Internet 在全球的广泛兴起为标志。

6.1.2 计算机网络的组成

计算机网络由网络硬件和网络软件两部分组成，网络硬件主要包括计算机主机、网络设备、传输介质等，网络软件主要包括网络协议、网络操作系统、网络应用程序等。

1. 网络硬件

主要的网络硬件有：

（1）传输介质：常见的有双绞线、同轴电缆、光纤等，现在无线传输也得到了越来越多的使用。

（2）网络设备：主要有交换机、路由器、网关等，早期还有集线器、中继器、网桥等设备。

（3）网络主机：一般根据其作用分为服务器（server）和客户机（client）或工作站。

（4）网络适配器：又称网卡或网络接口卡（Network Interface Card，NIC），主要是将计算机数据转换为能够通过介质传输的信号，分为有线网卡和无线网卡。

网卡地址（MAC 地址）又称硬件地址，制造商将每一个网卡的地址固化在芯片上，这样每个网卡，也就是网络上每台计算机就都具有了唯一地址（12 位 16 进制数）。如某台主机的网卡 MAC 地址为 AC-22-0B-77-D7-AA。

2．网络软件

（1）常见的网络协议有：TCP/IP 协议、IPX/SPX 协议、NetBEUI 协议等，现在采用较多的网络协议是 TCP/IP 协议。

（2）网络操作系统：主要有早期较流行的 NetWare 操作系统，现在市场份额较大的微软公司 Windows Server 2003/Advance Server 系列以及 UNIX、Linux 操作系统等。

6.1.3　计算机网络的分类

1．按地理范围分

局域网（LAN）：联网的计算机和设备较少，分布距离短，一般在 10m～1km 以内；传输速度快，组网费用低，误码率低，容易管理和维护。常见的如校园网、办公局域网等。

城域网（MAN）：位于一座城市内的网络，地理范围一般在 10～100km，一般适用于较大的公司或政府部门。

广域网（WAN）：距离从几百千米到几千千米，可以指一个国家、地区或洲际的计算机网络，全球最大的广域网就是现在最流行的 Internet。

2．按传输速率分

窄带网（kHz～MHz）：又称低速网，传输速率介于 1kb/s～1Mb/s。早期传统的 56kb/s MODEM 拨号上网就是窄带，仅能满足少量文字信息的传输，对于大量数据的视频、音频、图像信息来说，却无力承载。

宽带网（MHz～GHz）：又称高速网，传输速率介于 Mb/s～Gb/s。通常把骨干网传输速率在 2.5Gb/s 以上，接入网能够达到 1Gb/s 的网络定义为"宽带网"。与传统的窄带网络相比，宽带网在速度上占据极大的优势，它可以为上网者提供更为平滑的视频图像，更为清晰逼真的声音效果和更为迅速的网站搜索服务。

传输速率的单位是 bit/s（每秒比特数，英文缩写为 bps，或 b/s）。带宽是指传输信道的宽度，带宽（Band Width）在模拟信号系统又叫频宽，是指在固定的时间可传输的信息数量，亦即在传输管道中可以传递数据的能力。在数字设备中带宽通常以 b/s 表示，即每秒可传输的位数。在模拟设备中，频宽通常以每秒传送周期或赫兹（Hz）来表示。

在实际上网应用中，下载软件时常常看到诸如下载速度显示为 176KB/s 等宽带速率大小的字样，因为 ISP 提供的线路带宽使用的单位是比特（bit），而一般下载软件显示的是字节（Byte）（1Byte=8bit），所以要通过换算，才能得实际值。以 1M 宽带为例，按照换算公式换算一下：1Mb/s=1024×1024b/s=1024Kb/s=1024/8KB/s=128KB/s。

上行速率是指用户电脑向网络发送信息时的数据传输速率，下行速率是指网络向用户电脑发送信息时的传输速率。

3．按网络拓扑结构分

按照网络拓扑结构，计算机网络可以分为总线型网、星型网、环型网、网状型网和树型网等。

　　总线型：是指将网络中的各节点通过接口连接到公共信息通道上，通过总线传递信息，如图 6-1 所示。其优点为结构简单、布线容易，扩充或删除一个节点很容易；缺点是总线为整个网络的瓶颈，出现故障诊断较为困难。

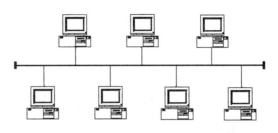

图 6-1　总线型

　　星型：是目前组网应用最多的一种类型，以中央节点为中心，外围节点各自用单独的通信线路与中心节点连接起来，形成辐射式网络结构，如图 6-2 所示。中央节点现在普遍使用交换机。其优点是组网容易，结构简单，便于扩展、维护和管理；缺点是过分依赖中心节点，如果中心节点发生故障，全网将停止工作。

图 6-2　星型

　　环型：是指网络节点通过点到点的链路首尾相连形成一个闭合环型线路，信息在环路中沿着一个方向从一个节点传到另一个节点，如图 6-3 所示。其优点是结构简单，安装容易，费用较低，电缆故障容易查找和排除；缺点是环网中任意节点出现故障，都会造成整个网络瘫痪，当节点过多时，将影响传输效率，不利于扩充。

图 6-3　环型

网状型：结构中每个节点至少有 2 条链路与其他节点相连，任何一条链路出现故障时，数据可由其他链路传输，可靠性较高，如图 6-4 所示。在这种结构中，数据流动没有固定的方向，网络控制较为松散。

图 6-4　网状型

树型：是星型结构的扩展，节点按层次连接，像一棵大树一样有分支，形成根节点、叶节点等，如图 6-5 所示。该结构的优缺点与星型结构相似。

图 6-5　树型

4. 按传输介质分

有线网：采用双绞线、同轴电缆和光纤等有线介质连接网络。

无线网：采用无线电波、红外线、微波等无线介质连接网络。

6.2　因特网概述

6.2.1　Internet 的起源与发展

Internet，中文正式译名为因特网，又叫做国际互联网，它是全球最大的计算机网络。

1969 年美国国防部高级研究计划局（DARPA）开始建立一个名为 ARPANET（中文译名"阿帕网"）的计算机网络，其最初只有 4 台主机，这可以看作因特网的起源。1984 年，ARPANET 已连上了 1000 多台计算机。1986 年，美国国家基金会（NSF）投资建立 NSFNET，覆盖了全美国主要的大学和研究所，推动了 Internet 的发展。

20 世纪 80 年代，世界发达国家纷纷接入 Internet，全球化的因特网开始形成。20 世纪 90 年开始，因特网迅猛发展，互联网用户数量以平均每年翻一番的速度快速增长，从而使 Internet 从一个实验性的网络变为在全球内家喻户晓，极大地影响和改变了人类社会的生活和工作方式。

据国际电信联盟的报告显示，2013 年全球网民达到 27 亿人，并且它的用户数还在不断上升。中国互联网络信息中心（CNNIC）第 33 次《中国互联网络发展状况统计报告》显示，截至 2013 年 12 月，中国网民规模达 6.18 亿，其中手机网民达到 5 亿，互联网普及率为 45.8%。

6.2.2　Internet 在中国的发展

1. 我国因特网的发展历程

1987 年 9 月 20 日，钱天白教授发出我国第一封电子邮件，邮件内容是"越过长城，通向世界"，揭开了中国人使用 Internet 的序幕。

1990 年 10 月，钱天白教授代表中国正式在国际互联网络信息中心的前身 DDN-NIC 注册登记了我国的顶级域名 CN，并且开通了使用中国顶级域名 CN 的国际电子邮件服务。由于当时中国尚未正式连入 Internet，所以委托德国卡尔斯鲁厄大学运行 CN 域名服务器。

1993 年 3 月 2 日，中国科学院高能物理研究所租用 AT&T 公司的国际卫星信道接入美国斯坦福线性加速器中心（SLAC）的 64K 专线正式开通，这条专线是我国连入 Internet 的第一根专线。

1994 年 4 月 20 日，我国连入 Internet 的 64K 国际专线开通，实现了与 Internet 的全功能连接。从此我国被国际上正式承认为有 Internet 的国家。

1994 年 5 月 15 日，中国科学院高能物理研究所设立了国内第一个 WEB 服务器，推出中国第一套网页。

1994 年 5 月 21 日，在钱天白教授和德国卡尔斯鲁厄大学的协助下，中国科学院计算机网络信息中心完成了中国国家顶级域名（CN）服务器的设置，改变了中国的 CN 顶级域名服务器一直放在国外的历史。

1996 年 1 月，中国公用计算机互联网（CHINANET）全国骨干网建成并正式开通，全国范围内的公用计算机互联网络开始提供服务。

1997 年 11 月，中国互联网络信息中心（CNNIC）发布了第一次《中国 Internet 发展状况统计报告》：截止到 1997 年 10 月 31 日，我国共有上网计算机 29.9 万台，上网用户 62 万人，CN 下注册的域名 4066 个，WWW 站点 1500 个，国际出口带宽 18.64Mb/s。此后，中国因特网进入发展的快车道，以惊人的速度迅速发展。

2014 年 1 月，CNNIC 发表的第 33 次《中国 Internet 发展状况统计报告》显示：截止到 2013 年 12 月底，我国网民规模已达 6.18 亿人，世界第一；我国域名总数 1844 万个，其中 CN 下注册的域名 1083 万个；网站总数 320 万个；国际出口带宽 3,406,824Mb/s。

2. 目前中国的四大骨干网络

中国公用计算机互联网（CHINANET）：信息产业部负责组建，其骨干网覆盖全国各个省、自治区，以营业、商业活动为主，业务范围覆盖所有电话能通达的地区。

中国科技网（CSTNET）：中科院主持，联合北京大学、清华大学共同组建的全国性网络。

中国教育和科研计算机网（CERNET）：国家投资，教育部负责管理，清华大学等高校承担建设和管理运行的全国性学术计算机互联网络。

中国国家公用经济信息通信网（CHINAGBN）：也称金桥网，为配合中国的"四金工程"而建设的计算机网络。

6.3　因特网工作原理

6.3.1　TCP/IP 协议

TCP/IP 协议是因特网使用的最主要的网络协议，它将计算机网络分为应用层、传输层、互联层和网络层四个层次，其核心协议由传输层的 TCP 协议和互联层的 IP 协议构成。

1. IP 地址的概念

IP 地址是指给每个连接在 Internet 上的主机分配的一个在全世界范围内唯一的标识符，相当于通信时每个计算机的名字。IP 地址现在主要有两个版本，即 IPv4 和 IPv6，由于 IPv4 地址于 2011 年基本分配完毕，所以 IPv6 将是下一代互联网的基础。IPv6 把地址长度扩展至 128 位，是 IPv4（32 位）地址空间的近 1600 亿倍，但现在主要应用的还是 IPv4 地址。

2. IP 地址的分类与表示

（1）二进制表示，如 10000000 00001011 00000011 00011111。

（2）"点分十进制"表示，如 128.11.3.31。

IP 地址一般分为 ABCDE 五类：

A 类：第一段为 0-127，A 类地址可以用于主机数达 1600 多万台的大型网络。

0	网络地址（7 位）	主机地址（24 位）

B 类：第一段为 128-191，B 类地址适用于中等规模的网络，每个网络所能容纳的主机数为 6 万多台。

10	网络地址（14 位）	主机地址（16 位）

C 类：第一段为 192-224，C 类地址适用于小规模的局域网络，每个网络最多只能包含 254 台主机。

110	网络地址（21 位）	主机地址（8 位）

D 类和 E 类一般保留或作特殊用途。

3. IP 地址管理

IP 地址由 Inter NIC（Internet 网络信息中心）统一负责全球地址的规划、管理，同时由 Inter NIC、APNIC、RIPE 三大网络信息中心具体负责美国及其他地区的 IP 地址分配。通常每个国家需成立一个组织，统一向有关国际组织申请 IP 地址，然后再分配给客户，CNNIC（中国互联网管理中心）为中国负责 IP 地址管理的组织。

6.3.2　域名

1. 域名解析

域名系统（Domain Name System，DNS）是一个遍布 Internet 上的分布式主机信息数据库系统，其基本任务是将文字表示的域名，如 www.nczy.edu.cn，"翻译"成 IP 协议能够理解的

IP 地址格式，如 218.89.49.130，或者将 IP 地址转换为域名，这个过程亦称为域名解析。

域名解析的工作通常由域名服务器完成。域名系统是一种包含主机信息的逻辑结构，它并不反映主机所在的物理位置。Internet 上主机的域名具有唯一性。注册了域名的主机一定有 IP 地址，但不一定每个 IP 地址都在域名服务器中注册有域名。

（1）域名解析过程。

当用户使用域名访问网上的某台机器时，首先由本地域名服务器负责解析，如果查到匹配的 IP 地址，返回给客户端；否则本地域名服务器再以客户端的身份，向上一级域名服务器发出请求，上一级的域名服务器会在本级管理域名中进行查询，如果找到则返回，否则再向更高一级域名服务器发出请求。依次地，直到最后找到目标主机的 IP 地址。

（2）分级域名表示结构。

分级域名表示结构如下：

计算机主机名.机构名.网络名.顶级域名

同 IP 地址格式类似，域名的各部分之间也用"."隔开，如：南充职业技术学院域名为 www.nczy.edu.cn 其中：www 表示学院网页服务器主机的名称，nczy 表示南充职业技术学院，edu 表示中国教育网，cn 表示中国。

2．顶级域名的划分

顶级域名分为机构性域名和地理性域名。

（1）常用机构性域名：

com——盈利性的商业实体	edu——教育机构
org——非盈利组织机构	mil——军事机构
net——网络资源服务机构	int——国际性机构
gov——政府机构	firm——商业或公司
store——商场	web——和 www 有关的实体
arts——文化娱乐	arc——消遣娱乐
info——信息服务	nom——个人

（2）地理性域名：一般采用国家或地区的部分英文字母缩写，例如：

cn——中国	jp——日本	au——澳大利亚
de——德国	hk——香港	kr——韩国
tw——台湾	fr——法国	gb——英国

6.3.3　接入 Internet 的方式

Internet 服务提供商（Internet Service Provider，ISP）是众多企业和个人用户接入 Internet 的驿站和桥梁。常见的互联网接入方式有：

1．ADSL 拨号方式

ADSL 是现在最普及的一种接入互联网的方式，通常称为宽带接入。其下行速率可达 8Mb/s，上行速率最高为 640kb/s。用 ADSL 拨号方式上网，需要向 ISP 申请账户和密码，并且需要安装 ADSL 调制解调器。早期 ADSL 方式利用语音（电话）线路，现在越来越广泛地使用光纤方式的 ADSL 接入。

2．局域网连接方式

使用路由器、交换机等网络设备，使本地局域网中的所有电脑都能同时接入 Internet。这种方式接入，具有能很好地利用网络资源、节约成本、方便网络管理等优点，广泛应用于学校、企业以及大的居民小区。

3. 无线接入

随着以手机为代表的移动用户端的普及，通过无线方式接入 Internet 的用户越来越多。无线接入主要包括使用手机通信信号、WIFI 两种方式。无线接入的最大优点是方便灵活，但是目前接入速率相对较低。

6.4 Internet 主要服务与应用

6.4.1 WWW 服务与网页浏览应用

环球信息网简称 WWW（World Wide Web），也称万维网，是当前 Internet 上最受欢迎、最为流行的信息检索服务系统。WWW 由许多 Web 站点构成，每个站点由许多网页构成，打开站点最先出现的页面称为"主页"或"首页"（Home Page）。

浏览网页的方式：启动浏览器→键入网站地址→浏览器显示主页→单击链接访问网站其他页面。

1. 统一资源定位器 URL（Uniform Resource Locator）

用来表示 Web 页面的地址和访问的协议，表示 Internet 上信息资源地址的统一格式，一般由三部分组成，结构如下：

传输协议://主机 IP 地址或域名地址/资源所在路径和文件名

如某 URL 为：http://www.nczy.com/teacher/2014/xg20142.htm，其含义是：http 超文本传输协议，www.nczy.com 是网站服务器域名地址，teacher/2014 是要访问的网页所在的路径，xg20142.htm 是要浏览的网页文件名。

2. Internet Explorer 浏览器简介

浏览网页需要使用浏览器，浏览器除了 Windows 自带的 IE 浏览器外，常见的还有火狐浏览器、傲游浏览器、百度浏览器等，它们的功能和使用方法大同小异。本书以 Windows 7 操作系统自带的 Internet Explorer 9（IE9）浏览器为例介绍其主要使用方法。

（1）打开 IE。

方法一：执行 Windows 操作系统左下角的"开始"→"所有程序"命令，单击子菜单中的 Internet Explorer ，就可以打开 IE 浏览器。

方法二：直接双击桌面 IE 的快捷图标，也可以立刻打开浏览器。

（2）退出 IE。

退出 IE 的方法很多，主要有：

- 单击 IE 右上角的关闭按钮 。
- 单击 IE 左上角图标，在弹出的菜单中选择"关闭"命令。
- 双击 IE 左上角图标，可以直接退出 IE。
- 单击 IE 主菜单中的"文件"命令，在弹出的子菜单中选择"退出"命令。
- 按 Alt+F4 组合键。

IE9 可以在同一个窗口使用不同的选项卡打开多个网页。在关闭 IE 窗口时，可以根据提示选择"关闭所有选项卡"还是只"关闭当前的选项卡"。

（3）IE 窗口简介。

打开 IE 后的窗口如图 6-6 所示。

图 6-6　IE 窗口

IE 窗口主要包括以下部分：

● 　地址栏

IE9 的地址栏集成了搜索功能，在地址栏可以直接输入要搜索的内容，然后单击右边的"放大镜"图标。

● 　选项卡

选项卡在地址栏后，显示网站的主页名称。单击选项卡中的"×"符号，可以关闭当前打开的网页。单击选项卡后的灰色块，可以新建一个选项卡，从而在新的选项卡中打开另外的网页。

● 　功能按钮

这三个功能按钮分别代表"主页"、"收藏夹"和"工具"，单击它们就会分别跳转到设置的主页窗口，或弹出相应的菜单。

● 　前进、后退按钮

这两个按钮可以在浏览网页时，方便地返回到以前浏览过的网页。

● 　窗口控制按钮

这三个按钮在 IE 窗口的最右上角，可以实现窗口的"最小化"、"最大化/还原"、"关闭"。

（4）浏览网页。

在 IE 的地址栏输入全部或部分网页名称，IE 会根据以前的浏览记录，自动显示列出相似网址供用户参考选择，如图 6-7 所示。

图 6-7　输入网址

用户还可以单击地址栏右侧的下三角按钮▼，选择历史浏览记录中的地址，实现快速打开浏览网页。使用窗口的"前进"、"后退"、"刷新"（⟳）等按钮，可方便地控制网页，提高浏览效率。

（5）保存网页。

在浏览网页时，遇到一些感兴趣或有参考价值的网页，常需要把其内容保存下来，以方便以后查看。操作方法如下：

单击"文件"→"另存为"选项，在弹出的对话框中输入要保存的文件名，选择保存的类型，如图 6-8 所示。

图 6-8　保存网页

有四种保存类型可供选择：

● "网页，全部"：保存页面 HTML 文件和所有超文本信息。
● "Web 档案，单个文件"：把网页中包含的图片，CSS 文件以及 HTML 文件全部放到一个扩展名为.MHT 的文件。
● "网页，仅 HTML"：只保存页面的文字内容，存为一个扩展名为.html 的文件。
● "文本文件"：将页面的文字内容保存为一个.txt 纯文本文件。

（6）保存 Web 页面的图片、多媒体等内容。

将鼠标指针移到一幅图片上，右击，选择"图片另存为"命令，对于音频、视频等多媒体，选择"目标另存为"命令，然后在对话框中选择本地文件夹，并输入保存的文件名，最后单击"保存"按钮。

（7）设置主页地址。

"主页"指每次打开 IE 浏览器时最先自动显示的网页，可以把经常光顾的页面设为主页，方法如下：

1）单击"工具"菜单或"工具"按钮⚙，选择"Internet 选项"。

2）"Internet 选项"对话框"常规"选项卡中，输入选定的网址或使用当前网页作为主页，还可以输入多个网址以设置多个主页，如图 6-9 所示。

3）单击"确定"或"应用"按钮，使设置生效。

图 6-9　设置主页

（8）使用收藏夹。

把网址添加到收藏夹，方法如下：

1）在访问网页时，单击"收藏夹"菜单，或单击 IE 窗口的 ⭐ 按钮，选择"添加到收藏夹"选项。

2）在弹出的对话框中对需要收藏的网页进行命名、选择创建位置，如图 6-10 所示。

图 6-10　收藏网页

3）单击"添加"按钮，完成网页的收藏。

单击 ⭐ 按钮或"收藏夹"菜单打开收藏夹，就可以在收藏夹中看到自己收藏的网页名字，单击即可快速浏览该网页。

清理收藏夹：收藏夹中的网址往往会随着用户上网时间的增加而变得越来越多，这时就需要清理收藏夹，以方便分类管理。

方法一：单击"收藏夹"菜单，选择"整理收藏夹"选项。

方法二：单击 ⭐ 按钮，在弹出的对话框中选中某个文件夹或网页，右击就可以进行复制、删除、新建文件夹等整理操作。

（9）利用历史记录栏浏览。

用户访问过的网页地址将保存在历史列表中，在工具栏上单击 ⭐ 按钮，选择"历史记录"

选项，窗口下面列出用户最近几天或几周内访问过的网页和站点的链接，单击可以展开列出该时间用户访问过的网页，如图 6-11 所示。

在"历史记录"下面的下拉列表框中，还可以选择查看历史记录的方式，如图 6-12 所示。

图 6-11 "历史记录"栏

图 6-12 历史记录查看方式

历史记录的设置和删除：

1）单击 ⚙ 按钮或"工具"菜单，选择"Internet 选项"，在弹出的对话框中选择"常规"选项卡，如图 6-13 所示。

2）单击"浏览历史记录"区域的"设置"按钮打开设置窗口，选中"历史记录"项可以输入用户需要保留的历史记录天数，系统默认为 20 天。

3）单击"删除"按钮，在弹出的对话窗口可以选择要删除的内容，选中"历史记录"复选框则可以清除所有的历史访问记录，然后单击下面的"删除"按钮完成删除操作，如图 6-14 所示。

图 6-13 Internet 选项窗口

图 6-14 历史记录的设置和删除

4）单击"确定"按钮，关闭对话框。

6.4.2　电子邮件服务与邮箱使用

电子邮件（E-mail）是 Internet 上使用最早、最广泛的服务之一。电子邮件发送的信件内容除普通文字外，还可以是软件和视频、音频、动画、图片等多媒体信息。电子邮件的发送需要电子邮箱，需要有提供该项服务的网站。邮件地址由两部分组成，例如 jkx2708921@163.com 是一个电子邮件地址，@前面是用户名，后面是邮件服务提供网站的名称。

电子邮件采用存储转发的方式进行，用户可以随时将自己的邮件发送到邮件服务器，也可以随时查看和接收自己邮箱的邮件，非常方便。

电子邮箱有免费和收费两类，很多网站如新浪、163、搜狐、Hotmail 都提供免费邮箱的申请。常用邮箱一般采用英文加数字的方式命名，腾讯公司的 QQ 邮箱支持直接用自己的 QQ 号作为邮箱号，使用起来也非常方便。

【例】申请 163 免费邮箱。

【操作步骤】

（1）进入"网易"：在 IE 浏览器地址栏输入 www.163.com，在主页最上方和中间醒目位置，都可以看到注册免费邮箱的信息。

（2）选中"注册免费邮箱"，在打开的注册网页中输入自己需要的邮箱名称和密码，输入验证码，单击"立即注册"按钮，如图 6-15 所示。

图 6-15　163 邮箱注册窗口

（3）如果取的邮箱名没有别人使用，填写的信息符合要求，就能注册成功，并可以立即登陆邮箱收发邮件了。

6.4.3　通过 Web 方式使用电子邮件

首先打开邮件提供服务商的主页，然后在邮件登陆页面输入邮件地址和密码，就可以进入邮箱进行邮件的收发，如图 6-16 和图 6-17 所示。

图 6-16　Web 方式邮箱登陆页面

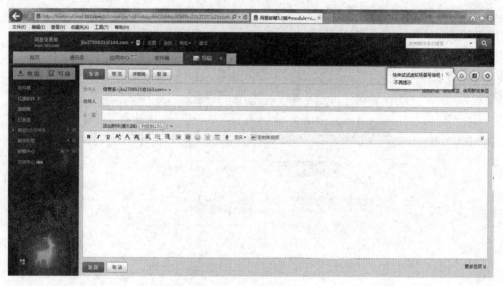

图 6-17　163 邮箱页面

用 Web 方式与用专门的邮件收发软件相比，最大的不同就是 Web 方式必须先联网才能进行邮件处理，而用软件方式则可以先离线进行邮件撰写，再联网收发邮件。另外，Web 方式下邮件都保存在网络服务器，而专用软件方式可以将邮件保存在本地硬盘中。

6.4.4　使用专用软件收发邮件

Outlook 是使用广泛的一种电子邮件收发软件，类似的软件国产最著名的是 Foxmail。此类软件也称电子邮件客户端软件，其功能相对强大，方便对邮件进行管理和收发操作。下面以 Microsoft Outlook 2010 为例，介绍电子邮件的收发和管理等操作。

1. 设置账号

从 Windows "开始" 菜单启动 Outlook 2010 后，如果是第一次使用则可以通过启动向导快速完成相关设置，如图 6-18 所示。

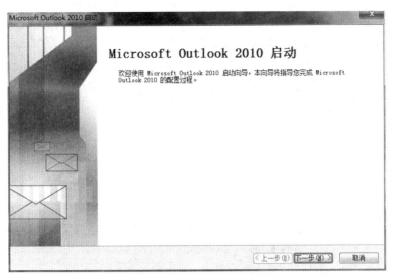

图 6-18　Outlook 2010 启动界面

在依次弹出的各对话框中单击"下一步"按钮，分别输入电子邮件地址、密码、发送和接收电子邮件服务器名称等相关账户信息，如图 6-19 所示。

图 6-19　Outlook 2010 账户设置界面

如果是后期要修改账户信息，可以在启动 Outlook 后，在"文件"选项卡的"信息"项进行设置，如图 6-20 所示。

2．发送邮件

（1）填写信息：单击 Outlook 的"开始"选项卡，然后单击"新建电子邮件"按钮，出现邮件撰写窗口，如图 6-21 所示。将光标移动到相应位置，输入收件人、抄送人的电子邮件信息，以及邮件内容。

（2）添加附件：如果有附件，比如需要同时发送 Word 文档、照片、音乐等，可以按如下操作插入附件。

1）在撰写邮件窗口，单击"邮件"选项卡"添加"组中回形针状的图标——"附加文件"按钮（　），在弹出的"插入文件"对话框中选择需要的附件，如图 6-22 所示。

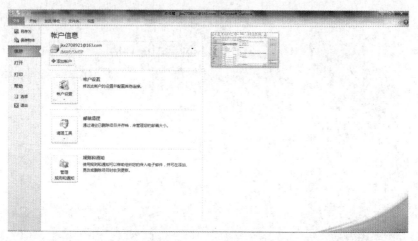

图 6-20 Outlook 2010 账户信息窗口

图 6-21 邮件撰写窗口

图 6-22 插入附件

2）单击"插入"按钮，附件文档就会自动粘贴到邮件的"附件"框中，如图 6-23 所示。

图 6-23　插入附件的邮件窗口

（3）发送邮件：邮件撰写完毕，单击"发送"按钮 ，电子邮件就可以发送到收件人。

3．接收和阅读邮件

接收邮件前，必须保证与 Internet 正确连接，然后单击"开始"或"发送/接收"选项卡下的"发送/接收"按钮，Outlook 就可以自动连接到邮件服务器进行电子邮件的接收。

邮件接收后保存在"收件箱"，单击 Outlook 窗口左侧邮件账户下面的"收件箱"图标，可以查看邮件列表、预览邮件内容，如图 6-24 所示，如果要单独阅读某个邮件，可以双击打开该邮件。

图 6-24　收件箱

阅读和保存邮件附件文件：鼠标右击附件文件，在快捷菜单中选择"另存为"命令，然后选择附件保存的路径，单击"保存"按钮，如图 6-25 所示。

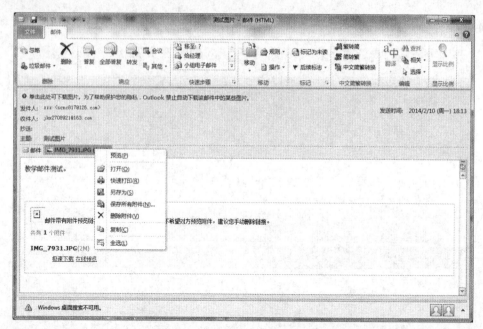

图 6-25　附件保存

4. 回复和转发

打开收件箱阅读完邮件之后，可以直接回复发信人，也可以将信件转给第三方，单击邮件阅读窗口中的"答复"或"转发"按钮，就能轻松实现，如图 6-26 所示。

图 6-26　回复邮件

对于回复邮件，Outlook 会自动填写相关信息并将原信内容附加在用户回复的内容之后，用户将回复内容撰写完毕，单击"发送"按钮完成回复。

如果要转发邮件，需填写收件人的地址；如果转发给多人，每个地址中间应用分号或逗号分隔。

6.4.5　Internet 其他服务与应用

1．FTP 服务

FTP 是文件传输服务协议（File Transfer Protocol）的缩写，主要功能是实现文件的下载和上传。上传是将用户本地计算机中的文件复制到网络远程计算机（一般是文件服务器）上，下载是把 Internet 文件服务器上的文件复制到用户的本地计算机上。常见应用如上传网络共享文件，在网络下载歌曲、电影、软件等。

2．远程登陆服务 Telnet

远程登陆为用户提供在本地计算机上完成远程主机工作的能力，终端使用者可以在 telnet 程序中输入命令，这些命令会在远程服务器上运行，就像直接在服务器的控制台上输入一样，在本地就能控制服务器。要开始一个 Telnet 会话，必须输入用户名和密码来登陆服务器。Telnet 服务常用于远程控制Web服务器。

3．搜索引擎

互联网资源丰富，但其信息又太庞杂、浩如烟海，因此快速找到用户需要的有用信息就显得特别重要，搜索引擎因此产生。现在全球最大的搜索服务网站是美国的谷歌（Google），最大的中文搜索引擎是中国的百度（Baidu）。一般情况下，只要在搜索引擎输入关键词，就能显示出大量的相关信息，然后用户根据自己的要求作进一步的筛选，再

图 6-27　百度搜索

根据搜索引擎提供的网址就能进入相关页面，从而获取更详细的内容。用户还可以根据搜索引擎的分类来进行信息的查找，如百度提供图片、地图、音乐等分类搜索，如图 6-27 所示。

4．博客

"博客"一词是从英文单词 Blog 翻译而来。Blog 是 Weblog 的简称，而 Weblog 则是由 Web 和 Log 两个英文单词组合而成，通常称为"网络日志"，用户在网站注册账号后就能登陆，方便地撰写日志并在网络上与其他人分享。

5．微博

微博是微型博客（MicroBlog）的简称，它比博客内容更简洁，因此传播更方便和快速，是一个基于用户关系信息分享、传播以及获取的平台。每条微博一般 140 字左右，能实现即时分享。最早也是最著名的微博是美国的 Twitter，国内较有名的有"新浪微博"、"腾讯微博"等。微博已经成为全球网民最重要的一项网络社交手段和信息传播方式，具有很大的影响力。

6．聊天工具

QQ：是腾讯公司开发的一款基于 Internet 的即时通信（IM）软件。腾讯 QQ 支持在线聊天、视频聊天以及语音聊天、点对点断点续传文件、共享文件、网络硬盘、自定义面板、QQ 邮箱等多种功能，并可与移动通讯终端等多种通讯方式相连。QQ 在线用户现在已经发展到上亿用户，是中国目前使用最广泛的聊天软件。

MSN：全称 Microsoft Service Network（微软网络服务），是微软公司推出的即时通讯软件，可以与亲人、朋友、工作伙伴进行文字聊天、语音对话、视频会议等即时交流，还可以通过此软件来查看联系人是否联机。MSN 是国外用户广泛使用的聊天软件。

微信：微信（WeChat）是腾讯公司于 2011 年初推出的一款快速发送文字和照片、支持多人语音对讲的手机聊天软件。用户可以通过手机或平板电脑快速发送语音、视频、图片和文字。微信提供公众平台、朋友圈、消息推送等功能，用户可以通过"摇一摇"、"搜索号码"、"附近的人"、扫二维码等方式添加好友和关注公众平台，同时微信将内容分享给好友以及将用户看到的精彩内容分享到微信朋友圈。在移动通信和移动互联网快速发展的今天，微信得到了手机用户的广泛喜爱，成为亚洲最大用户群体的移动即时通讯软件。

7. 流媒体

流媒体是指以流（Flow）的方式在网络中传输音频、视频和多媒体文件。流式传输方式将视频和音频等多媒体文件经过特殊的压缩方式分成一个个压缩包，由服务器向用户计算机连续、实时传送。在采用流式传输方式的系统中，用户不必像非流式播放那样等到整个文件全部下载完毕后才能看到其中的内容，而是只需要经过几秒钟或几十秒的启动延时即可在用户计算机上利用相应的播放器对流式媒体文件进行播放，剩余的部分将继续进行下载，直至播放完毕，实现"边播放边下载"，极大地改善了播放的流畅性。

流媒体技术广泛用于多媒体新闻发布、在线直播、网络广告、视频点播、远程教育、远程医疗、网络电台、实时视频会议等互联网信息服务。

常见的流媒体格式很多，主要有：.ra、.rm、.swf、.csf、.flv 等。流媒体播放需要相应的播放软件支持，常用的流媒体播放软件主要有：RealNetwork 公司的 RealPlayer、Apple 公司的 QuickTime、Microsoft 公司的 Media Player、Macromedia 公司的 Shockwave Flash 等。

习题六

单选题

1. IE 浏览器收藏夹的作用是（　　）。
  A. 收集感兴趣的页面地址　　　　B. 记忆感兴趣的页面的内容
  C. 收集感兴趣的文件内容　　　　D. 收集感兴趣的文件名
2. 关于电子邮件，下列说法中错误的是（　　）。
  A. 发件人必须有自己的 E-mail 账户　B. 必须知道收件人的 E-mail 地址
  C. 收件人必须有自己的邮政编码　　D. 可以使用 Outlook 管理联系人信息
3. 关于使用 FTP 下载文件，下列说法中错误的是（　　）。
  A. FTP 即文件传输协议
  B. 登陆 FTP 不需要账户和密码
  C. 可以使用专用的 FTP 客户机下载文件
  D. FTP 使用客户机/服务器模式工作
4. 在使用 IE 浏览器打开网页的过程中，如果单击浏览窗口中的"最小化"按钮，将该窗口缩小至任务栏上，这时网页的下载过程将（　　）。
  A. 中断　　　　B. 继续　　　　C. 暂停　　　　D. 速度明显减慢
5. 在计算机网络中，英文缩写 WAN 的中文名是（　　）。
  A. 局域网　　　B. 无线网　　　C. 广域网　　　D. 城域网
6. 目前在因特网上提供的主要应用功能有电子邮件、WWW 浏览、远程登陆和（　　）。

　　A．文件传输　　　B．协议转换　　　C．光盘检索　　　D．电子图书馆

7．用户要想在网上查询 WWW 信息，必须安装并运行一个被称为（　　）的软件。

　　A．HTTP　　　　B．YAHOO　　　C．浏览器　　　D．万维网

8．编写 WWW 页面所使用的语言是（　　）。

　　A．HTTP　　　　B．HTML　　　C．TCP/IP　　　D．WWW

9．下列四项中，合法的电子邮件地址是（　　）。

　　A．wang-em.hxing.com.cn　　　　　　B．em.hxing.com.cn-wang

　　C．em.hxing.com.cn@wang　　　　　　D．wang@em.hxing.com.cn

10．调制解调器用于完成计算机数字信号与（　　）之间的转换。

　　A．电话线上的数字信号　　　　　　B．同轴电缆上的音频信号

　　C．同轴电缆上的数字信号　　　　　　D．电话线上的音频信号

11．所谓互联网，指的是（　　）。

　　A．同种类型的网络及其产品相互连接起来

　　B．同种或异种类型的网络及其产品相互连接起来

　　C．大型主机与远程终端相互连接起来

　　D．若干台大型主机相互连接起来

12．TCP/IP 是因特网的（　　）。

　　A．一种服务　　　B．一种功能　　　C．通信协议　　　D．通信线路

13．直接接入因特网的每一台计算机都必须有一个（　　）。

　　A．IP 地址　　　　B．域名　　　C．E-mail 地址　　　D．用户名和密码

14．因特网上服务依据的通信协议是（　　）。

　　A．URL　　　　　　　　　　B．HTML

　　C．文件传输协议　　　　　　D．超文本传输协议 HTTP

15．微软的 IE（Internet Explorer）是一种（　　）。

　　A．浏览器软件　　　　　　B．远程登陆软件

　　C．网络文件传输软件　　　　D．收发电子邮件软件

16．因特网上的 E-mail 服务的中文名称是（　　）。

　　A．电子邮件　　　B．网上交谈　　　C．网上浏览　　　D．网络下载

17．网络中各个节点相互连接的形式，叫做网络的（　　）。

　　A．拓扑结构　　　B．协议　　　C．分层结构　　　D．分组结构

18．Internet 采用的协议类型为（　　）。

　　A．TCP/IP　　　B．IEEE802.2　　　C．X.25　　　D．IPX/SPX

19．广域网和局域网是按照（　　）来分的。

　　A．网络使用者　　　　　　B．信息交换方式

　　C．网络连接距离　　　　　　D．传输控制规程

20．下面不属于网络硬件组成的是（　　）。

　　A．网络服务器　　　　　　B．个人计算机工作站

　　C．网络接口卡　　　　　　D．调制解调器

第7章　信息安全技术

7.1　计算机病毒概述

在使用计算机的过程中，不仅要经常对计算机进行维护，而且要经常预防计算机病毒。计算机病毒会给计算机带来很大的危害，轻则给系统增加多余的文件，重则导致计算机完全处于瘫痪状态而不能使用。随着网络的发展，病毒又通过网络来攻击计算机，因此，对计算机病毒进行预防是必要的。

7.1.1　计算机病毒的定义

一般来说，凡是能够引起计算机故障、破坏计算机数据的程序或指令集合统称为计算机病毒（Computer Virus）。依据此定义，逻辑炸弹、蠕虫等均可称为计算机病毒。

1994年2月18日，我国正式颁布实施《中华人民共和国计算机信息系统安全保护条例》，在《条例》第二十八条中明确指出："计算机病毒，是指编制或者在计算机程序中插入的破坏计算机功能或毁坏数据，影响计算机使用，并能自我复制的一组计算机指令或者程序代码。"

在这个定义中明确地指出了计算机病毒的程序、指令特征以及对计算机的破坏性。随着移动通信的迅猛发展，手机和PDA等手持移动设备已经成为人们生活中必不可少的一部分，现在已经有了攻击手持移动设备的病毒，并会随着这些手持终端处理能力的增强，破坏性与日俱增。随着未来网络家电的使用和普及，病毒也会蔓延到此领域。这些病毒也是由计算机程序编写而成的，也属于计算机病毒的范畴，所以计算机病毒的定义不单指对计算机的破坏。

7.1.2　计算机病毒的主要特征

1. 传染性

传染性是计算机病毒最重要的特性。计算机病毒的传染性是指病毒具有把自身复制到其他程序中的特性，会通过各种渠道从已被感染的计算机扩散到未被感染的计算机。只要一台计算机染毒，与其他计算机通过存储介质或者网络进行数据交换时，病毒就会继续进行传播。传染性是判断一段程序代码是否为计算机病毒的根本依据。

2. 破坏性

任何计算机病毒只要侵入系统，就会对系统及应用程序产生程度不同的影响。轻者会降低计算机的工作效率，占用系统资源（如占用内存空间、占用磁盘存储空间以及系统运行时间等），只显示一些画面或音乐、无聊的语句，或者根本没有任何破坏动作。例如，欢乐时光病毒的特征是超级解霸不断地运行，系统资源占用率非常高。圣诞节病毒藏在电子邮件附件中，计算机一旦染上，就会自动重复转发，造成更大范围的传播。

程序的破坏性体现了病毒设计者的真正意图。这种破坏性所带来的损失是非常巨大的。

3. 潜伏性及可触发性

大部分计算机病毒感染系统之后一般不会马上发作，而是长期潜伏在系统中，只有在满足特定条件时才会发作出来。在此期间，可以对系统和文件进行大肆传染。潜伏性越好，其在系统中存在的时间就会越久，计算机病毒的传染范围就会越大。

计算机病毒的可触发性是指，满足其触发条件或者激活病毒的传染机制，使之进行传染，或者激活病毒的表现部分或破坏部分。

计算机病毒的可触发性与潜伏性是联系在一起的，潜伏下来的病毒只有具有了可触发性，其破坏性才成立，也才能真正称为"病毒"。如果设想一个病毒永远不会运行，就像死火山一样，对网络安全就不构成威胁。触发的实质是一种条件的控制，病毒程序可以依据设计者的要求，在一定条件下实施攻击。例如，有以下一些触发条件。

（1）输入特定字符。例如，AIDS 病毒，一旦输入 A、I、D、S 就会触发该病毒。

（2）使用特定文件。

（3）某个特定日期或特定时刻。例如，著名的"黑色星期五"在逢 13 号的星期五发作。还有 26 日发作的 CIH 病毒。

（4）病毒内置的计数器达到一定次数。例如，2708 病毒，当系统启动次数达到 32 次后即破坏串、并口地址。

（5）某种特定的操作系统。例如，"冲击波"病毒针对 Windows 2000/XP/Server 2003。

（6）系统开启了某种特定服务（端口）。例如，"冲击波"病毒向某网段的机器的所有 135 端口发布攻击代码，成功后，在 TCP 的端口 4444 创建 cmd.exe。该病毒还能接受外界的指令，在 UDP 的端口 69 上接受指令，发送文件名为 Msblast.exe 的网络蠕虫主体。

4. 隐蔽性

计算机病毒具有隐蔽性，以防被用户发现及躲避反病毒软件的检查。因此，系统感染病毒后，一般情况下用户感觉不到病毒的存在，只有在其发作后，系统出现不正常反应时用户才知道。

为了更好地隐藏，病毒的代码设计得非常短小，一般只有几百或一千字节。以现在计算机的运行速度，病毒转瞬之间便可将短短的几百字节附着到正常程序之中，使人很难察觉。

7.1.3　计算机病毒的分类

1. 按照计算机病毒依附的操作系统分类

（1）基于 DOS 系统的病毒。

基于 DOS 系统的病毒是一种只能在 DOS 环境下运行、传染的计算机病毒，是最早出现的计算机病毒。例如，"米开朗基罗"病毒、"黑色星期五"病毒等均属于此类病毒。

DOS 下的病毒一般又分为引导型病毒、文件型病毒、混合型病毒等。

（2）基于 Windows 系统的病毒。

由于 Windows 的图形用户界面（GUI）和多任务操作系统深受用户的欢迎，尤其是在 PC 中几乎都是使用 Windows 操作系统，从而使它成为病毒攻击的主要对象。目前大部分病毒都是基于 Windows 操作系统的，就是安全性最高的 Windows Vista 也有漏洞，而且该漏洞已经被黑客利用，产生了能感染 Windows Vista 系统的"威金"病毒、盗号木马。

（3）基于 UNIX/Linux 系统的病毒。

现在 UNIX/Linux 系统应用非常广泛，并且许多大型服务器均采用 UNIX/Linux 操作系统，或者基于 UNIX/Linux 开发的操作系统。例如，Solaris 是 Sun 公司开发和发布的操作系统，是 UNIX 系统的一个重要分支，而 2008 年 4 月出现的"Turkey 新蠕虫"专门攻击 Solaris 系统。

（4）基于嵌入式操作系统的病毒。

嵌入式操作系统是一种用途广泛的系统软件，过去主要应用于工业控制和国防领域。随着 Internet 技术的发展、信息家电的普及应用以及嵌入式操作系统的微型化和专业化，嵌入式操作系统的应用也越来越广泛，如应用到手机操作系统中。

2. 按照计算机病毒的传播媒介分类

网络的发展也导致了病毒制造技术和传播途径的不断发展和更新。近几年，病毒所造成的破坏非常大。一系列的事实证明，在所有的安全问题中，病毒已经成为信息安全的第一威胁。由于病毒具有自我复制和传播的特点，所以，研究病毒的传播途径对病毒的防范具有极为重要的意义。从计算机病毒的传播机理可知，只要是能够进行数据交换的介质，都可能成为计算机病毒的传播途径。

在 DOS 病毒时代，最常见的传播途径就是从光盘、软盘传入硬盘，感染系统，然后再传染其他软盘，又传染其他系统。现在，随着 USB 接口的普及，使用闪存盘、移动硬盘的用户越来越多，因此闪存盘和移动硬盘成为病毒传播的新途径。

目前绝大部分病毒是通过网络来传播的，在网络传播中主要有以下方面：

（1）通过浏览网页传播。

例如，"欢乐时光"（RedLof）是一种脚本语言病毒，能够感染.htt、.htm 等多种类型文件，可以通过局域网共享、Web 浏览等途径传播。系统一旦感染这种病毒，就会在文件目录下生成 desktop.ini、folder.htt 两个文件，系统速度会变慢。

（2）通过网络下载传播。

随着迅雷、快车、BT、电驴等新兴下载方式的流行，黑客也开始将网络下载作为重要的病毒传播手段，在通过网络下载的软件中携带病毒。

（3）通过即时通信（Instant Messenger，IM）软件传播。

黑客可以编写"QQ 尾巴"类病毒，通过 IM 软件传送病毒文件、广告信息等。

（4）通过邮件传播。

"爱虫"病毒、"求职信"病毒等都是通过电子邮件传播的。2000 年国际计算机安全协会（ICSA）统计的结果显示，电子邮件为计算机病毒最主要的传播媒介，感染率由 1998 年的 32%增长至 87%。目前，随着病毒传播途径的增加以及人们安全意识的提高，电子邮件传播所占的比重下降，但仍然是主要的传播途径。例如，2007 年的"ANI 蠕虫"病毒仍然通过电子邮件进行传播。

（5）通过局域网传播。

"欢乐时光"、"尼姆达"、"冲击波"等病毒通过局域网传播。2007 年的"熊猫烧香"病毒、2008 年著名的"磁碟机"病毒仍然通过局域网进行传播。

现在的病毒都不是单一的某种传播途径，而是通过多种途径传播。例如，"磁碟机"病毒的传播途径主要有 U 盘、移动硬盘、数码存储卡（移动存储介质）传播；各种木马下载器之间相互传播；通过恶意网站下载；通过感染文件传播；通过内网 ARP 攻击传播。所以对病毒的防御越来越难。

3. 按照计算机病毒的宿主分类

（1）引导型病毒。

引导扇区是大部分系统启动或引导指令所保存的地方，而且对所有的磁盘来讲，不管是否可以引导，都有一个引导扇区。引导型病毒感染的主要方式是在计算机通过已被感染的引导盘（如软盘）引导系统时感染。

引导型病毒按其所在的引导区不同又可分为两类，即 MBR（主引导区）病毒、BR（引导区）病毒。MBR 病毒将病毒寄生在硬盘分区主引导程序所占据的硬盘 0 头 0 柱面第 1 个扇区中。BR 病毒是将病毒寄生在硬盘逻辑 0 扇区或软盘逻辑 0 扇区（即 0 面 0 道第 1 个扇区）。

（2）文件型病毒。

文件型病毒主要以可执行程序为宿主，一般感染文件扩展名为.com、.exe 和.bat 等可执行程序。文件型病毒通常隐藏在宿主程序中，执行宿主程序时，将会先执行病毒程序再执行宿主程序，看起来仿佛一切都正常。然后病毒驻留在内存，伺机传染其他文件或直接传染其他文件。

文件型病毒的特点是其附着于正常程序文件，成为程序文件的一个外壳或部件。文件型病毒必须借助于病毒的载体程序，才能引入内存。

（3）宏病毒。

宏是 Microsoft 公司为其 Office 软件包设计的一个特殊功能，是软件设计者为了让人们在使用软件进行工作时避免一再重复相同的动作而设计出来的一种工具。利用简单的语法，把常用的动作写成宏，在工作时，可以直接利用事先编好的宏自动运行，完成某项特定的任务，而不必再重复相同的动作，目的是让用户文档中的一些任务自动化。

宏病毒主要以 Microsoft Office 的宏为宿主，是寄存在文档或模板的宏中的计算机病毒。一旦打开这样的文档，其中的宏就会被执行，于是宏病毒就会被激活，并能通过 DOC 文档及DOT 模板进行自我复制及传播。

（4）"蠕虫"病毒。

1）"蠕虫"病毒的概念。

"蠕虫"（Worm）病毒是一种常见的计算机病毒，通过网络复制和传播，具有病毒的一些共性，如传播性、隐蔽性、破坏性等，同时具有自己的一些特征，如不利用文件寄生（有的只存在于内存中），对网络造成拒绝服务，以及与黑客技术相结合。

在产生的破坏性上，"蠕虫"病毒也不是普通病毒所能比拟的。网络的发展使"蠕虫"可以在短时间内蔓延整个网络，造成网络瘫痪。根据使用者的情况将"蠕虫"病毒分为两类。一类是针对企业用户和局域网的，这类病毒利用系统漏洞，主动进行攻击，可以对整个 Internet造成瘫痪性的危害，如"尼姆达"、"SQL 蠕虫王"。另一类是针对个人用户的，通过网络（主要是电子邮件、恶意网页）迅速传播，以"爱虫"病毒、"求职信"病毒为代表。

2）"蠕虫"病毒与传统病毒的区别。

"蠕虫"一般不采取利用 PE 格式插入文件的方法，而是复制自身在 Internet 环境下进行传播。传统病毒的感染能力主要是针对计算机内的文件系统而言，而"蠕虫"病毒的传染目标是 Internet 内的所有计算机。局域网条件下的共享文件夹、电子邮件、网络中的恶意网页、大量存在漏洞的服务器等都成为"蠕虫"传播的良好途径。网络的发展也使"蠕虫"病毒可以在几个小时内蔓延全球，而且"蠕虫"的主动攻击性和突然爆发性将使人们手足无措。

7.1.4　计算机感染病毒的主要症状

计算机感染病毒后，可能会出现以下症状：

（1）计算机运行速度异常，响应迟钝。

（2）程序载入时间比平常长。有些病毒能控制程序或系统的启动程序，当系统刚开始启动或是一个应用程序被载入时，这些病毒将开始执行，因此会花更多时间来载入程序。

（3）对一个简单的工作，系统似乎花了比预期长的时间。例如，储存一页的文字若需一秒，但病毒可能会花更多时间来寻找未感染文件。

（4）系统可用内存容量忽然大量减少。大部分的病毒会消耗可观的内存容量，曾经执行过的程序，再次执行时，突然提示没有足够的内存空间可以利用，表示病毒已经存在计算机中了。

（5）磁盘可利用的空间突然减少。这个讯息警告你病毒已经开始复制了。

（6）可执行文件的大小改变了。正常情况下，这些程序应该维持固定的大小，但有些病毒会增加程序的大小。

（7）内存或硬盘中增加了来路不明的常驻程序，特别是常见系统盘与系统目录中。

（8）文件奇怪地消失，或成为碎片文件，或内容和属性改变。

（9）进行网页浏览时，强制性出现非请求内容。

（10）双击可执行程序无反应。

7.1.5　计算机病毒的传播渠道

目前绝大部分病毒是通过网络来传播的，在日常的使用中，病毒的传播有以下几种途径。

（1）U盘是一种使用方便的存储介质，然而，通过U盘，也很容易将病毒从一台电脑传播到另一台电脑中。

（2）硬盘的存储量大，在利用它传输文件或引导系统时，也很容易传播病毒。

（3）光盘存储量也很大，携带方便，对传输文件非常有利。然而盗版光盘的泛滥却为病毒的传播带来了方便。盗版光盘上的软件未经过严格的病毒检测，难免会带有病毒，而且即使发现病毒也无法清除。

（4）随着网络的普及，人们通过网络来传输文件越来越方便，对于网上众多的软件，谁也不能保证其中不含有病毒。另外，有些网站上的网页也有病毒，不小心浏览到这些网页也会中毒。网络是目前病毒传播的主要渠道。

7.1.6　防治病毒入侵

防治病毒主要有以下三方面。

1. 防毒

"防毒"是指根据系统特性，采取相应的系统安全措施预防病毒侵入计算机。一种好的防毒杀毒软件，可以准确实时地监测预警经由光盘、软盘和硬盘、局域网、因特网（包括FTP方式、E-mail、HTTP方式）或其他形式的文件下载等多种方式进行的传输，能够在病毒侵入系统时发出警告，记录携带病毒的文件，及时清除其中的病毒。常用的预防措施包括以下几种：

（1）安装杀毒软件和防火墙，定期对其进行升级更新。

（2）定期备份系统中的重要数据。

（3）克隆操作系统。

（4）创建紧急引导盘和最新紧急修复盘。

（5）设置浏览器的安全级别。

（6）慎重单击不明链接及邮件中的附件。

（7）尽量从大型网站下载软件，并在下载完成后对其进行杀毒。

（8）使用NTFS文件系统。

（9）避免进入钓鱼网站。

（10）显示系统中文件的扩展名，慎重运行可执行文件。

2．查毒

"查毒"是指对于确定的环境，能够准确地报出病毒名称。该环境包括：内存、文件、引导区（含主引导区）和网络等。通过查毒应该能准确地发现计算机系统是否感染有病毒，准确查找出病毒的来源，并能给出统计报告。

3．解毒

"解毒"是指根据不同类型病毒对感染对象的修改，按照病毒的感染特性所进行的恢复。该恢复过程不会破坏未被病毒修改的内容。

感染对象包括内存、引导区（含主引导区）、可执行文件、文档文件和网络等。一种好的杀毒软件应同时具有很强的防毒能力、查毒能力和解毒能力。在与病毒的对抗中，及早发现病毒很重要，早发现，早处理，可以减少损失。平时要养成良好的习惯，主要是做好两件事：

（1）把重要的文件及时备份，这一习惯会在关键时刻起到重要作用。

（2）在电脑没有染毒时，一定要做一张或几张系统启动盘，万一电脑染了毒，启动盘就会起很大的作用。这是因为虽然很多病毒清除后就消失了，但也有些病毒在电脑一启动时就会驻留在内存中。在这种带有病毒的环境下杀毒只能把他们从硬盘上清除，但内存中还有，杀完了立刻又会染上。

7.2　常用杀毒软件简介

如果用户的计算机感染了病毒，最直接有效的方法就是使用杀毒软件进行清除。国内比较知名的杀毒软件包括瑞星、金山毒霸、奇虎 360 等，国外比较知名的杀毒软件包括卡巴斯基、诺顿等。

7.2.1　金山毒霸

"新毒霸悟空"是金山公司推出的目前金山毒霸的最新版本。它是一款为用户电脑减负并提供安全保护的云查杀杀毒软件，永久免费，其功能特点如下。

1．全平台、全引擎

首创电脑、手机双平台杀毒。新毒霸悟空免费杀毒软件下载安装后可电脑和手机双平台杀毒，下载安装后不仅可以查杀电脑中的病毒木马，还能查杀手机中的病毒木马，防止恶意扣费。新毒霸悟空采用金山云启发引擎，速度遥遥领先于传统杀毒软件。

2．全方位网购保护

全球首创网购敢赔险。在金山毒霸 2012 猎豹正式版升级后的金山毒霸悟空正式版下载安装后的所有网购行为，若因病毒、木马、欺诈导致网上购物财产损失，可获得由金山毒霸官网和 PICC 人保联合为金山毒霸的新毒霸悟空免费杀毒软件用户提供的每年最高 8000 元+48360 元赔偿。

3．30 核云查杀引擎

超越 30 倍的超强查杀能力。新毒霸悟空比金山毒霸 2012 猎豹免费杀毒软件的查杀速度更快，拥有 30 核云查杀引擎，查杀运行在云端，不占用内存，不影响电脑速度。

4．99 秒云安全鉴定

超出普通杀毒软件 60 多倍的速度。新毒霸悟空正式版拥有全球最先进的云查杀引擎，已实现全新病毒 99 秒内快速鉴别。

5．独家边界防御系统

依托独家 99 秒快速鉴定技术，为用户的电脑建立了一条完整的安全防线，每一个进入电脑的文件都经过了 30 核云安全引擎的鉴定。金山毒霸悟空正式版拥有独家边界防疫系统和新一代云主动防御技术，全面对抗流行病毒。

7.2.2　奇虎 360 杀毒

360 杀毒 v5.0 是奇虎公司目前 360 杀毒的最新版本。360 杀毒是完全免费的杀毒软件，它创新性地整合了五大领先防杀引擎，包括国际知名的 BitDefender 病毒查杀引擎、小红伞病毒查杀引擎、360 云查杀引擎、360 主动防御引擎、360QVM 人工智能引擎。五个引擎智能调度，为用户提供全面的病毒防护，不但查杀能力出色，而且能第一时间防御新出现的病毒木马。

360 杀毒版始终将降低对系统资源的占用作为产品的优先指标之一，在技术架构上针对降低系统资源占用做了特别的设计。相较同类产品，360 杀毒具有轻巧、快速、不卡机的特点。

360 杀毒已经通过了公安部的信息安全产品检测，并荣获了多项国际权威认证。

7.2.3　瑞星杀毒

瑞星杀毒软件 V16 是瑞星杀毒软件（永久免费）的最新版本，是基于瑞星"智能云安全"系统设计，借助瑞星全新研发的虚拟化引擎，能够对木马、后门、蠕虫等恶意程序进行极速智能查杀，在查杀速度提升 3 倍的基础上，保证极高的病毒查杀率。同时，病毒查杀资源下降 80%，保证游戏状态下零打扰。其主要特点如下。

1．瑞星智能安全防护，系统内核加固

通过瑞星"智能云安全"对病毒行为的深度分析，借助人工智能，实时检测、监控、拦截各种病毒行为，加固系统内核。

2．木马防御

基于瑞星虚拟化引擎和"智能云安全"，在操作系统内核运用瑞星动态行为分析技术，实时拦截特种未知木马、后门、病毒等恶意程序。

3．U 盘防护

在插入 U 盘、移动硬盘、智能手机等移动设备时，将自动拦截并查杀木马、后门、病毒等，防止其通过移动设备入侵用户系统。

4．浏览器防护

主动为 IE、Firefox 等浏览器进行内核加固，实时阻止特种未知木马、后门、蠕虫等病毒利用漏洞入侵电脑。自动扫描电脑中的多款浏览器，防止恶意程序通过浏览器入侵用户系统，满足个性化需求。

5．办公软件防护

在使用 Office、WPS、PDF 等格式办公软件时，实时阻止特种未知木马、后门、蠕虫等利用漏洞入侵电脑，防止感染型病毒通过 Office、WPS 等办公软件入侵用户系统，有效保护用户文档数据安全。

6. 智能虚拟化引擎

基于瑞星核心虚拟化技术，杀毒速度提升 3 倍，通常情况下，扫描 120G 数据文件只需 10 分钟。

7. 智能杀毒

基于瑞星智能虚拟化引擎，瑞星对木马、后门、蠕虫等的查杀率提升至 99%。智能化操作，无需用户参与，一键杀毒。资源占用减少，同时确保对病毒的快速响应以及查杀率。

8. 资源占用

全面应用智能虚拟化引擎，使病毒查杀时的资源占用下降 80%。

9. 游戏零打扰

优化用户体验，游戏时默认不提示，使玩家免受提示打扰。

7.2.4　Kaspersky（卡巴斯基）

该款杀毒软件来源于俄罗斯。卡巴斯基反病毒软件 2014 提供关键反病毒技术，针对最新的恶意软件威胁，为用户的计算机提供实时的云协助保护。通过在"后台"进行智能病毒扫描以及少量、频繁的更新，卡巴斯基反病毒软件 2014 能够主动保护计算机抵御已知和最新的威胁，且不会对计算机性能造成任何重大影响。

卡巴斯基反病毒软件具有下列功能：

（1）高级反病毒——抵御蠕虫、木马、恶意软件和间谍软件等计算机病毒。

（2）实时保护——使用网页协助技术来抵御最新恶意软件威胁。

（3）即时安全检查——提供检查文件、应用程序和网站的简便方法。

7.2.5　Norton AntiVirus（诺顿杀毒）

诺顿防毒软件 2014 提供了业界领先的安全解决方案。此次诺顿新推出的 2014 年版安全防护软件与之前版本主要的不同，体现在其新增受信任过程、扩大信誉查询以及诈骗分析等防护功能。另外针对修复的部分，也强化了 SONAR 主动式防护技术、进阶修复以及用户配置文件恢复的功能。

在诺顿安全防护软件中，有一个叫做 SONAR 主动式防护技术，这个防护功能主要是可以透过软件的行为模式来判别其是否属于恶意软件。例如，若有一个软件的程序会修改 Windows 注册表、防火墙设定并发出数据之类的行为，就会被 SONAR 主动式防护技术拦下。不过，近来恶意软件也不断地进化，旧版本 SONAR 主动式防护技术也愈来愈难发现这类变化的恶意软件，而此次新版的 2014 防护软件则可以进一步追踪恶意软件的使用过程，来达到更准确的判别率。

另外，在修复功能上，2014 版也得到加强。因为近来许多恶意软件都会与系统档案作连结，使得防护软件难以判别，而且即便是移除或删除这些恶意软件，也很可能会连带破坏了重要的系统档案，导致电脑无法正常运行。此次 2014 版的防护软件即是针对这种情况，强化了修复功能。其主要的运作方式就是先辨别被破坏的系统档案之后，再透过诺顿云端来匹配，确认档案之后就可以加载电脑来进行修复。

7.3　计算机网络安全

7.3.1　网络安全概述

随着信息科技的迅速发展以及计算机网络的普及，计算机网络深入到国家的政府、军事、文教、金融、商业等诸多领域，可以说网络无处不在。资源共享和计算机网络安全一直作为一对矛盾体而存在着，计算机网络资源共享进一步加强，信息安全问题则日益突出。

2006 年第 38 个世界电信日暨首个世界信息社会日的主题是 Promoting Global Cyber Security（推进全球网络安全）。这充分体现出网络安全不再是一个潜在的问题，已经成为当前信息社会现实存在的重大问题，与国家安全息息相关，涉及国家政治和军事命脉，影响国家的安全和主权。信息安全空间将成为传统的三大国防（国界、领海、领空）和基于太空的第四国防之外的第五国防，称为 Cyber-Space。

网络脆弱性的原因主要有四个：开放性的网络环境、网络协议本身的脆弱性、操作系统的漏洞、人为因素。

从本质上讲，网络安全是指网络系统的硬件、软件和系统中的数据受到保护，不受偶然的或者恶意的攻击而遭到破坏、更改、泄露，系统能连续可靠正常地运行，网络服务不中断。广义上讲，凡是涉及网络上信息的保密性、完整性、可用性、可控性和不可否认性的相关技术和理论都是网络安全所要研究的领域。

7.3.2　网络安全的目标

计算机网络向授权用户提供正确、及时和可靠的信息服务，应避免受到其他不安全因素的干扰和破坏。因此，网络安全的目标包括以下五个方面，这五个方面也称为网络安全的基本要素。

1. 保密性

保密性是指保证信息不能被非授权访问，即非授权用户得到信息也无法知晓信息的内容，因而不能使用。通常通过访问控制阻止非授权用户获得机密信息，还通过加密阻止非授权用户获知信息内容，确保信息不暴露给未授权的实体或者进程。

2. 完整性

完整性是指只有得到允许的人才能修改实体或者进程，并且能够判断实体或者进程是否已被修改。一般通过访问控制阻止篡改行为，同时通过消息摘要算法来检验信息是否被篡改。

3. 可用性

可用性是信息资源服务功能和性能可靠性的度量，涉及物理、网络、系统、数据、应用和用户等多方面的因素，是对信息网络总体可靠性的要求。授权用户根据需要，可以随时访问所需信息，攻击者不能占用所有的资源而阻碍授权者的工作。使用访问控制机制阻止非授权用户进入网络，使静态信息可见，动态信息可操作。

4. 可控性

可控性主要是指对危害国家信息（包括利用加密的非法通信活动）的监视审计，控制授权范围内的信息的流向及行为方式。使用授权机制，控制信息传播的范围、内容，必要时能恢复密钥，实现对网络资源及信息的可控性。

5. 不可否认性

不可否认性是对出现的安全问题提供调查的依据和手段。使用审计、监控、防抵赖等安全机制，使攻击者、破坏者、抵赖者"逃不脱"，并进一步对网络出现的安全问题提供调查依据和手段，实现信息安全的可审查性，一般通过数字签名等技术来实现不可否认性。

7.3.3　黑客概述

今天，人们一谈到"黑客"（Hacker）往往都带着贬斥的意思。但是"黑客"的本来含义并非如此。一般认为，黑客起源于 20 世纪 50 年代美国著名高校的实验室中，他们智力非凡、技术高超、精力充沛，热衷于解决一个个棘手的计算机网络难题。60、70 年代"黑客"一词甚至于极富褒义。

对于那些恶意闯入他人计算机系统，意图盗取敏感信息的人，称为"骇客"（Cracker）。"黑客"与"骇客"最主要的区别在于，Hacker 创造新东西，Cracker 破坏东西。或者用"白帽黑客"和"黑帽黑客"来区分，试图破解某系统或网络以善意提醒该系统所有者的人被称做"白帽黑客"。

1. 黑客攻击的动机

随着时间的变化，黑客攻击的动机不再像以前只是对编程感兴趣，或是为了发现系统漏洞那样简单明了。现在，黑客攻击的动机越来越多样化，主要有以下几种。

（1）贪心：因为贪心而偷窃或者敲诈，有了这种动机，才引发许多金融案件。

（2）恶作剧：计算机程序员搞的一些恶作剧，是黑客的老传统。

（3）名声：有些人为了显露其计算机经验与才智，证明自己的能力，获得名气。

（4）报复/宿怨：被解雇、受批评或者被降级的雇员，或者其他认为自己受到不公正待遇的人，为了报复而进行攻击。

（5）无知/好奇：有些人拿到了一些攻击工具，因为好奇而使用，以至于破坏了信息还不知道。

（6）仇恨：国家和民族原因。

（7）间谍：政治和军事谍报工作。

（8）商业：商业竞争，商业间谍。

黑客技术是网络安全技术的一部分，主要是看用这些技术做什么，用来破坏他人的系统就是黑客技术，用于安全维护就是网络安全技术。

2. 黑客入侵攻击的一般过程

黑客入侵攻击的一般过程如下：

（1）确定攻击的目标。

（2）收集被攻击对象的有关信息。

（3）利用适当的工具进行扫描。

（4）建立模拟环境，进行模拟攻击。

（5）实施攻击。

（6）清除痕迹。

3. 黑客常用的系统攻击方法

（1）目标系统探测法。

通过使用网络探测、扫描器攻击，可以了解目标主机的信息：IP 地址、开放的端口和服务程序等，从而获得系统有用的信息，发现网络系统的漏洞。

（2）口令破解。

一般入侵者常常通过暴力破解、sniffer 密码嗅探、社会工程学（即通过欺诈手段获取），以及木马程序或键盘记录程序等手段获取用户的密码口令。

（3）网络监听。

网络监听是黑客在局域网中常用的一种技术，在网络中监听他人的数据包，分析数据包，从而获得一些敏感信息，如账号和密码等。

（4）ARP 欺骗攻击。

ARP 欺骗是黑客常用的攻击手段之一，其中最常见的一种形式是针对内网 PC 的网关欺骗。它的基本原理是黑客通过向内网主机发送 ARP 应答报文，欺骗内网主机说"网关的 IP 地址对应的是我的 MAC 地址"，也就是 ARP 应答报文中将网关的 IP 地址和黑客的 MAC 地址对应起来。这样内网 PC 本来要发送给网关的数据就发送到了黑客的机器上了。

（5）木马。

常见的普通木马是一种客户端/服务端（C/S）模式，攻击者控制的是相应的客户端程序，服务端程序就是木马程序，木马程序被植入到毫不知情的用户的计算机中，以"里应外合"的工作方式，打开特定的端口并进行监听，这些端口好像"后门"一样，所以，也有人把特洛伊木马叫做后门工具。攻击者所掌握的客户端程序向该端口发出请求，木马便与其连接起来。攻击者可以使用控制器进入计算机，通过客户端程序命令达到控制服务端计算机的目的。

（6）拒绝服务攻击。

拒绝服务（DoS）攻击即是想办法让目标机器停止提供服务或资源访问，这些资源包括磁盘空间、内存、进程甚至网络带宽，从而阻止正常用户的访问。

（7）缓冲区溢出。

缓冲区是一块连续的计算机内存区域。在程序中，通常把输入数据存放在一个临时空间里，这个临时存放空间被称为缓冲区。在计算机内部，如果向一个容量有限的内存空间里存储过量的数据，这时数据会溢出存储空间。

在程序编译完成后，缓冲区中存放数据的长度事先已经被程序或者操作系统定义好，如果往程序的缓冲区写超出其长度的内容，就会造成缓冲区溢出，覆盖其他空间的数据，从而破坏程序的堆栈，使程序转而执行其他指令。

4．黑客攻击防范

下面主要介绍一些基本的 Windows 安全措施：

（1）物理安全、停止 Guest 账号、限制用户数量。

（2）创建多个管理员账号、管理员账号更名。

（3）陷阱账号、更改默认权限、设置安全密码。

（4）屏幕保护密码、使用 NTFS 分区。

（5）运行防毒软件和确保备份盘安全。

（6）关闭不必要的端口、开启审核策略。

（7）操作系统安全策略、关闭不必要的服务。

（8）开启密码策略、开启账户策略、备份敏感文件。

（9）不显示上次登陆名、禁止建立空连接和下载最新补丁。

上述 9 条安全措施，可以对照关键字通过搜索引擎来了解如何配置。此外，还可以考虑以下的一些高级安全措施：

（1）关闭 DirectDraw、关闭默认共享。

（2）加密 Temp 文件夹、锁住注册表、关机时清除文件。

（3）禁止软盘光盘启动、使用智能卡、使用 IPSec。

（4）禁止判断主机类型、抵抗 DDOS。

（5）禁止 Guest 访问日志和数据恢复软件。

7.3.4　计算机网络安全技术

计算机网络安全技术主要包括以下几种。

1. 防病毒

在计算机中安装防毒软件，对外来软盘、U 盘及下载文件进行病毒检查，并定期对杀毒软件进行升级更新。

2. 数据备份

备份技术是最常用的提高数据完整性的措施，它是指在另一个地方对需要保护的数据制作一个备份，一旦失去原件还能使用备份文件。

3. 密码技术

随着计算机网络渗透到各个领域，密码学的应用也随之扩大，数字签名、身份鉴别等都是随着密码学派生出来的新技术和应用。

数据加密作为一项基本技术是所有通信安全的基石。数据加密过程是由形形色色的加密算法来具体实施。在很多情况下，数据加密是保证信息机密性的唯一方法。数据加密技术主要有对称密钥加密、公开密钥加密、混合加密系统等。

4. 防火墙

防火墙是设置在可信任的企业内部网和不可信任的公共网或网络安全域之间的一系列部件的组合，是建立在现代通信网络技术和信息安全技术基础上的应用型安全技术。它在内部网与公共网之间建立一个安全网关，以防止网络资源受到侵害。

防火墙的功能：

（1）控制对网点的访问和封锁网点信息的泄露。

（2）能限制被保护子网的泄露。

（3）具有审计作用。

（4）能执行安全策略。

防火墙的不足：

（1）不能防病毒。

（2）对不通过它的连接无能为力。

（3）不能防备内部人员的攻击。

（4）限制了有用的网络服务。

（5）不能防备新的网络安全问题。

5. 访问控制

访问控制技术就是通过不同的手段和策略实现网络上主体对客体的访问控制。在 Internet 上，客体是指网络资源，主体是指访问资源的用户或应用。访问控制的目的是保证资源不被非法使用和访问。

访问控制是网络安全防范和保护的主要策略，根据控制手段和具体目的的不同，可以将访问控制技术划分为几个不同的级别，包括入网访问控制、网络权限控制、目录级安全控制以及属性控制等多种手段。

6. 虚拟专用网（VPN）

虚拟专用网是指在公共网络中建立专用网络，数据通过安全的"加密隧道"在公共网络中传播。企业只需要租用本地的数据专线，链接上本地的公众信息网，各地的机构就可以互相传递信息；同时，企业还可以利用公众信息网的拨号接入设备，让自己的用户拨号到公众信息网上，就可以连接进入企业网中。使用 VPN 有节省成本、提供远程访问、扩展性强、便于管理和实现全面控制等好处，是企业网络发展的趋势。

7. 漏洞评估

漏洞评估技术通过对系统进行动态的试探和扫描，找出系统中各类潜在的弱点，给出相应的报告，建议采取相应的补救措施或自动填补某些漏洞。该技术的优点有 2 个，一是预知性，可以防患于未然；二是重点防护，管理员可以把风险程度最高的漏洞优先考虑。

8. 入侵检测

入侵检测系统（简称 IDS），是指监视（或者在可能的情况下阻止）入侵或者试图控制用户系统或者网络资源的行为的系统。作为分层安全中越来越被越普遍采用的技术，入侵检测系统能有效地提升黑客进入网络系统的门槛。入侵检测系统能够通过向管理员发出入侵或者入侵企图来加强当前的存取控制系统，如防火墙；识别防火墙通常不能识别的攻击，如来自企业内部的攻击；在发现入侵企图之后提供必要的信息。

习题七

选择题

1. 计算机病毒是一种（ ）。
   A. 软件故障　　B. 硬件故障　　C. 程序　　　　D. 细菌
2. 下列叙述中正确的是（ ）。
   A. 计算机病毒只感染可执行文件
   B. 计算机病毒只感染文本文件
   C. 计算机病毒只能通过软件复制的方式进行传播
   D. 计算机病毒可以通过读写磁盘或网络等方式进行传播
3. （ ）病毒是定期发作，可以设置 Flash ROM 写状态来避免病毒破坏 ROM。
   A. Melissa　　B. CIH　　　C. I Love You　　D. 蠕虫
4. 以下（ ）不是杀毒软件。
   A. 瑞星　　　　　　　　B. Word
   C. Norton AntiVirus　　D. 金山毒霸
5. 效率最高、最保险的杀毒方式是（ ）。
   A. 手动杀毒　　B. 自动杀毒　　C. 杀毒软件　　D. 磁盘格式化
6. 网络病毒与一般病毒相比，（ ）。
   A. 隐蔽性强　　B. 潜伏性强　　C. 破坏性大　　D. 传播性广

7. 计算机病毒的破坏方式包括（　　）。（多选题）

　　A. 删除修改文件类　　　　　　　B. 抢占系统资源类

　　C. 非法访问系统进程类　　　　　D. 破坏操作系统类

8. 计算机病毒的传播方式有（　　）。（多选题）

　　A. 通过共享资源传播　　　　　　B. 通过网页恶意脚本传播

　　C. 通过网络文件传输传播　　　　D. 通过电子邮件传播

9. 计算机病毒的特征有（　　）。（多选题）

　　A. 隐蔽性　　　　　　　　　　　B. 潜伏性，传染性

　　C. 破坏性　　　　　　　　　　　D. 可触发性

10. 在公开密钥体制中，加密密钥即（　　）。

　　A. 解密密钥　　B. 私密密钥　　C. 公开密钥　　　D. 私有密钥

11. 数字证书采用公钥体制时，每个用户设定一把公钥，由本人公开，用其进行（　　）。

　　A. 加密和验证签名　　　　　　　B. 解密和签名

　　C. 加密　　　　　　　　　　　　D. 解密

12. 为了避免冒名发送数据或发送后不承认的情况出现，可以采取的办法是（　　）。

　　A. 数字水印　　B. 数字签名　　C. 访问控制　　　D. 发电子邮件确认

13. 防火墙的作用是（　　）。（多选题）

　　A. 防止内部信息外泄

　　B. 防止系统感染病毒与非法访问

　　C. 防止黑客访问

　　D. 建立内部信息和功能与外部信息和功能之间的屏障

14. （　　）不是防火墙的功能。

　　A. 过滤进出网络的数据包　　　　B. 保护存储数据安全

　　C. 封堵某些禁止的访问行为　　　D. 记录通过防火墙的信息内容和活动

15. 对企业网络最大的威胁是（　　）。

　　A. 黑客攻击　　　　　　　　　　B. 外国政府

　　C. 竞争对手　　　　　　　　　　D. 内部员工的恶意攻击

16. 计算机网络的安全是指（　　）。

　　A. 网络中设备设置环境的安全　　B. 网络使用者的安全

　　C. 网络中信息的安全　　　　　　D. 网络的财产安全

17. 信息风险主要是指（　　）。

　　A. 信息存储安全　　　　　　　　B. 信息传输安全

　　C. 信息访问安全　　　　　　　　D. 以上都正确

18. 信息不泄露给非授权用户、实体或过程，指的是信息的（　　）特性。

　　A. 保密性　　　　B. 完整性　　　C. 可用性　　　　D. 可控性

19. 黑客搭线窃听属于（　　）风险。

　　A. 信息存储安全　　　　　　　　B. 信息传输安全

　　C. 信息访问安全　　　　　　　　D. 以上都不正确

附录 全国计算机等级考试一级 MS Office 考试大纲（2013 年版）

基本要求

1. 具有微型计算机的基础知识（包括计算机病毒的防治常识）。

2. 了解微型计算机系统的组成和各部分的功能。

3. 了解操作系统的基本功能和作用，掌握 Windows 的基本操作和应用。

4. 了解文字处理的基本知识，熟练掌握文字处理软件 MS Word 的基本操作和应用，熟练掌握一种汉字（键盘）输入方法。

5. 了解电子表格软件的基本知识，掌握电子表格软件 Excel 的基本操作和应用。

6. 了解多媒体演示软件的基本知识，掌握演示文稿制作软件 PowerPoint 的基本操作和应用。

7. 了解计算机网络的基本概念和因特网（Internet）的初步知识，掌握 IE 浏览器软件和 Outlook Express 软件的基本操作和使用。

考试内容

一、计算机基础知识

1. 计算机的发展、类型及其应用领域。

2. 计算机中数据的表示、存储与处理。

3. 多媒体技术的概念与应用。

4. 计算机病毒的概念、特征、分类与防治。

5. 计算机网络的概念、组成和分类；计算机与网络信息安全的概念和防控。

6. 因特网网络服务的概念、原理和应用。

二、操作系统的功能和使用

1. 计算机软、硬件系统的组成及主要技术指标。

2. 操作系统的基本概念、功能、组成及分类。

3. Windows 操作系统的基本概念和常用术语，文件、文件夹、库等。

4. Windows 操作系统的基本操作和应用：

（1）桌面外观的设置，基本的网络配置。

（2）熟练掌握资源管理器的操作与应用。

（3）掌握文件、磁盘、显示属性的查看、设置等操作。

（4）中文输入法的安装、删除和选用。

（5）掌握检索文件、查询程序的方法。

（6）了解软、硬件的基本系统工具。

三、文字处理软件的功能和使用

1．Word 的基本概念，Word 的基本功能和运行环境，Word 的启动和退出。

2．文档的创建、打开、输入、保存等基本操作。

3．文本的选定、插入与删除、复制与移动、查找与替换等基本编辑技术，多窗口和多文档的编辑。

4．字体格式设置、段落格式设置、文档页面设置、文档背景设置和文档分栏等基本排版技术。

5．表格的创建、修改；表格的修饰；表格中数据的输入与编辑；数据的排序和计算。

6．图形和图片的插入；图形的建立和编辑；文本框、艺术字的使用和编辑。

7．文档的保护和打印。

四、电子表格软件的功能和使用

1．电子表格的基本概念和基本功能，Excel 的基本功能、运行环境、启动和退出。

2．工作簿和工作表的基本概念和基本操作，工作簿和工作表的建立、保存和退出；数据输入和编辑；工作表和单元格的选定、插入、删除、复制、移动；工作表的重命名和工作表窗口的拆分和冻结。

3．工作表的格式化，包括设置单元格格式、设置列宽和行高、设置条件格式、使用样式、自动套用模式和使用模板等。

4．单元格绝对地址和相对地址的概念，工作表中公式的输入和复制，常用函数的使用。

5．图表的建立、编辑和修改以及修饰。

6．数据清单的概念，数据清单的建立，数据清单内容的排序、筛选、分类汇总，数据合并，数据透视表的建立。

7．工作表的页面设置、打印预览和打印，工作表中链接的建立。

8．保护和隐藏工作簿和工作表。

五、PowerPoint 的功能和使用

1．中文 PowerPoint 的功能、运行环境、启动和退出。

2．演示文稿的创建、打开、关闭和保存。

3．演示文稿视图的使用，幻灯片基本操作（版式、插入、移动、复制和删除）。

4．幻灯片基本制作（文本、图片、艺术字、形状、表格等的插入及其格式化）。

5．演示文稿主题选用与幻灯片背景设置。

6．演示文稿放映设计（动画设计、放映方式、切换效果）。

7．演示文稿的打包和打印。

六、因特网（Internet）的初步知识和应用

1．了解计算机网络的基本概念和因特网的基础知识，主要包括网络硬件和软件，TCP/IP 协议的工作原理，以及网络应用中常见的概念，如域名、IP 地址、DNS 服务等。

2．能够熟练掌握浏览器、电子邮件的使用和操作。

考试方式

1．采用无纸化考试，上机操作。考试时间为 90 分钟。

2．软件环境：Windows 7 操作系统，Microsoft Office 2010 办公软件。

3．在指定时间内，完成下列各项操作：

（1）选择题（计算机基础知识和网络的基本知识）。（20 分）

（2）Windows 操作系统的使用。（10 分）

（3）Word 操作。（25 分）

（4）Excel 操作。（20 分）

（5）PowerPoint 操作。（15 分）

（6）浏览器（IE）的简单使用和电子邮件收发。（10 分）